철학으로 터널 뚫기

|김용표 저|

병을 고치려면 정확한 진단이 우선되어야 한다.

좋은 약을 처방해 줬는데도 병이 낫지 않는다면, 다른 약을 처방하던지, 다시 진단하는 게 맞다. 그런데 의사가 자신의 진단이 오류일 수 있음을 의심하지 않고, 특정한 약이나 치료법만 고집한다면 환자의 병세는 더욱 악화한다.

건설산업의 낮은 생산성은 지독한 고질병이다. 산업의 특성 즉 기술이 발달하고, 노하우가 쌓이게 되면 생산성이 향상된다는 일반적인 상식이 통하지 않는 게 건설산업이다. 그래서 혹자는 건설은 산업이 아니라는 말까지 할 정도다.

생산성에 관한 심각한 문제는 모두가 인식하고 있다. 수많은 건설기업이 생존을 위해 생산성을 높이려는 노력을 게을리하지 않았으며, 수많은 연구자 또한 그만큼의 연구 결과를 발표하며 대안들을 제시하였다. 그런데 더욱 큰 문제는 수많은 노력에도 전혀 개선되지 않는다는 사실이다. 그런데도 고질병의 근본 원인을 찾으려는 다양한 노력은 없다. 의사는 바뀌지 않고 여전히 환자만의 문제로 진단하며 약의 세기만 강해지고 있다. 20세기 후반 컴퓨터와 인터넷의 발명으로 나타난 3차 산업혁명이라는 신약을 건설산업의 회생을 위해 처방했지만, 뚜렷한 효과를 보지 못하였다. 최근에는 디지털 건설, 건설 자동화, 모듈화 등 4차 산업혁명의 최신 신약이 건설산업의 체질을 바꿀 수 있는 보약처럼 인식되고 있으며, 많은 건설기업들이 생존수단으로 희망을 걸고 있다. 그러나 과거처럼 잘못된 진단으로 엉뚱한 처방을 하거나, 누군가의 돈벌이 수단으로 활용되어 진다면, 어떠한 신약도 그 효과를 볼 수 없다.

나는 33년 이상 시공사에서만 직장생활을 하고 있다. 그중 5년 동안 CE $^{\text{Chief Engineer}}$ 라는 직책으로 현장의 시공실태를 점검하는 업무를 담당했었다. 실무에서 한발 물러난 자리였기에 그동안 직접 공사관리 업무를 담당하면서 느꼈던 건설산업에 대한 구조적, 제도적 문제점들을 좀 더 여유롭게 관찰자의 관점에서 바라볼 수 있는 시간이었다.

개선을 명분으로 만들어진 수많은 제도와 정책, 시스템과 프로세스가 개별현장에 어떠한 영향을 미치는지 알 수 있었고, 기술자 개개인의 역량에 따라 수많은 제도가 어떻게 받아들여지고 적용되는지, 그리고 그 결과가 성과에 미치는 영향을 조금은 객관적인 입장에서 확인할 수 있었다. 또한 시공계획을 검토하고, 공정표를 확인하는 과정에서 동료 기술자들과 수많은 대화를 나누면서 건설산업의 문제를 이해할 수 있었다. 즉 어떤 이유로 프로젝트가 성공하고 실패하는지 설명할 수 있는 나름대로 정리된 생각이 있다.

내가 생각하는 첫 번째 가장 큰 문제는 우리들의 생각과 행동에 너무 익숙하게 자리 잡고 있어 당연하게 받아들이고 있는 통념, 개념, 상식에 많은 오류가 있다는 것이다. 예를 들면 점검 횟수가 적어 사고가 발생한다는 인식, 건설산업은 경험산업이라는 생각, 보강을 많이 할수록 안전할 거라는 생각, 안전을 위해서는 원가와 공기의 손실을 감수해야 한다는 통념 등 건설산업 전반에 잘못된 인식과 통념이 검증 없이 통용되고 있다. 가끔은 그마저도 심각하게 왜곡되어 사용되고 있다. 나는 잘못된 인식과 통념, 교묘한 왜곡이 건설산업의 발전을 저해하는 근본적인 원인이 되고 있다는 생각이다. 즉 우리가 상식으로 받아들여 통용되는 많은 것들이 잘못된 상식이라는 것이다.

두 번째는 모든 문제를 건설산업 내부에서 해결하려 한다는 것이다. 건설산업도 다른 산업과 마찬가지로 사람이 가장 중요하다. 따라서 사람에 대한 충분한 이해를 바탕으로 제도와 정책이 수립되고, 이를 실행하는 프로세스와 시스템이 구축되어야 하지만, 그렇지 못하고 있다. 다양한 학문 분야와의 학제 간 연구를 통해 그동안 보지 못했던 시각에서 현상을 바라보는 힘을 기르고, 새로운 발전 방향을 제시하려는 노력은 없다. 오롯이 30년 전이나 지금이나 건설이라는 좁은 틀 안에서 모든 현상을 이해하려 한다. 인문과학이나 사회과학에서는 이미 충분히 검증된 수많은 사실이 받아들여지지 않고 있다. 감시와 통제가 안전사고를 줄이는 최선의 방식으로 받아들여지고 있는 현실은 암담하다고 밖에 표현할 방법이 없다.

세번째는 우리 스스로 잘 알고, 잘하고 있다고 믿고 있는 설계관리나 공정관리가 실제로는 그렇지 못하다는 것이다. 부실한 설계와 부실한 설계를 염려하여 불필요하게 과다한 안전율을 적용한 설계, 현장 상황과 동떨어진 설계, 더욱이 문제가 있다 하더라도 쉽게 변경하기 어려운 현실 등의 문제들로 인하여 원가, 공기, 안전에 심각한 악영향을 미치고 있는데도 여전히 개선하지 못하고 있다. 이를 개선하겠다고 만들어진 설계 검토 제도는 단지 또 다른 설계팀의 검토를 받아 안전성을 확인하는 단계이거나, 마지 못해서 하는 요식행위일 뿐이다. 사업관리의 핵심인 공정관리는 더욱더 심각한 상태인데도 신뢰도를 높이려는 노력 자체가 없고, 많은 기술자 사이에서는 쓸데없는 노력으로 인식되고 있다.

마지막으로 기본도 모르면서 새로운 기술의 도입에만 열을 올리고 있는 현실이다. 즉 4차 산업혁명 기술의 얼리 어답터 early adopter 가 되려는 노력에 치중하고 있다는 것이다. IOT 기술을 접목하여 안전관리를 선진화한다. 모듈화 방안을 도입한다. 인공지능을 활용한다. 빅데이터 기술을 활용하여 공사관리를 개선하는 등 많은 연구와 노력을 하고 있지만, 왜? 그 기술이 필요한지 건설산업의 특성에 맞는 기술인지 가끔은 이해하기 어렵다. 더욱더 큰 문제는 새로운 기술의 도입을 주장하는 시끄러운 소리가(가끔은 그 억지스러움에 놀라기도 한다.) 어렴풋이 느끼고 있고 조금씩 그 진실에 다가서려는 작은 소리 들을 삼켜버리고 있다.

건설산업의 새로운 미래는 솔직하고 거침없이 과거의 역사를 보이는 그대로 낱낱이 밝히고 철저히 단절할 수 있는 용기에서 시작된다고 본다. 그런 과정에서 우리는 과거의 것들을 현재로 그대로 불러내 똑같은 오류를 반복하지 않도록 비판하고 방향을 다시 설정해야 한다.

　나의 글이 모두 다 옳다고 생각하지는 않는다. 나도 기억과 경험에 편향과 편견이 있으며, 충분히 다른 의견이 있을 수 있다. 기존의 관습과 통념에 반한 내 생각이 누군가를 불편하게 할 수 있으며, 비판의 대상이 될 수도 있다. 그렇다 하더라도 내 생각을 표현하기 두려워한다면 비겁하다는 생각이다. 오히려 모두가 고개를 끄덕일 수 없는 논란거리가 진정한 진보를 향한 첫걸음이라 믿으며 글을 시작하고자 한다.

　언제나 그렇듯 진보의 노력은 대중의 몫이다. 누군가 바꿔줄 거라는 믿음이 옳았던 적은 없다. 이젠 현장기술자 스스로 바꾸려 노력해야 한다.

저자 김용표

목 차

CHAPTER I

건설산업, 올바른 방향으로 가고 있는가?

1. 그냥 조용히 따르라고 말할 수 없는 현실 ... 013
- 생산성 ... 013
- 산업재해 ... 016

2. 무엇이 문제인가? ... 019
- 인간에 대한 이해 부족 ... 019
- 방법론에 치우친 생산성 향상 노력 ... 020
- 감시와 처벌의 강화로 일관된 건설정책 ... 032

3. 그렇다면 무엇을 돌아봐야 하나? ... 035

CHAPTER II

검증해야 할 개념(概念)과 통념(通念)들

1. 관리는 개선을 목적으로 한다는 사실을 잊고 있다. ... 040

2. 인간에 대한 착각 ... 045
- 인간을 신뢰할 수 있나? ... 045
- 우리는 안다고 말할 수 있을 만큼 알고 있는가? ... 047

3. 인간이라서 생기는 인지(cognition)오류들 ... 052
- 사람들은 심사숙고하려 하지 않는다 ... 052
- 보이는 대로 보지 않고, 보고 싶은 대로 본다 (확증편향 Confirmation bias) ... 054
- 소수의 표본에 너무 많은 의미를 두려 한다 ... 056
- 결과는 초기에 입력된 기준값에 많은 영향을 받는다 ... 057
- 기억하기 용이할수록 강하게 다가온다(회상 용이성 편향) ... 058
- 대표되는 이미지로 판단한다 ... 059
- 익숙함과 인지적 편안함, 그리고 논리적 일관성이 과신을 만든다 ... 061
- 이해했다고 착각한다 ... 062
- 타당성 있다고 착각한다 ... 066
- 무책임한 낙관주의(비관주의) ... 069

4. 역량에 대한 편견(경험과 전문가) ... 072
- 경험(했다는 착각) ... 072
- 해봤어? ... 079
- 엉터리 전문가 ... 081
- 전문적 복잡함의 함정 ... 086
- 합리적이지 못한 전문가 기준 ... 089
- 권위 있는 방법론에 의지하는 전문가 ... 091

5. 신념(다름을 수용하지 못하는 편협한 생각) 094
6. 어려운 문제는 여럿이 모여 회의하면 해결된다 098
7. 잦은 점검이 사고를 예방한다(개선이 없는 평가나 통제의 수단) 102
8. 지적을 잘하면 개선된다(갑질의 피드백) 105
9. 매뉴얼대로 해라(무례한 개입) 108

CHAPTER III

합리적 의사결정을 위한 노력

1. 호모 사피엔스의 인지(認知) 혁명(뇌의 진화) 114
2. 두 번째 인지(認知) 혁명(처음의 그것으로) 120
   - 2.1 집단지성(collective intelligence) 123
     - 2.1.1 집단지성이란? 125
     - 2.1.2 집단지성의 이해 127
       - 집단지성은 집단의사결정이나 기계적인 집단적 협업이 아니다 127
       - 집단지성은 반복적 성찰, 결정, 실천의 결과다 127
       - 집단지성은 낭비를 최소화하며, 신속한 개선을 목적으로 한다 128
       - 집단지성은 권위와 위계, 경계로부터 자유롭다 129
     - 2.1.3 집단지성이 성공하기 위한 까다로운 조건 130
     - 2.1.4 집단지성의 현실 132
   - 2.2 PDCA(Plan-Do-Check-Action) Cycle 135
     - 2.2.1 PDCA Cycle 출현의 철학적 배경 135
     - 2.2.2 PDCA Cycle의 진화 143
     - 2.2.3 PDCA Cycle 원리 및 개념 150
     - 2.2.4 PDCA Cycle의 현실 152
   - 2.3 넛지(Nudge) 154
     - 2.3.1 넛지의 출현 154
     - 2.3.2 넛지란? 158
     - 2.3.3 넛지의 어려움 161
   - 2.4 피드백(Feedback) 162
     - 2.4.1 피드백이란? 162
     - 2.4.2 피드백의 어려움 163
     - 2.4.3 피드백에서 피드 포워드로 168
     - 2.4.4 피드 포워드를 위한 전제조건 170
   - 2.5 시사점 172

목 차

CHAPTER IV
어떻게 바뀌어야 하는가?

진보해야 한다	175
다른 관점	176

1. 안전 제일! 품질 제일!의 장벽을 넘어 설계 제일! 공정 제일! — 177

2. 새로운 인식(핵심 철학) — 182
- 2.1 무경계(無境界) — 183
- 2.2 단순화 — 184
- 2.3 검증강화 — 186
- 2.4 부드러운 개입과 자율 — 191
  - (사례) 부드러운 개입과 선택설계가 필요하다 — 194

3. PDCA Cycle의 재정립 — 196
- 3.1 2020년 이천 물류창고 화재 사고에 대한 PDCA Cycle 관점에서의 분석 — 196
  - 사고개요 및 발표된 원인 — 196
  - 사고원인에 대한 다른 시각 — 199
  - PDCA Cycle 관점에서 사고원인 분석 — 201
  - 계획단계(PLAN) — 201
  - 실행단계(DO) — 205
  - 확인단계(CHECK) — 206
  - 조치(ACT) — 207
  - 건설사업관리에 던지는 메시지 — 208
- 3.2 건설산업의 PDCA Cycle — 209
  - PLAN — 209
  - DO — 212
  - CHECK — 213
  - ACT — 215

유토피아 (UTOPIA)

유토피아의 시작	222
인문학이 된 건설사업관리	223
사라진 전문가	224
로비가 사라진 수주 경쟁	225
예산 문제, 용지보상으로 인한 공기 지연은 없다.	226
유연해진 기술자 배치 기준	227
최저가가 아닌 최적가로 협력업체를 선정한다.	230
다양한 방식의 설계검토	231
공정관리가 최우선이 된 건설 현장	234
작성 지침과 승인이 없는 시공계획	235
모두가 참여하는 Pilot 시공	239
자율과 책임이 명확한 그래서 신속하고 효과적인 현장관리	241
감시와 처벌이 아닌 자율과 책임	244

설계·공정 관리 가이드

1. 설계관리 가이드 — **249**
　1.1 설계와 설계검토의 문제점 — 249
　1.2 개선방안 — 251
　1.3 대안 및 예비패턴 설계 가이드 — 253
　1.4 설계 적정성 검증(핵심 설계 요소 검증) 가이드 — 255

2. 공정관리 가이드 — **258**
　2.1 공정관리 문제점 — 258
　2.2 개선방안 — 260
　2.3 공정계획의 적정성 검증 가이드 — 264
　2.4 공정계획의 신뢰성 검증 — 278
　2.5 지속적 검증과 개선 — 284

CHAPTER I

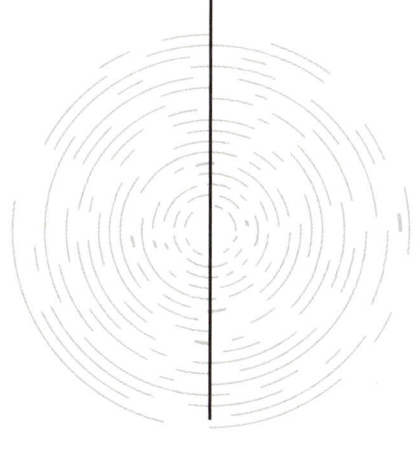

건설산업,

**올바른 방향으로
가고 있는가?**

> 오늘날 건설프로젝트를 50년 전과 비교해도 시공의 차이가 크지 않다.
> - John. M. Beck[1] -
>
> 하나의 산업, 건설은 그 자체로 클래스에 속할 정도로 너무 훼손되었습니다.
> 지연, 조정 부족 및 사고(특히 재작업)는 일반 회사의 일상적인 일입니다.
> - Richard Schonberger[2] -

엠파이어 스테이트 빌딩	102층	381m	1930.3 ~ 1931.5 (1년 45일)
63빌딩	60층	249m	1980.2 ~ 1985.7 (5년 90일)
롯데 월드 타워	123층	555m	2010.11 ~ 2016.12 (6년 30일)

1. 그냥 조용히 따르라고 말할 수 없는 현실

생산성

지금도 변함이 없지만 품질·안전의 본질적인 문제는 공정관리, 그중에서도 생산성과 긴밀하게 연결되어 있다는 나름대로의 생각이 있었다. 현장 점검업무를 담당하던 시절에도 이러한 관점에는 변함이 없었다. 따라서 현장의 문제를 분석하는 과정에서 공정표에 대한 분석이 빠지지 않았다. 당시 품질, 안전, 원가, 공기 등 공사관리 전반에 걸쳐 심각한 문제가 있었던 A 현장을 점검할 때였다. 나는 습관대로 공정표 관리상태와 현장 생산성을 확인하였다. 이 과정에서 철근조립작업의 인당 생산성이

---

[1] 캐나다 Aecon Group Inc. 회장 John M. Beck은 캐나다 최고의 건설 및 인프라 개발 회사인 Aecon Group Inc.(TSX: ARE)의 설립자.
[2] Richard Schonberger, Ph. D. (1937 ~) 산업 엔지니어, 비즈니스 컨설턴트, 네브래스카–링컨 대학의 학술연구원. 린 생산과 품질관리 분야에 크게 이바지하였다.

0.2~0.3ton으로 확인되었었다. 당시 철근 작업자의 일당이 20만 원 정도여서 시공비가 철근 자재비(당시 철근 자재비 80만~100만 원/ton)를 넘어서고 있었으며, 당사가 도급한 금액의 2배 이상이 투입되었다. 비슷한 시기 구조물 공사 중이었던 B 현장의 경우 철근 조립 인당 생산성은 1.0ton이었으며, 장비 임대료를 포함하면 도급 금액과 비슷한 투입비였다.

물론 작업환경이 매우 달랐으며, 생산성이 높은 B 현장이 좋은 여건이라는 게 일반적인 평가였다. 그러나 내가 보기에는 결과적인 판단이지 A, B 현장의 작업 여건의 유불리는 생각하기 나름인 각자의 몫[3]이었다. 더욱이 A 현장은 설계시공 일괄 발주로 수주한 현장이라 낙찰률이 높았으며, B 현장의 경우에는 최저가 수주라 낙찰률이 20% 이상 A 현장에 비해 낮았다.

두 현장 모두 공통으로 열심히 공정표를 작성하고, 매일 공정회의를 시행하는 등 일정을 단축하고 비용을 절감하려는 노력에 최선을 다하고 있었다. 또한 같은 회사였기 때문에 통상적인 시각으로 봤을 때 비슷한 수준의 직원들이 투입되었으며, 똑같은 시스템과 프로세스가 적용되고 있었다. 오히려 A 현장은 산적한 현안을 개선하기 위해 본사 차원의 지원이 적극적으로 이루어지고 있었다. 그러나 결과는 달랐다. A 현장은 높은 도급 금액과 현장 직원들의 노력, 본사의 적극적인 지원에도 불구하고 결과적으로 실패한 프로젝트가 되었다. 연속적으로 발생한 심각한 중대 재해, 사회적 문제를 일으켰던 품질 문제, 공기 지연으로 인한 지연배상금 등으로 심각한 적자가 발생하였다.

이에 반해 B 현장의 경우 품질, 안전, 원가, 공기 모든 면에서 성공적으로 마무리되었다.

---

[3] 현장 상황에 맞게 장비를 조합하고, 작업순서를 정하고, 최적의 작업공간을 확보하고, 작업자의 동선을 결정하는 계획 능력과 과정에서의 관리역량의 문제였다. 현장의 조건은 내가 보기에 현장의 특성에 따라 장단점이 있었다. A 현장과 B 현장의 생산성이 바뀌었다 해도 나름 합당한 이유를 댈 수 있었다.

그런데 낮은 생산성과 효과 없는 개선 노력이라는 심각한 문제는 특정된 A 현장만의 문제가 아니었다. 내가 확인한 11개 현장 대부분이 정도의 차이는 있었지만, 비슷한 상황에 처해 있었다. 국내 토목 현장의 전반적인 추세였으며, 오히려 B 현장이 특수한 사례였다.

이러한 건설산업의 낮은 생산성 문제는 국내 건설산업 전반에 나타나고 있다. 한국생산성본부에서 발표한 노동생산성 지수 추이에서 건설산업의 노동생산성은 2008년부터 10년 동안 27.9% 감소한 것으로 발표되었다. 동 기간에 제조업이 18.5% 증가한 것과 비교하면 심각한 수준이다.

전 세계적으로 볼 때도, 지난 20년간 건설업의 연평균 생산성 증가율은 1% 미만의 수준에 그쳤지만, 제조업은 연평균 3.6%씩 상승하였다. 게다가 지난 50년간 생산성이 하락한 유일한 산업 분야다.

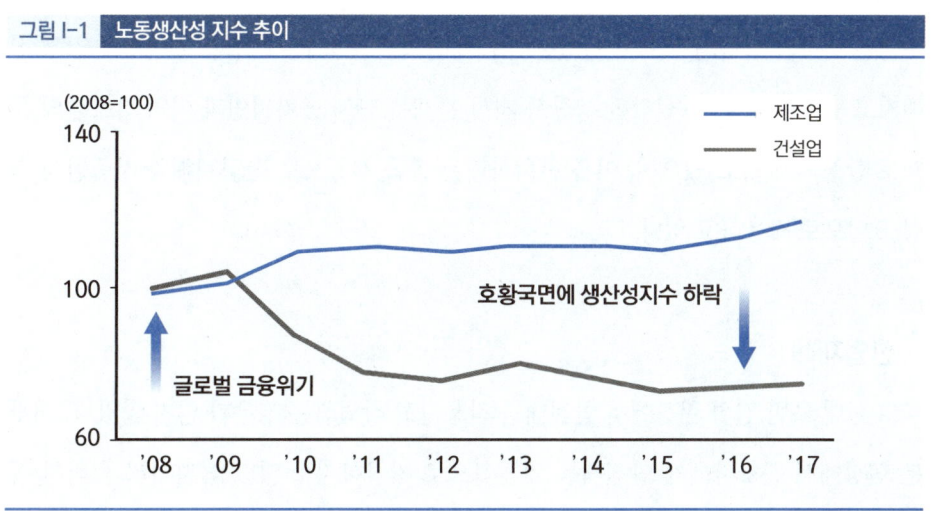

그림 I-1 　노동생산성 지수 추이

자료 : 한국생산성본부

그림 I-2 | 글로벌 GDP의 96%를 차지하는 41개국 데이터를 기초로 1인 시간당 부가가치 분석

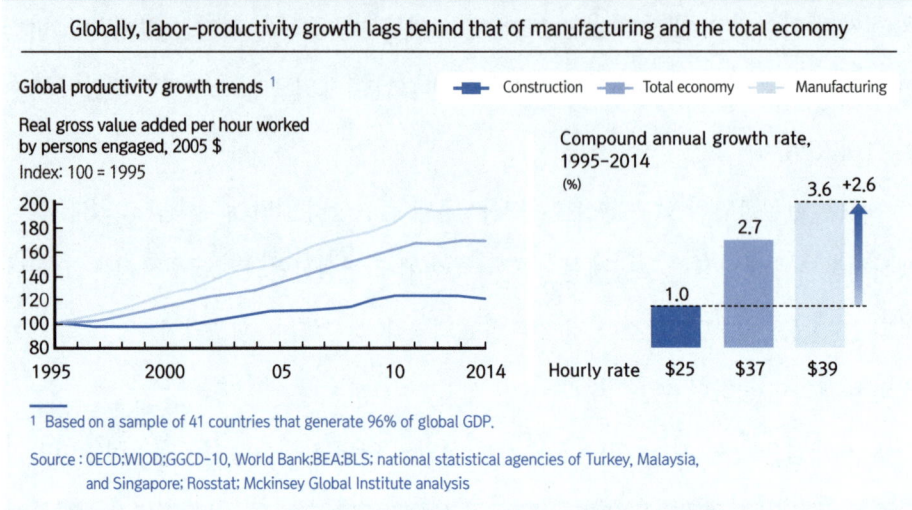

출처: MGI, "Reinventing Construction", 17.02월

더욱더 암담한 것은 생산성 하락의 문제를 심각하게 받아들이고 이를 해결하고자 수많은 연구와 실행의 노력이 있었는데도 개선되지 못하고, 오히려 그 정도가 점점 심해지고 있다는 것이다. 심각한 생산성 저하 문제는 단지 공기지연과 이익 감소만의 문제로 한정되지 않고 있으며, 이를 만회하려는 졸속 시공으로 산업재해와 저품질의 핵심 요인으로 작용하고 있다.

산업재해

90년대 초반 건설 현장에서 안전대를 착용하고 작업하는 경우가 많지 않았다. 대부분 현장에서 근로자에게 안전대를 일괄적으로 지급하지도 않았을 뿐더러 솔직히 꼭 필요하다거나 중요하다는 인식도 없었다. 간식 시간에 막걸리를 마시는 모습은 흔하게 볼 수 있었으며, 나도 종종 작업자들과 어울려 낮술 한잔을 하곤 했다. 2000년대 이후 안전 규정이 강화되고 추락재해에 대한 대책으로 안전대 착용이 강제되었으며, 음주는 상상하지도 못할 금기사항이 되었다. 최근 대부분의 현장에서 근로자, 관리자 모

두 안전대를 착용한다. 이러한 안전 규정의 강화는 2중 3중의 안전시설을 하도록 강제하고 있으며, 감시와 통제 또한 강화되었다.

산업재해를 줄이려는 노력은 정부뿐만이 아니라, 민간 기업들도 적극적으로 동참하고 있다. 본사 차원에서 기존의 안전 관련 지원 부서를 더욱 확대 개편하고, 새로운 시스템과 프로세스를 도입하는 등 많은 시간과 비용을 투입하며 사고를 줄이려는 노력에 집중하고 있다.

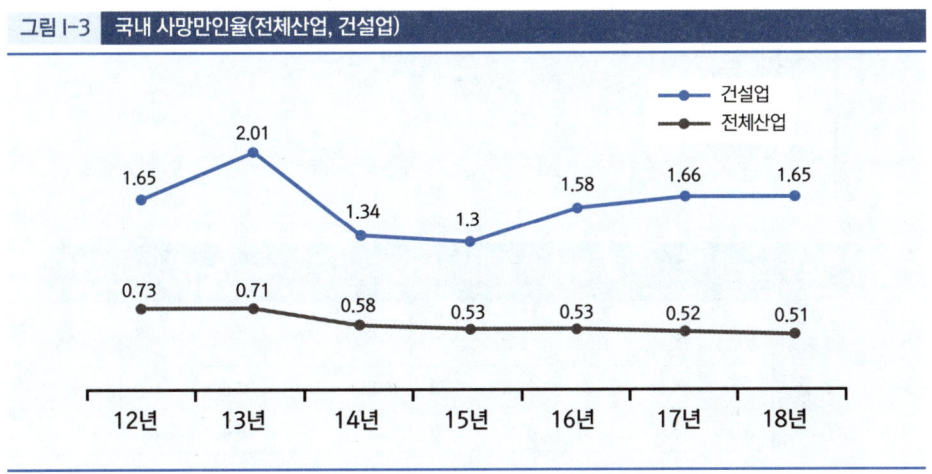

그림 I-3 국내 사망만인율(전체산업, 건설업)

그러나 이러한 노력을 비웃기라도 하듯이 건설 현장의 산업재해는 줄어들지 않고 있으며, 오히려 증가하는 추세다. 2021년 안전보건 공단에서 발표한 산업재해 분석 결과에서 근로자 수 1,000명당 요양재해자 수를 나타내는 요양 재해 천인율(%), 재해 건수를 연 근로시간으로 나누어 계산하는 도수율, 총 근로 손실 일수를 연 근로시간으로 나누는 강도율, 모두가 지속적인 증가 추세를 보였다. 건설업 사망만인율(상시근로자 만 명당 사고 사망자 수)도 전체 산업재해 대비 3배 이상 높은 수준이다.

그림 I-4　산업재해 분석결과

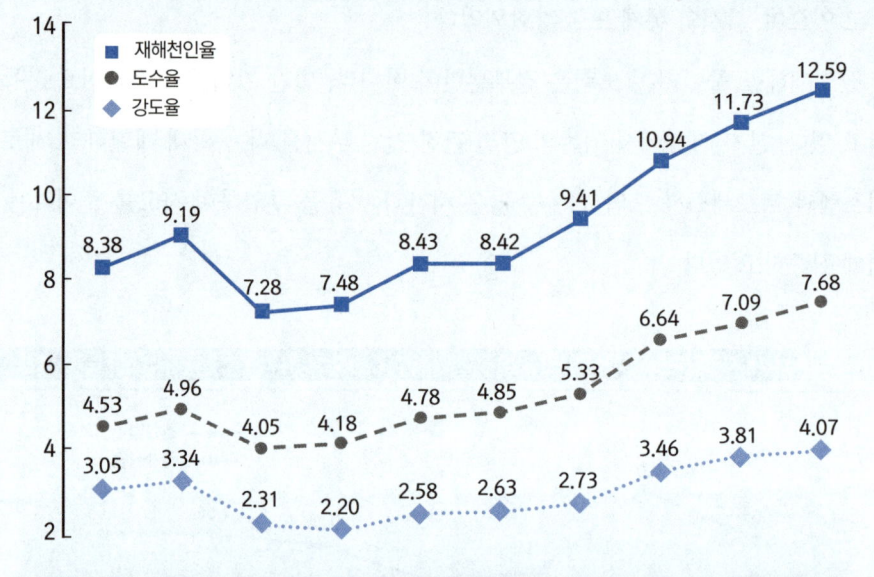

연도 구분	2012년	2013년	2014년	2015년	2016년	2017년	2018년	2019년	2020년	2021년
재해 천인율(%)	8.38	9.19	7.28	7.48	8.43	8.42	9.41	10.94	11.73	12.59
도수율	4.53	4.96	4.05	4.18	4.78	4.86	5.33	6.64	7.09	7.68
강도율	3.05	3.34	2.31	2.20	2.58	2.63	2.75	3.46	3.81	4.07

　이처럼 생산성, 산업재해 어느 것 하나 개선되는 모습을 보이지 않고 있다. 더욱이 그동안 생산성 향상과 산업재해 저감을 위해 고도화된 정보통신기술을 도입하고, 프로세스와 시스템을 지속해 발전시켜 왔으며, 선진기법으로 불리는 다양한 방법론들을 받아들이고, 큰 비용과 시간을 소비하였지만 실효성이 없었다. 게다가 수많은 논란이 있었던 강화된 처벌기준과, 엄격해진 안전 규정을 적용하고 있는데도 불구하고 나타난 결과라는 점은 좌절감마저 느끼게 한다.

2.
무엇이 문제인가?

생산성을 높이고 안전사고를 줄이기 위한 수많은 노력이 결과적으로 왜! 효과를 보지 못하고 있는가? 그 원인을 기존의 시각에서 벗어나 설명해본다.

그동안 과거의 노력을 긍정하면서 새로운 노력을 추가하려는 시도가 일반적이었다면, 나는 지금까지의 노력을 비판적인 시각에서 보태기 없이 무엇을 빼내고 무엇에 집중해야 할 것인가라는 관점에서 의견을 제시하고자 한다.

인간에 대한 이해 부족

왜 생산성은 향상되지 않으며, 산업재해는 줄지 않을까? 그 본질은 단순하다. 많은 문제점을 올바르게 분석하지 못하고, 잘못된 의사결정을 하고 있기 때문이다. 그렇다면 왜 문제를 올바르게 분석하지 못하고 잘못된 의사결정을 하는가? 그것은 인간은 종종 문제를 올바르게 분석하지 못하고, 잘못된 의사결정을 할 수 있다는 것을 받아들이지 않기 때문이다. 즉, 스스로를 지혜로운 사람, 즉 '호모사피엔스'라 칭하면서, 조금씩 오류가 있지만 결국에는 올바른 선택을 할 거라는 근거 없는 믿음이 가장 중요한 원인 중 하나라고 본다.

20세기 이후 가장 커다란 변화는 인간이 외부 환경에 대한 관찰뿐만이 아니라 자신을 관찰하는 힘이 길러졌다는 것이다. 과거 오랜 기간 신뢰했던 인간의 이성은 완벽하지 않으며, 오히려 이성의 신뢰가 위험할 수 있다는 것을 알게 되었다. 이젠 인간은 완벽하게 완벽하지 않다는 사실은 누구나 받아들이고 있다. 가끔은 현명하지만, 종종 지극히 어리석어 자신을 파멸로 몰고 가기도 한다는 것을 의심하는 사람 또한 많지 않다.

그동안 충분히 밝혀져서 상식처럼 돼버린 어리석은 인간의 본성을 언급해본다.

첫 번째로 인간은 겉으로 드러난 원인의 밑바탕에 깔린 본질과 고유한 성질을 이해하지 못하면서 쉽게 결론을 만들어 낸다. 이처럼 깊은 성찰이 없는 분석은 항상 비슷한 문제 인식과 비슷한 대책을 만들어 내 무한반복의 굴레 속에 빠지게 하고 만다.

다음으로 인간은 자신이 속한 집단의 이익을 우선시하며, 공유하는 신념을 지키려 하는 본성을 가지고 있다. 이런 본성으로 인해 자신들이 믿고 따르는 이론이나 집단에 유리한 정보는 주저 없이 받아들이고, 불리한 정보는 받아들이지 않으려는 인지적 편향이 있으며, 이에 따라 많은 오류를 가져올 수밖에 없다.

세 번째, 정보는 그 정보를 전달하는 전달자 개인적 특성에 따라 다양하게 해석되어 전달된다는 것이다. 사실을 해석하는 것 또한 사람이 처한 환경에 따라 같은 사실을 다르게 해석하기도 한다.

마지막으로 사람들은 쉽사리 권위에 복종한다. 만들어진 권위는 특정 집단의 이익을 위해 교묘하게 대중들 사이에 파고들어 사실을 왜곡하고, 이를 전파하지만, 사람들은 실체를 파헤치지 못하고 믿고 따른다.

따라서 이처럼 불완전한 인간이 만든 건설산업의 제도, 시스템, 프로세스, 방법론을 믿어서는 안 된다. 항상 의심의 눈초리를 가지고 비판적이고 회의적인 시각으로 바라보려는 노력이 꼭 필요하지만 그렇지 못하고 있다.

방법론에 치우친 생산성 향상 노력

산업은 기계 기술의 발달, 정보통신 혁명과 함께 새로운 패러다임을 도입하고, 일하는 방식인 프로세스[4], 프로세스를 받쳐주는 시스템[5], 그리고 혁신적인 방법론을 받아들이면서 발전해 왔다. 이처럼 산업 생산성은 하드웨어의 발전과 함께 소프트웨어의

---

[4] 프로세스의 사전적 의미는 "조직이 고객에게 제공하는 결과를 창출하는 일련의 활동들의 집합, 또는 고객에게 가치를 창출하는 조직화된 모든 관련 활동들의 집합"으로 정의되며 ISO 9001:2000의 품질경영시스템에서 프로세스는 "입력된 값을 출력으로 전환하는 활동"이라 하였다.

[5] 특정한 목적을 달성하기 위하여 여러 가지 관련된 구성 요소들이 상호작용하는 유기적 집합체.

발전이 뒷받침되어 향상되었다.

  이러한 추세에 맞추어 건설사업관리 분야에서도 프로세스, 시스템, 방법론 등 소프트웨어 개발과 도입에 많은 노력을 집중하였다.

  90년대 이후 6시그마[6], BPM[Business Process Management 7], PI[Process Innovation 8] 등 혁신적인 프로세스를 도입하고, 이를 지원하기 위한 ERP[Enterprise Resource Planning 9], PMIS[Project Management Information System 10] 등 다양한 IT 시스템을 도입하였다.

  공정관리 분야에서는 1958년 미국 해군에서 Polaris missile 프로젝트의 일환으로 개발된 PERT 관리기법(The Program/Project Evaluation and Review Technique, 일정통제 및 관리기법), 1957년 미국 Remington-Rand 사의 J. E. Kelly와 Du Pont 사의 M. R. Walker에 의해 개발된 CPM[critical path method] 공정관리기법 등이 건설산업에 도입되어 활용되었으며, 컴퓨터의 발전으로 90년대 후반 MS-Project, Primavera 등 사용이 간편하고 효율적인 공정관리 프로그램이 도입되었다.

---

[6] 기업에서 전략적으로 완벽에 가까운 제품이나 서비스를 개발하고 제공하려는 목적으로 정립된 품질경영 기법 또는 철학으로, 기업 또는 조직 내에 다양한 문제를 구체적으로 정의하고, 현 수준을 계량화하여 평가한 다음 개선하고 유지관리하는 경영기법. 6시그마는 100만 개 중 3.4개의 불량률을 의미한다.

[7] 업무 프로세스를 정형화·표준화·간소화하고, 비정형화된 업무구성을 시스템화하는 경영 방법.

[8] 중복적이고 불필요한 낭비적인 일 등을 과감하게 버리고 최적의 비즈니스 프로세스를 구축하는 혁신 프로세스. 좋은 제품을 더 빠르고, 싸게 만들 수 있도록 고객 중심으로 업무처리 방식을 개혁하는 활동.

[9] 전사적 관점에서 원자재와 같은 자원뿐 아니라 인적자원, 금융자원, 심지어는 시간 자원까지 광의적 개념의 모든 자원까지 한꺼번에 다루는 프로그램. PC의 발달로 인해 인사관리, 회계 관리, 생산관리, 조달(물류)관리 등 회사 내부의 관리가 필요한 모든 부분의 시스템이 통합되면서 이것이 가능해졌다. 이렇게 되면 부서 간의 정보시스템이 다를 때 일어나는 비효율성은 줄어들고, 궁극적으로 회사의 자원관리를 더 효율적으로 할 수 있다는 이점이 있다.

[10] 건설공사에 참여하는 발주자, CM, 감리자, 설계자, 시공업체와 협력업체 등 다양한 참여 주체가 온라인상에서 실시간으로 상호 신속하고 정확한 의견교환(Communication), 업무 공조(Collaboration), 체계적인 관리(Control) 및 자료 축적(Data Accumulating)을 통해서 프로젝트를 더욱 효율적으로 관리하는 웹 기반 프로젝트 관리 시스템.

사업관리 방법론에서는 경험을 중요시하며, 강한 위계에 따른 수직적 의사결정을 하던 전통적 관리 방법의 한계를 극복하고자 90년대 린 건설(lean construction)[11], 2000년대 애자일 건설(agile construction)[12]과 같이 제조업과 컴퓨터 프로그램 개발 프로젝트에 활용되어 혁신적인 성과를 이뤄낸 방법론을 적극적으로 수용하며 돌파구를 찾고자 하였다. 그뿐만 아니라 PMBOK, PRINCE 등 프로젝트 관리 지식체계의 습득 또한 적극적으로 권장하였다.

이러한 노력은 빠른 의사소통으로 업무 효율을 향상시켜 혁신적으로 생산성을 높이고, 궁극적으로 건설기업의 경쟁력을 강화하고자 하였던 것이다.

그러나 프로세스와 시스템, 공정관리 기법, 방법론을 받아들이고, 이러한 이론을 습득한 전문가들이 양산되었지만, 건설산업의 어려움을 개선하지는 못하였다. 고도화된 시스템, 혁신 프로세스, 새로운 방법론을 건설기업 모두가 적극적으로 수용하지는 않았다 하더라도, 이러한 최신 기술과 방법론을 받아들이는데 적극적이었던 대형 건설기업들의 초라한 실적에서 우리는 방법론과 프로세스 시스템의 도입만으로는 해결할

[11] 린 건설의 이론적 배경은 일본 도요타 자동차의 독창적인 생산방식인 TPS(Toyota Production System)다. 린의 이론적 토대라 할 수 있는 린 씽킹(Womac & Johnes, 1996)에서 "린 경영은 기업의 군살을 제거하여 생산성을 높이고 가치를 창출하는 전략이며, 생산철학이다. 상호 간의 이해를 조정하고 공통의 목표를 위해 협업함으로써 지속해 진화하는 성공적인 협업 모델 자체가 린의 진정한 가치이며, 진정한 혁신의 완성은 기존의 문화를 바꾸는 데 있다"라는 린의 철학을 제시하였다. 또한 "린의 핵심 사상은 낭비의 제거이며 끊임없는 진화를 통해 새로운 낭비를 찾는 창의적인 관점과 낭비를 제거하기 위한 새로운 문제해결 역량을 확보하는 것"이며 "개념을 한정적으로 구체화할 수 없는 극히 창조적이며 생산적인 과업"이다 라며 린이 정해진 방식이나 시스템이 아님을 명확히 하였다. 이러한 린의 특징, 개념, 철학을 건설산업에 접목하여 1992년 핀란드의 Koskela, 버클리 대학의 Tommelein, Ballard 등에 의해 변환생산, 흐름생산, 고객 만족을 관리 요소로 하는 린 건설이 주창되었다. 린 건설은 건설공사를 수행하는 데 있어 린의 핵심인 '낭비제거'와 '흐름생산'에 중점을 두고 있다. 1997년 린 건설학회(Lean Construction Institute, LCI)가 창립되어 활발히 활동 중이다.

[12] Agile은 기민한, 민첩함이라는 뜻의 단어로 '스프린트'라는 짧은 주기의 개발 Cycle을 반복해 시장의 변화에 신속하게 대처하는 방법이다. 건설산업에도 작은 규모의 작업 분할로 신속하게 정보를 수집하고 적시에 피드백을 제공하여 위험을 최소화하는 방법론으로 매우 능동적이고 자기 조직화한 역량 있는 팀을 필요로 한다.

수 없는 문제가 있음을 깨닫게 된다.

    그동안 수많은 혁신 노력의 실패 원인으로 폐쇄적인 조직문화, 끈질긴 개선 노력의 부족, 관리의 부재, 건설산업의 잘못된 관행, 설계역량 부족, 공정관리 역량 부족, 계약구조의 문제, 광범위한 규제, 다양한 이해관계자들의 이해충돌, 표준화나 자동화가 어려운 건설 현장의 생산방식 등이 단골로 언급되었다. 그러나 이러한 문제는 건설산업만의 문제라 보기 어려우며, 어느 산업, 어느 조직이건 정도의 차이만 있을 뿐 모두가 안고 있는 문제다. 또한 생각할 수 있는 모든 문제를 원인으로 지목하고 있다는 것은 문제의 본질을 모른다는 것을 완곡하게 표현한 것이라고도 볼 수 있다.

    나는 혁신의 노력이 성공하지 못한 본질은 우리가 지금까지 보지 않았던 그래서 전혀 다가가지 못한 문제에 있다는 생각이다.

    '사랑하라, 다름을 받아들여라.'라는 예수의 가르침은 사이비 성직자들에 의해 본질을 외면한 교묘한 해석으로 다름을 배척하고 소수의 기득권을 유지하는 수단으로 활용되고 있듯이 건설산업에 도입된 수많은 이론 또한 그 본질을 외면한 엉터리 방법론의 득세가 그 원인이라고 본다. 수많은 이론을 만들어낸 사람들의 깊은 철학은 이해하지 못하면서, 이해하기 쉽게 하나의 사례로 만들어진 방법론에 매몰되어 마치 만병통치약이 나온 것처럼 떠들어내는 약장수들의 속임수와 이를 맹목적으로 따르는 현실이 문제의 본질이라는 것이다.

    지금부터 린 건설, 애자일 건설, PMBOK 등과 같이 건설산업에 적극적으로 수용되고 있는 대표적인 이론들을 살펴보도록 한다. 그 과정에서 훌륭한 연구자들이 주창한 본질을 확인하고 현실에서 어떻게 왜곡되었는지 살펴봄으로써 앞선 나의 주장을 설명하고자 한다.

1992년 린 건설의 주창자인 Koskela 교수는 전통적인 건설사업관리의 실패 원인을 다음과 같이 제시하였다.[13]

- 건설산업을 흐름으로 이해하지 못하고 전환으로만 이해한 문제
- 진행 과정의 통제를 일정과 비용의 추적으로 결정
- 작업 결과로 작업을 제어함으로써 활동 관리에 실패
- 부분적인 최적화의 지나친 노력으로 오히려 전체 흐름을 방해
- 가끔은 계획 차질의 원인을 조사를 통하여 밝히려 하지만 대부분이 현 상황의 특수성을 내세워 기준을 준수하지 못한 부분을 정당화하려는 노력
- 작업 간의 유기적인 연결을 고려하지 않은 CPM 공정관리로 작업 간의 숨겨진 활동을 무시하며, 결과적으로 원활한 후속 작업을 위한 제약 사항의 해결과 공간의 제공, 연관 시스템의 제공 등에 관한 관리가 가정되거나 무시된 공정관리

Koskela 교수의 실패 원인을 내가 이해한 수준에서 풀어서 정리해본다.

---

[13] Koskela, L., Howell, G., Ballard, G., & Tommelein, I. (2002). The foundations of Lean construction. Design and construction: Building in value, 291, pp.211-226.

- 건설산업의 문제는 생산과정의 세부적인 흐름을 이해하지 못해서 발생한다. 철근을 조립하고 거푸집을 설치하여 콘크리트를 치는 구조물 공사는 철근 이동, 자재 검수, 검측 등 다양한 활동이 포함되는 흐름이다. 이러한 흐름을 명확히 이해할 때 줄일 수 있는 낭비 요소를 정확히 파악할 수 있으며 실질적인 개선을 할 수 있다. 마찬가지로 설계에서부터 시공과정의 흐름을 이해한다면 합리적인 설계의 중요성을 인식하고 설계의 품질을 높이는 게 설계비용을 줄이려는 노력보다 더욱 중요하다는 것을 받아들일 수 있다. 개별 분야(시공, 설계, 유지관리와 같이 매크로 하게 구분할 수도 있고, 시공에서 설계 검토, 토공, 가시설, 구조물과 같이 좀 더 작게 개별 분야를 구분할 수 있다)의 개별 척도만으로는 전체 프로젝트를 측정할 수 없다. 따라서 프로젝트 전반을 측정할 수 있는 척도가 있어야 한다.

- 공사 진행 과정에서 계획 대비 실작업 일수, 예상 투입 비용 대비 실투입비용의 추적만으로는 적절한 통제가 될 수 없다. 관리를 위한 통제 요소는 다양하며, 어느 한두 가지 요소로 한정할 수 없다. 일정이 지연되고 비용이 과다 투입되었다면, 인원이나 장비 부족, 작업시간의 부족, 자재 조달의 지연 등의 직접적인 원인과 함께 인허가 지연, 부서 간 의사소통 부족, 협의 지연, 자재 조달 프로세스의 문제, 관리역량의 부족, 계획의 부실, 계획 검증역량 부족 등과 같은 간접적 원인도 있다. 더욱이 현장 상황에 따라 핵심이 되는 요인은 다르다. 따라서 개별적 현장 상황에 따른 다양한 손실 요인들이 도출되고 통제될 수 있어야 한다. 예를 들어 공기 지연과 원가 손실의 원인이 관리자의 무관심에 따른 협의 지연인데, 이 부분이 해결되지 않은 상태에서 자원투입만 증가한다면 더 큰 손실을 줄 뿐이다.

- 부분적인 개선이 전반적인 흐름에 어떠한 영향을 미치는지 충분히 이해하고 개선을 위한 노력을 해야 한다. 예를 들어 작업로 조성에 책정된 예산이 천만 원이라 가정할 때 작업로 조성 비용을 절감하는 노력에 집착한 나머지 적기에 작업로가 완료되지 못한다면 프로젝트 전반에 커다란 손실을 일으킬 수 있다. 오히려 이천만 원을 들여서라도 적기에 작업로를 개설하는 게 전체공사의 흐름에서 볼 때 합리적인 의사결정이다. 그러나 작업로 시공팀과 후속 작업 시공팀이 별도로 정해져 있다면 쉽게 해결될 수 없다. 즉 부분적인 개선에 치중하는 이유가 시공팀의 이익과 직결된다면 이를 조정하는 능력이 프로젝트 성공에 중요한 요소가 된다.

- 심각하게 공기가 지연되거나 공사비용이 증가하면 본사에서는 현장에 원인분석과 대책을 요구한다. 때에 따라서는 본사에서 직접 점검팀을 내려보내 점검하고 대책을 수립하기도 한다. 그러나 나는 지금껏 자체 분석이나 본사 점검팀 분석의 결과로 나온 대책이 실효성 있는 경우는 드물었다. 올바른 대책이 수립되기 위해서는 원인을 정확하게 찾을 때까지 밀도 있는 관찰과 분석, 그리고 충분한 시간이 필요하지만, 그러한 노력도 그럴만한 역량과 시간도 없었다. 점검을 받아보거나 점검하는 과정을 지켜보면서 다음과 같은 4가지 문제점을 확인할 수 있었다. 첫째, 대부분이 이런저런 그럴듯한 사유를 들어 현장을 옹호하며, 문제를 정당화하는 기회로 점검을 활용하는 경우가 많다. 둘째, 점검자의 역량이 부족하여 문제의 본질에 접근하지 못하거나, 셋째, 공격에 저항하기 어려운 가장 만만한 상대를 골라 모든 문제를 덮어씌우는 경우, 넷째, 의사결정권자들의 문제로 비화 될 소지가 있는 검증은 고의로 회피하거나 외면하는 경우이다. 이러한 접근은 결과적으로 조사가 과거의 실수나 오류에 대한 방어 수단으로 활용될 뿐이며, 미래를 위한 실효성 있는 개선안은 없다. 가끔은 문제에 대해 엉터리 분석에서 나온 엉터리 해법으로 현장을 더욱 어렵게 만든다. 사람은 생존하고자 하는 욕구가 있으며 이를 위한 자기 방어기제가 발동되는 것은 본능이다. 이러한 본능에 대한 이해 없이 문제를 해결한다는 것은 지극히 어렵다.

- 작업 지연 원인을 단순하게 선행작업 지연만의 문제로 이해하기 쉽다. 물론 틀린 말은 아니다. 하지만 선행작업이 지연되는 사유는 단순하지 않다. 예를 들어 콘크리트 타설이 예정보다 늦어졌다면, 작업자의 부족이나 작업시간 부족만의 문제가 아니라 현실적이지 못한 작업자 이동계획, 거푸집 자재 조달 지연, 검측 지연, 작업 발판 지적에 따른 보완, 교통통제 승인 지연 등 수많은 요소가 하나 혹은 복합적으로 작용하면서 콘크리트 타설을 지연시킨다. 따라서 문제에 대한 해결이 거푸집 조립 완료를 위한 작업자 추가 확보나 작업시간 연장만으로는 해결할 수 없는 경우가 많다. 공정계획의 개선, 교통통제 시간 연장, 합리적 안전 점검, 자재 조달 일정의 선제적 관리 등 다양한 노력이 유기적으로 연결될 때 가능해진다. 그러나 CPM 공정만으로는 이러한 숨겨진 활동들을 이해할 수 없다.

Koskela는 전통적 공사관리의 실패 요인을 관습적으로 내려오고 있는 건설사업관리에 대한 잘못된 인식과 통념, 사람에 대한 이해 부족, 점검 프로세스의 문제, 거시적인 관점과 미시적인 관점이 통합되어 관리되지 못하고 있는 시스템, 프로세스의 문제로 보고 있다.

이러한 문제에 대한 대책으로 Koskela는 제조업의 린(lean) 생산방식을 건설산업에 접목한 린 건설을 제시하였다. Koskela에 의해 주창된 린 건설은 지속적 측정과 분석을 통한 낭비제거가 핵심 내용이다.

린 건설은 '가치를 구체화하고 가치 흐름을 분석해 프로세스상에 내재하는 비가치 작업(낭비)을 최소화하며, 흐름생산과 당김생산을 통해 지속적 개선으로 완벽을 추구하는 방식'이라 정의한다.

이를 위해 린 건설은 '가치의 구체화, 가치 흐름의 맵핑, 흐름생산, 당김생산, 완벽성 추구'라는 구체적인 5가지 원리를 제시하고 있다. 이와 같은 린 건설의 핵심 5가지 원리를 현장에 구체적으로 적용할 수 있도록 현장의 시각에서 재해석하면 다음과 같이 정의 할 수 있다. 정의하기에 앞서 우선 시공과정에서 가치가 무엇인지 정확하게 이해할 필요가 있다. 가치란 고객에 의해 정의되며, 고객이란 소비자 즉 사용자를 의미한다. 따라서 시공과정에서 고객은 해당 공사 완료 후 작업하게 될 후속 공사로 규정할 수 있다. 결과적으로 가치는 후속 공사가 원활하게 수행할 수 있도록 공간과 시간을 제공하는 활동으로 정의된다. 마찬가지로 비가치 작업이란 후속 공종이 원활하게 공사를 수행할 수 없도록 시간과 공간을 빼앗는 행위를 의미한다.

따라서 가치의 구체화란 효율적인 생산에 필요한 활동으로 현장의 작업과 작업 외에 승인, 인·허가, 계약 등 간접적인 활동이다. 이는 Activity와 Activity 속성으로 정의할 수 있다.

가치 흐름 매핑은 Activity의 작업흐름을 연결하는 공정표의 다른 표현이다.

흐름생산은 시공과정이며 전체공사 흐름이 원활하게 유지하면서 점진적인 개선을 위해 지속해서 낭비를 제거한다.

당김생산은 적기에 해당공사를 마무리하여, 후속 공종과 혼재되어 공사가 수행되지 않도록 하는 관리를 의미한다.

완벽의 추구는 지속적 반복적 측정과 분석, 개선을 통하여 이상적인 공정계획의 목표를 달성함을 의미한다.

지금까지 설명한 린 건설의 원리를 요약하면 '계획단계에서 도달하고자 하는 이상적인 목표를 설정하고, 목표에 도달할 수 있는 활동들을 정의하고 그 활동들의 흐름인 공정표를 작성한다. 시공과정에서 정보를 수집하고, 분석하여 개선안을 만들고, 적용하고, 개선하기를 반복하여 이상적인 목표에 도달하려 노력한다.'라는 상식적인 설명이다.

더불어 "린 건설은 가치를 극대화하기 위해 자원, 시간, 노력의 낭비를 최소화하는 생산시스템의 설계다"라며, 린 건설은 창조적 노력임을 강조하였다. 또한 '린의 진정한 혁신의 완성은 기존의 문화를 바꾸는 데 있다'라며 혁신적인 사고의 전환을 요구하고 있다. 린 건설의 핵심을 요약하면 생각을 혁신하고 생산시스템을 창조하라는 것이다. 모든 기법[14]들은 하나의 예시일 뿐이다.

---

[14] 계획의 신뢰성을 높여 공사흐름의 안정화를 도모하는 라스트 플래너(Last Planner), 적시 생산관리의 효율성을 강조하는 적시생산(Just-In-Time : JIT), 가치 흐름 분석을 위한 가치 흐름 맵핑(Value Stream Mapping : VSM)기법, 다공구 동기화 및 작업연속성 확보를 통해 흐름생산을 관리하는 택트 공정관리(TACT) 등 다양한 기법들이 제시되었다.

1993년 캐나다 국립연구원(National Research Council Canada)에서는 다양한 문헌 고찰과 전문가 의견을 참조하여 낙후된 건설산업의 생산성 향상을 위한 건설산업 생산성 연구 보고서[15]를 발표하였다. 이 보고서에 따르면 생산성 향상에 필요한 노력으로 신뢰성 있는 정보수집 및 측정과 분석, 계획의 적정성, 원활한 의사소통, 감독 수준의 향상, 협업, 전문가들의 조기 참여, 동기부여, 관리 수준의 향상, 신속한 변경 관리 등을 언급하고 있다.

이와 함께 다양한 방법론들을 예시하고 있다.

작업자와 작업조의 표본을 뽑아 작업 활동을 구체적으로 측정하고 분석하며, 분석 내용을 현장의 반장이나 작업자의 의견 청취 과정을 거쳐 확인하고, 확인된 정보를 바탕으로 생산성 저하를 가져오는 근본 문제를 해결하는 모델을 만들어 반복적인 노력을 통해 생산성을 개선하는 방법.

CPM 공정관리의 단점을 보완하는 방식으로 주요 자원의 다양한 이동을 시뮬레이션하여 최적화된 자원의 흐름을 찾아 낭비가 최소화될 수 있는 모델을 개발하여 활용하는 방안.

그 외에 인당 생산성 추적으로 비용보고서를 대신하는 방안[16], 근로자를 배려하는 작업계획, 시공성 향상을 위한 건설전문가들의 조기 참여[17] 등 현장의 문제를 해결하고 생산성을 향상시킬 수 있는 구체적인 개선안이 제시되었다.

---

[15] Dozzi, S.P. AbouRizk, S.M. (1993). Productivity in Construction. NRCC-37001.
[16] Koskela가 제시한 전통적 공사관리 문제점 중 비용의 추적으로 진행 과정을 통제하는 문제점에 대한 대안으로 이해할 수 있다.
[17] 설계의 시공성은 생산성을 향상하고 품질과 공사 중 안전을 확보할 수 있는 초석이다. 이러한 설계검토는 역량 있는 시공기술자의 참여가 필수적이다.

그러나 이 또한 주요 내용을 종합하면 현장에서 정보수집을 통한 분석으로 현장의 특성을 확인하고, 그 특성에 적합한 모델을 개발하여 지속적인 개선을 한다는 내용이다.

프로젝트 관리의 가이드라고 할 수 있는 PMBOK 6th(Project Management Body of Knowledge)는 2017년 출간되었다. PMBOK 6th 개정판에서는 변화에 신속한 대응을 기본 개념으로 하는 애자일 방법론과 프로젝트 상황에 맞게 프로젝트 관리 프로세스와 방법 등을 조정하는 Tailoring이 강조되고 있다. 과거의 정보, 수집된 데이터, 과거의 경험으로 만들어진 기준, 규정 등에 대한 재검증을 반복적으로 수행하는 프로세스가 강화되었다. 상황에 맞게 해결 방안을 찾으려는 창의적인 노력이 강조되고 있다.

2000년대 초반 소프트웨어 개발방식으로 활용되었던 애자일 방법론(Scrum, kanban 등)을 건설사업관리에 접목하려던 노력이 있었으나 실패하고 말았다. 애자일의 철학 즉 '애자일은 애자일(좋은 것을 최소의 비용으로 만들어 내는 것)스러울 수 있는 다양한 방법론 전체를 일컫는다.'라는 본질을 망각하고 Scrum, kanban과 같은 방법론에 매몰된 결과다.

보스턴 컨설팅그룹과 매켄지 글로벌 연구소에서 (BCG, 2016; MGI, 2017) 발표한 건설산업 생산성 정체의 원인은 다음과 같다.

1) 프로젝트 관리 및 실행 기초 불량
2) 최전방 감독 수준의 미흡
3) 인재 부족
4) 혁신 부족
5) 충분하지 못한 프로세스
6) 공정관리 성숙도 미흡
7) 프로젝트 관리자의 역량에 의존
8) 프로젝트 모니터링 미흡
9) 기능 간 협업 부족
10) 설계 프로세스 부족
11) 보수적 기업문화

결과적으로 문화, 사람, 시스템, 프로세스 등 총체적인 문제라는 것이다.

해결 방안으로는

- 1) 엄격한 계획 프로세스 도입
- 2) 핵심 성과지표 재구성
- 3) 린 도입
- 4) 인적 역량 강화
- 5) 설계 프로세스 개선
- 6) 효과적인 일정 기반 예산 수립
- 7) 프로젝트 모니터링(일정, 원가, 설계) 강화

등 건설사업관리 전반에 걸쳐 새로운 혁신적인 변화를 요구하고 있다.

여기에 모듈화, 빅데이터의 활용, 시뮬레이션을 통한 자동화 설계 및 구조해석, 가상현실과 증강현실을 통한 설계시공 인터페이스 강화, IoT(Internet of Thing), BIM의 적극적 도입 등 4차 산업혁명의 첨단디지털 기술의 도입도 포함되어 있다.

그러나 4차 산업혁명의 본질은 융합이다. 건설산업에서의 4차 산업혁명 또한 융합이 본질이 되어야 한다. 따라서 특정한 기술을 접목할 수 있도록 현장을 바꾸는 게 아니며, 건설 현장의 개별적 특성에 맞게 창의적으로 융합된 기술이 도입되어야 함은 당연하다.

지금까지 우리는 1992년 Koskela가 주창한 린 건설에서 2017년 맥킨지 보고서까지 고찰하였다. 건설산업의 낮은 생산성, 높은 재해율, 잦은 품질 사고의 해법으로 제시한 본질은 혁신적인 생각과 창조적 노력으로 상황에 적합한 방안을 고안하라는 것이었다. 이렇게 하면 된다는 방법론을 해법으로 제시하지 않고 있다.

그러나 이러한 본질을 제쳐놓고 오로지 수많은 방법론만 습득한 사람들이 전문가 행세를 하면서, 오히려 억지스러운 방법론이 건설산업을 더욱 어렵게 만들고 있다.

'SCRUM, PRINCE 2 또는 WATERFALL 모델에 의존해서는 안 된다. 우리는 모델이 필요하지 않다. 우리는 오늘날의 복잡한 프로젝트를 성공적으로 계획하고 관리하기 위해 유연성과 적응성, 창의성이 필요하다.'라는 WYSOCKI ROBERT.K의 주장은 옳다.

감시와 처벌의 강화로 일관된 건설정책

1981년 12월 31일 근로자의 안전을 위한 '산업안전보건법'과 1987년 10월 24일 시설물 안전을 위한 '건설기술관리법'이 제정되었다.

이후 2013년 6월 국제적 안전보건 분야의 기본적인 개념이자 기법인 '위험성 평가'가 고시 제정되어 안전 직무에 포함되었다.

2014년 5월 23일 건설기술관리법을 전부 개정한 '건설 기술 진흥법'이 제정되었으며, 2016년 5월 '설계 안전성 검토'가 건설 기술 진흥법의 개정으로 법제화되었다.

2020년 6월 건설공사 발주자의 산업재해 예방조치를 강화하는 산업안전보건법 67조가 개정되었으며, 같은 해 12월 10일 발주청 소속 직원의 부당한 간섭배제, 소규모 현장 안전관리 강화, 일요일 공사관리 제한을 골자로 하는 건설 기술 진흥법이 개정되었다.

2022년 1월 27일 중대 산업재해에 이르게 한 사업주 또는 경영책임자들은 1년 이상의 징역 또는 10억 원 이하의 벌금에 처하는 중대재해 처벌 등에 관한 법률이 시행되기에 이르렀다.

위와 같은 법과 제도의 정비와 함께 산업재해 저감을 위한 다양한 예방대책이 발표되었다.

2013년 9월 고용노동부는 '선제적 예방 관리 감독 강화', '중대 재해의 강력한 제재', '자율 예방 활동 활성화', '근로자 교육의 내실화'를 골자로 하는 재해예방 대책을 발표하였다.

2013년 12월 관계부처 합동으로 건설 현장 재해예방 종합대책을 발표하였다. 주요 내용으로는 '발주자의 안전관리 의무 확대', '발주기관장 평가에 재해감소실적 반영', '발주기관의 현장 점검의 실효성 제고 방안', '가설구조 안전성 검토 강화', '감리원의 안전관리 감독 기능 및 역량 강화', '안전관리자 선임기준 확대', '화재 예방심사 강화' 등 주로 의무와 책임을 확대하고 강화하는 내용이다.

2017년 8월 국정 현안 점검 조정 회의에서는 '발주자의 안전관리 책임 강화(승인 절차 준수, 사고 예방 활동 평가 강조)', '작업 중지 해제 시 근로자의 의견을 들어 심의위원회에서 결정', '사망사고 대한 책임자 제재 실효성 제고', '사업주의 건설 현장 주기적 점검 이행 책임 부과', '사망사고 시 처벌의 실질적 강화', '중대 사고에 대해 국민 참여 사고 조사위원회 구성 운영', '사업장 안전보건 시스템 내실화(근로자 3D, VR을 통한 체험교육 확대 및 교육 감독 강화)', '안전보건 관리자 직접고용', '재해실적 공공기관 경영평가에 반영', '안전 관리비 현실화' 등을 내용으로 하는 중대 산업재해 예방 대책이 발표되었다.

2021년 1월 고용노동부는 '추락재해 예방 감독', '자율안전 조치 및 불시감독', '즉시 사법 조치', '일체형 작업 발판 사용 확산유도' 등을 집중 시행 한다고 발표하였다.

그러나 이처럼 법과 제도를 정비하고 사고 때마다 결의에 찬 굳은 표정으로 발표되었던 대책들이 무색하게 건설 재해는 줄어들지 않고 있다.

그런데 자세히 살펴보면 대책 대부분이 건설 현장에 대한 관리 감독의 강화에 치중되어 있다. 발주자의 책임을 강화한다는 의미 또한 결과적으로 현장을 강하게 통제하지 못한 부분을 문제 삼겠다는 의미다. 즉 안전사고가 줄지 않는 원인은 오롯이 현장 잘못으로 인식하고 있다. 현장 기술자들은 안전에 대한 의식이 부족하고, 불안정한 상태에도 민감하게 반응하지 않으며, 원가와 공기만 챙기고, 사업주는 미미한 처벌 규정 탓에 안전 경영 노력은 하지 않고, 규정과 지침은 현장 관리자들의 무관심으로 제대로 작동되지 않고 있어 사고가 줄고 있지 않다고 보는 것이다. 돈 벌 궁리에만 몰두하고, 아무리 교육해도 도대체 개선하려는 노력도 의지도 없는 집단이니 자주 감시하고 강하게 처벌하여 그러지 못하도록 만들겠다는 생각이다. 건설기술자들은 언제든지 산업재해를 일으킬 수 있는 잠재적 범죄집단처럼 인식하고 있는 것은 아닌지 의심이 간다. 이래도 사고가 줄지 않으면 사고 때마다 건설 현장이나 본사를 압수수색이라도 할 기세다.

현장에서 행해지고 있는 안전관리 행태 또한 감시와 처벌의 강화에 집중한다. 현장 상황에 맞게 작업자들이 편안하게 작업할 수 있는지에는 관심이 없다. 실효성 여부도 그리 중요하지 않다. 오롯이 정해준 기준과 규정의 준수만 강요할 뿐이며, 한 번이라도 규정을 어기면 현장에서 퇴출한다는 경고만 있을 뿐이다.

이러한 문제 인식은 세월이 흘러도 변하지 않고 있으며, 결과적으로 대책도 변화가 없다. 현상을 바라보는 시각에 변화가 없으니 대책에도 변화가 있을 리 없다.

안전사고는 수많은 요인의 상호작용으로 발생한다. 앞서 지적한 것처럼 무관심, 무지, 인식 부족 등이 원인이 될 수 있지만, 적자가 원인일 수도 있고, 일정지연이 원인이 될 수도 있다. 한국 사회의 일반적인 문화가 원인일 수도 있다. 경우에 따라서는 현실성 없는 기준과 규정, 제도, 엉터리 시스템과 프로세스가 원인일 수 있다. 그런데 깊은 성찰과 고민 없이 만만한 상대에게 모든 책임을 전가하는 대책이 남발되고 있다.

감시와 처벌의 강화만으로 안전사고를 줄일 수 있다는 사고는 건설기술자들에 대한 지독한 폭력이다. 이러한 폭력으로 인간 존중을 실현할 수 있다고 믿는 사람들은 도대체 누구인가?

3.
그렇다면 무엇을 돌아봐야 하나?

뒤돌아보지도 않고, 목적지가 맞는지 확인하지도 않고 그저 정해준 길을 열심히 달려왔지만, 목적지는 여전히 처음만큼의 거리에 있다. 아니 가끔은 뒷걸음이 아닌가 할 정도로 더 멀어진 느낌이다.

이젠 멈춰서야 한다. 그리고 의심하지 않고 질문하지도 않으며 공손하게 믿고 따랐던 정책 입안자나 전문가들의 설계를 의심하고, 무례한 질문도 서슴없이 하면서, 본질부터 철저히 재검증해야 한다. 그리고 이젠 우리가 다시 설계해야 한다.

설계의 처음은 건설산업에 널리 받아들여지고 있는 인식과 통념이 당연하지 않으며, 잘못된 인식과 통념일 수 있음을 의심하고 검증하려는 노력이다. 따라서 상식처럼 알고 있던 모든 것들을 비판적이고 회의적인 시각에서 검증해야 한다.

이러한 노력으로 건설산업에 올바른 개념이 정립될 수 있다면 새로운 도약을 할 수 있는 토대가 마련된 것이다.

다음으로 관습적으로 수행됐거나, 어설프게 자리 잡은 건설사업관리 핵심 관리 요소(안전, 품질, 공정 등)들을 근본부터 확인하여 바로잡아야 한다.

이와 함께 다양한 공사관리 가이드가 제시되어 나름의 방식으로 창의적인 공사관리 시스템을 만들 수 있다면, 건설산업은 새로운 혁신산업으로 도약할 수 있다고 본다.

50년을 똑같은 방식으로 살아왔는데 삶이 나아지지 않았다면 당연히 돌아봐야 한다. 알량한 한 줌의 지식과 경험으로 겨우 버티고 있는데 이마저 잃어버리면 어떻게 하나 하는 두려움은 벗어던져야 한다. 불편하고 몸에 맞지도 않았지만, 그저 묵묵히 정해준 길을 따라가던 걸음은 멈춰야 한다. 멈춰 서서 걸어온 길을 되짚어 보고, 도달해야 할 고지를 다시 한번 확인해야 한다. 훗날 후배들에게 부끄럽지 않은 선배가 되기 위해서 말이다.

CHAPTER II

검증해야 할
개념(概念)과
통념(通念)들

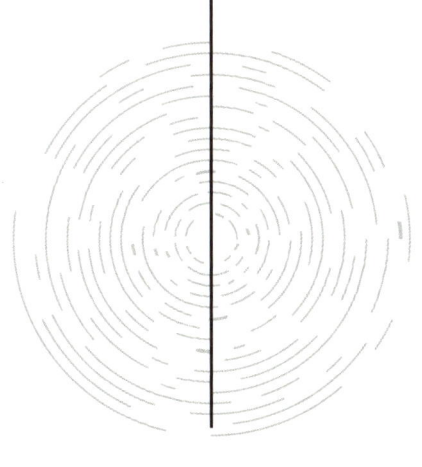

> 모두가 다 가지고 있는 생각, 어디에서나 받아들여지는 관념은 어리석은 것이라 믿어도 좋다. 다수에게 호소력을 가질 수 있기 때문이다.
> - 샹포르[1] -

    개념은 어떤 사물이나 현상의 공통적인 요소를 뽑아내어 일반화된 보편적 관념으로, 복잡하고 혼란스러운 것을 단순화한다. 이러한 개념은 사람들이 현상을 이해하는 데 생각하는 노력을 줄여줄 뿐만 아니라, 상황을 신속하게 판단하는 데 도움을 준다. 통념 또한 올바른 진리인지 검증되지 않았지만, 사회적으로 인정되어 상식으로 자리 잡은 생각이다. 따라서 통념 또한 우리의 행동과 사고에 많은 영향을 미친다. 그러나 아름답다는 개념도 시대의 변화에 따라 달라지듯 모든 개념은 시간의 흐름과 공간의 변화에 따라 바뀌게 되며, 통념[2] 또한 마찬가지다. 그러나 일단 개념과 통념이 정립되어 자리 잡게 되면 비록 그 오류가 인식된다고 하여도 쉽게 바뀌지 않는다. 이처럼 개념과 통념이 시간의 흐름과 공간의 변화에 따라가지 못하고 화석화되어 현실과 유기적으로 관계하지 못하게 된다면 현실과 동떨어진 판단을 하게 된다. 과거의 역사에서도 지금의 현실에서도 이러한 문제는 항상 있었고, 진보를 가로막는 단단한 장벽으로 작용하고 있다. 현상을 바라보는 관점이 바뀌지 않는다면 새로운 변화가 있을 수 없듯이, 개념과 통념 또한 다양한 관점에서 검증되고 바뀌지 않는다면 새롭게 변화할 수 없다.

---

1) 니콜라 샹포르 (1741-1794). - 프랑스의 작가. 희곡이나 문예 비평도 있으나 냉철한 눈으로 구체제(舊體制) 말기의 상류 사회의 인간과 풍속에 신랄한 비평을 가한 《성찰(省察)·잠언(箴言)·일화(逸話)(1804)》가 특히 유명하다. 그 문재(文才)로 인해 궁정(宮廷)이나 살롱에서 인기를 차지했다. 혁명기에는 미라보에 협력했으나 공포 정치 하에서 자살을 기도, 그 상처로 인해 병사(病死)했다.
2) 진실과 관계없이 사회적으로 널리 전파되어서 이미 그렇게 알게 된 상식이나 사고회로를 말한다. (나무위키)

건설산업에도 널리 받아들여지는 어리석은 개념이나 통념 들이 없는지 냉정하게 바라보는 시간이 필요하다. 건설산업의 미래를 위한 수많은 노력이 헛되지 않기 위해서 가장 먼저 확인해야 할 것들이라 믿어 의심치 않는다.

그렇다면 우리가 미처 인식하지 못하고 있지만, 건설산업의 발전에 막대한 지장을 주고 있는 상식들은 무엇인가? 다양한 이견과 논란의 소지가 있을 수 있지만 내가 가지고 있던 생각들을 풀어본다.

1.
관리는
개선을 목적으로 한다는
사실을 잊고 있다.

공기 지연과 원가 손실이 발생하여 집중적으로 관리되고 있던 A 현장에 처음으로 지도지원을 갔을 때였다. 현장의 공사관리실태를 분석하여 현장이 처한 어려움의 원인을 찾아내고 개선방안을 제시하는 게 나에게 주어진 임무였다.

나는 우선 현장에서 작성된 시공계획과 공정표 작성이 적정한지 확인하였다. 시공계획서는 작성 지침을 준수하여 현장의 특성을 고려 세밀하게 작성되어 있었다. 공정표 또한 공기산출 근거, 자원투입계획이 포함되어 작성되어 있었으며, 지연된 공정을 따라잡기 위해 매주 만회 대책을 포함한 공정표를 작성하여 발표하는 등 공정관리를 성실하게 수행하고 있었다.

다음으로 현장 직원들의 업무를 관찰하였다. 현장 직원들은 점검, 회의, 검측, 민원 등으로 아침부터 업무가 종료되는 시간까지 한 치의 여유도 없이 바쁘게 움직이고 있었으며, 과중한 업무였지만 최선을 다하고 있었다.

회사에서 정해준 시스템과 프로세스를 잘 준수하며 모두가 최선을 다하고 있었다. 그런데 문제는 그러한 노력에도 지연된 공기는 만회되지 못하고 오히려 시간이 흐를수록 그 정도가 심해진다는 것이었다[3]. 게다가 공기를 만회해야 한다는 중압감 때문인지 안전, 품질 사고 또한 빈번하게 발생하고 있었다.

문제 원인을 분석하기 위해서는 공사책임자인 공사팀장과의 면담이 필요했다. 바쁘다며 점심 후 잠시 들른 공사팀장에게 공기 지연 사유를 물어보았다. 그는 까다로운 감리의 검측, 민원, 무능한 작업자와 협력업체 문제 등을 공기 지연의 원인으로 지목하였다. 그러면서 현장 점검, 민원 해결, 공정회의, 안전 순찰 등 수많은 자신의 업무를 언급하며, 공사팀장으로서 시공관리에 최선을 다하고 있음을 간접적으로 피력하였다. 최선을 다하고 있으며, 더는 어쩔 수 없다는 의미였다.

현장 직원들은 '관리란 정해진 것들을 솔선수범하며 충실히 따라 하고 작업자들 또한 성실하게 따르도록 하는 것'으로 인식하고 있었으며, 그런 자기 생각에 충실했다.

현장관리, 품질관리, 안전관리, 공정관리와 같이 우리는 일상적으로 현장에서 행해지는 모든 활동을 관리라고 한다. 그렇다면 우리가 행하고 있는 관리란 무엇을 말하는 것일까? 본질적인 의미를 확인해 볼 필요가 있다.

관리의 사전적 의미는 다양하다. 두산백과 사전에서는 '일정한 목적을 효과적으로 실현하기 위하여 인적·물적 여러 요소를 적절히 결합하여 그 운영을 지도·조정하는 기능 또는 그 작용'을 관리라 정의하고 있으며, 네이버 국어사전에서는 '사람을 통솔하고 지휘 감독함, 시설이나 물건 또는 심신의 유지와 개량을 꾀함, 어떤 사무를 맡아 처리하고 관할함'으로 관리를 정의한다.

---

[3] 1월에 작성한 공정표가 2월에는 10일 정도 지연되어 재작성 되었으며, 3월에는 1달, 점검하던 7월에는 계획공정 대비 50% 수준으로 일정이 심각하게 지연되고 있었다.

두산백과의 기계공학 대사전에서는 관리의 의미를 구체적으로 이해하기 쉽게 다음과 같이 정의하고 있다. '관리란 관리의 Cycle에 의해 설명할 수 있다. 관리의 Cycle이란 Plan ➡ Do ➡ Check ➡ Action ➡ Plan의 연속한 단계에 의해 진행되는 개선의 활동이다. 구체적으로 말하면 한 기업은 기업으로서의 방침, 경영 계획을 명확히 하는 것은 계획(plan)의 단계에서, 계획을 실행하고 활동을 추진하는 것은 실행(do)이, 활동 결과를 검토하고 문제점 등을 추구하는 것은 체크(check)이며, 다시 체크의 결과에 대해 개선·처리를 행하는 것은 액션(action)이라고 말할 수 있다. 기업의 경영활동 가운데 이처럼 방침을 중심으로 해서 진행하는 것은 방침관리라고 불린다. 일의 계획을 세우고 이것을 실행하고 그 실행 결과를 분석해서 문제점을 발견하고 이것을 개선하는 사고방식은 위의 관리 Cycle에 의해 설명할 수 있다. 이것이 관리이다.' 이를 단순하게 요약하면 '관리란 PDCA 반복으로 개선하는 행위'라 할 수 있다.

그런데 우리가 막연하게 인식하고 있으며, 현장에서 실질적으로 시행하고 있는 관리 형태는 네이버 국어사전의 개념을 따르고 있다. 즉 만들어진 기준과 규정을 준수토록 통제하는 행위를 관리로 인식하고 있다. 나는 그러한 행위는 관리라는 단어보다는 감시통제나 지휘가 맞다고 본다. 관리를 왜 하는지 한 번만 더 생각한다면 두산백과의 기계공학 대사전의 관리 정의에 모두가 동의하리라 본다.

관리의 개념을 확실히 이해하기 위해 두산백과의 기계공학 대사전에서 제시한 관리의 개념을 분석해 보도록 한다.

우선 가장 주목해야 할 내용으로 '반복적인 순환으로 개선한다'라는 문장이다. 이 글에는 PDCA 각각의 단계에서 생성된 정보를 신뢰하지 않음을 전제한다. 계획이 완벽하다면 수행과 점검을 통해 계획을 변경하려는 노력은 불필요한 혼란만 가져온다. 마찬가지로 최초 측정에서 모든 정보를 수집할 수 있다면 지속적, 반복적 측정을 위한 수고로움은 필요 없다. 한 번의 점검으로 문제점을 완벽하게 찾고 대안을 수립했다면 두 번 할 필요가 없다. 그러나 계획은 불확실한 예측과 가정을 기반으로 하고 있으며, 불완전한 사람에 의해 수립된다. 수행과정에서도 태생적으로 가지고 있는 계획의 오류, 불완전한 인간에 의한 수행, 지속적인 환경변화 등으로 수집되는 정보는 그 신뢰성을 장담할 수 없다. 점검 및 통제 또한 마찬가지다. 점검단계가 갑질이나 책임회피의 방법으로 오용될 수 있으며, 마찬가지로 개선방안이 개인이나 조직의 이해관계에 따라 엉뚱한 대안이 제시될 수 있다. 이러한 문제는 항상 현실에 존재하고 있고, 이러한 문제를 해결해가는 과정이 관리이며, 가장 합리적인 방법이 '반복적 순환을 통한 개선'이다.

따라서 관리란 인간은 완벽하게 불완전한 존재임을 인식하고, 인간이 생각해낸 어떠한 것도 최고나 최상이 될 수 없다는 사실을 잊지 않고, 논리보다는 실질적으로 보이는 결과를 신뢰하며, 언제나 다양한 다름이 틀림이 아니라는 열린 생각을 바탕으로 하고 있어야 한다. 즉 관리란 '실용주의'[4] 철학을 근간으로 하고 있다.

더불어 관리는 개선의 정도를 정량적으로 확인할 수 있는 시스템이 구축되어 있어야 한다. '잘했다'라고 평가했다면 누구나 인정할 수 있는 기준이 있어야 한다는 것이다. 따라서 관리를 잘하고 못하고는 현장 상황에 맞게 선정된 핵심 성과지수로 판단해야 한다.

최선을 다하고 열심히 관리 했는데 성과가 나오지 않았다면 무능하다고 밖에 볼 수 없다. 아니면 최선이라는 게 형식에 치우쳐 있었거나, 시스템이나 프로세스상의 문제일 수 있다. 어떠한 상황이든 그 원인을 찾아 해결하지 못했다면 올바른 관리가 시행되

---

[4] 어떠한 진리도 시간과 공간을 초월하는 절대 진리는 없으며, 진리의 기준은 우리의 실생활에서의 유용성에 두어야 하고, 진리는 상대적이며 변화하는 그것이라는 생각을 가진 미국의 철학 사조로 다양성의 인정과 포용을 중요하게 생각한다.

고 있지 않은 것이다. 가끔 성공과 실패의 원인으로 운(運) 이나 우연(偶然)을 언급하기도 한다. 물론 나도 운이나 우연이 성공과 실패를 가르는 요소로 작용한다는 데 공감한다. 그러나 나의 경험으로는 올바르게 관리될 때 운도 따르고 우연의 행운도 따른다.

이상의 내용을 정리하여 관리 개념을 구체적으로 새롭게 정의한다면 '관리란 관리의 Cycle에 의해 설명할 수 있다. 관리 Cycle이란 비판적이며 회의주의적인 시각으로 Plan-Do-Check-Action의 연속한 단계를 진행하는 개선의 활동이며, 개선의 범위에는 생산활동과 함께 시스템, 프로세스, 사람 등이 포함된다.'라고 할 수 있다.

건설 현장에서 행해지고 있는 관리 평가 방식 또한 관리에 대한 인식만큼이나 관리의 본질에 부합하지 못하고 있다. 현장관리를 평가하는 방식을 보면 A 현장 기술자들이 관리를 평가하는 기준에 충실히 따르고 있다고 볼 수 있다. 예를 들어 현장의 안전관리나 시공관리 점검항목을 보면, 현장 관리자(특히 현장소장, 공사팀장, 안전팀장)가 하루에 2번 이상 점검했는지, 공구별로 교차 점검은 했는지, 중점작업에 관리자가 입회해서 지켜보았는지, 지적사항은 기록으로 남겼으며 조치는 적기에 시행되었는지와 같이 그저 정해준 규정을 잘 따르고 있는지만을 평가하고 있다. 개선되었는지, 관리 행위가 효과적으로 작동하고 있는지는 평가하지 않는다. 정해준 대로 잘 따라 하고 있으면 '관리가 잘 되고 있다', 그렇지 않으면 '관리가 엉망이다'라고 평가한다. 하루에 한 번 현장을 순찰한 현장소장은 하루에 두 번 순찰한 현장소장보다 관리를 못 하고 있다고 평가된다. 더욱이 다양성은 획일적 관리를 어지럽히는 요인으로 인식하며 철저히 배척된다.

" 관리는 개선을 목적으로 한다는 본질이 외면되고 있다. "

2.
인간에 대한 착각

> 이성이라는 게 만들어지거나 주어진 것, 교육으로 심어진 것, 광고로 세뇌된 것이며, 어떤 몇 가지 범주를 인정하는 것이라면, 이는 잘못된 것일 수 있다. 소수의 이익과 기득권을 유지하기 위해 이에 적합하게 변화시키는 의식적이고 합리적인 과정이 될 수 있다. 따라서 이성이란 다름을 받아들이고 다양성을 수용할 수 있는 바탕에서 인정받을 수 있다.
> - E.H.카 -
>
> 전문적인 광고주들이나 선거 사무장 같은 이들은 대중심리에 관한 연구를 통해서 자신들의 견해를 안전하게 받아들일 수 있는 가장 신속한 방법이 소비자나 유권자의 기질 속에 있는 비이성적인 요소에 호소하는 것임을 알고 이를 이용하여 목적을 달성하는 광경을 마주 대하게 된다. 이성이라고 믿고 있는 것은 위험할 수 있다.
> - E.H.카 -

인간을 신뢰할 수 있나?

A 현장의 점검이 마무리되고 현장소장과 저녁 식사를 하는 자리에서 현장소장은 '현장 직원들은 자신의 방식으로 현장을 위해 최선을 다하고 있으며, 잘하려 노력하기 때문에 믿고 맡기는 권한위임과 사기 꺾이지 않게 응원하는 칭찬이 리더의 가장 중요한 역할'이라는 자신의 소신을 피력하였다. 덧붙여 직원들을 믿지 못하고 시시콜콜 간섭하는 소장은 리더의 자질이 없다는 주장에 거침이 없었다. 시원시원하고 멋있어 보였다. 긍정적인 사고로 현상을 바라보고, 함께하는 동료를 믿는 모습은 훌륭하다고 할 수 있다. 그런데 한편으로는 그렇게 믿고 맡겨서 얻은 성과가 무엇인가 생각해보면, 그 현장에서만큼은 권한위임과 칭찬이라는 행위가 도움이 되었다고 볼 수 없었다.

권한위임의 본질은 의사 결정속도를 높이고, 책임감 있는 모습으로 업무를 수행토록 하여 성과를 향상시키기 위한 것이다. '칭찬은 고래도 춤추게 한다'라는 말속에는 고래 조련사의 치밀한 관찰과 분석의 노력이 포함되어 있다. 권한위임을 하든 칭찬하든 결과적으로 성과를 향상하려는 노력인데 성과가 떨어지고 있는 상황인데도, 그저 믿고 맡긴다는 것은 직무 유기로밖에 보이지 않았다.

더욱이 현장소장이 직원들을 신뢰하는 근거는 우리 회사 직원은 누구나 열심히 하고 최선을 다한다는 참으로 신뢰하기 어려운 신뢰였다. 이에 대한 반박은 동료에 대한 무례함, 공동체 단결을 저해하는 이간질로 간주하며 비판하였다.

모든 직원이 공동체 이익을 위해 순수한 노력을 할 거라는 소장의 믿음이 인간에 대한 순수한 예의처럼 보이지는 않았다. 만일 자신이 하는 사업이라도 감당하기 힘든 적자와 연속되는 사고에도 저렇게 직원들을 신뢰하고 믿고 맡겨두었을까? 솔직한 내 느낌은 자신의 무능함을 감추거나 편하게 자신의 직위를 유지하려는 그럴듯한 속임수로 보였다.

잘못된 부분이 있으면 개선될 수 있도록 리더의 다양한 노력이 필요하건만 현장소장의 그런 노력은 보이지 않았다. 결과적으로 리더의 깊은 관심과 헌신적인 노력이 없는 신뢰와 믿음, 권한위임은 좋은 평판이 있었을지는 몰라도 성과에는 아무런 도움이 되지 않았다.

인간은 그렇게 이성[5]적이지 않다. 수많은 편견과 편향으로 어리석은 의사결정을 한다. 게으른 뇌는 고민하려 하지 않으며, 경솔하게 판단한다. 집단이 모이면 좋은

---

5) 이성(理性)은 일반적으로 인간을 동물과 구별시키는 인간 특유의 뛰어난 능력으로 간주했으며, 여러 가지 뜻을 갖는다.
   1. 사물의 이치와 원리를 알아내는 힘. 지성. 논리적·개념적으로 생각하는 힘.
   2. 본능·충동·욕망 등에 좌우되지 않고, 스스로 도덕적 법칙을 만들어 그것에 따르도록 의지를 규정하는 능력. 칸트가 말하는 실천이성.
   3. 올바르게 사물을 아는(인식하는) 능력. 칸트가 말하는 이론이성.
   4. 인식된 이것저것의 지식을 보다 소수의 원리로 통일하는 힘. 칸트가 말하는 좁은 뜻에서의 이성.
   5. 우주 또는 세계를 지배하는 근본 원리·진리·로고스.
   6. 세계의 진리를 아는 힘. 로고스
   7. 진리를 표현하는 언어 자체·로고스

아이디어를 만들어 낼 수 있다는 자기만족에 빠져 병든 신념 체계가 권력과 손을 잡고 대량 학살을 저지른 사례 또한 많다.[6] 가끔은 욕망에 휘둘려 어리석기까지 하다는 게 지금까지 확인된 인간의 본성이다.

우리는 안다고 말할 수 있을 만큼 알고 있는가?

> **인간은 천재적이면서 서툴고, 명석하면서 어리석다.**

B 현장에서 추락으로 인한 사망사고가 발생하였다. 사고 직후 본사, 발주처, 노동부의 사고조사가 있었으며, 사고원인을 다음과 같이 발표하였다. '현장에 반드시 설치되어야 할 추락 방지 난간이 타 작업 간섭으로 해체되어 있었으며, 난간이 없는 경우를 대비하여 사용하게 되어 있는 안전대를 작업자가 사용하지 않아 사고가 발생하였다. 또한 이러한 부적합한 사항을 관리·감독할 관리자는 작업 전 점검을 시행하지 않았다. 이처럼 부실한 안전 시설물 관리와 허술한 안전관리 시스템, 관리자의 무관심, 안전의식 부족으로 사고가 발생하였다'. 원인 분석과 함께 '추락 방지 시설에 대한 작업 전 점검이 실효성 있도록 치밀한 점검시스템 구축', '추락위험에 대한 교육', '외부 전문가를 투입하여 전반적인 안전시설 점검' 등이 사고 재발 방지대책으로 제시되었다.

언뜻 보면 사고원인과 대책이 명쾌해 보인다. 제시된 문제점과 대책은 누구나 쉽게 이해할 수 있으며 수긍된다. 더욱이 실천 또한 어려워 보이지 않는다. 지금까지 건설현장에서 추락사고의 사고 대책을 보면 대부분 이 정도 수준에서 마무리된다. 이 정도의 분석이면 충분히 알고 대책을 수립했다고 판단한다.

---

6) 한나 크리출로우, 『운명의 과학(The science of fate)』, 2020, 브론스테인

그런데 문제점을 명쾌하게 분석하고, 누구나 이해할 수 있을 정도의 정확한 대책이 제시되는데 재해는 줄어들지 않고 있다. 이런 상황에 전문가들은 '공기와 원가만 신경 쓰고 안전을 무시하는 고질병'이 문제라는 틀에 박힌 분석을 발표한다. 이젠 건설전문가가 아니라도 산업재해에 대한 언론의 보도 내용을 자주 접한 사람이라면 누구나 그렇게 인식하고 있으며, 건설기업의 비도덕성과 후진성을 언급하며 분노를 표출한다. 그러나 나는 이러한 분석은 엉터리라고 생각한다.

나름대로 그들이 엉터리라고 하는 이유, 즉 사고의 원인이 공기와 원가에만 관심을 가지고 안전은 무시하는 건설기업의 행태에 있으며, 안전의식이 부족하다는 지적에 대한 반론을 제기해보고자 한다.

공기를 준수하고 원가를 절감하고자 하는 것은 기업으로서 당연히 추구해야 할 목표다. 건설공사는 적기에 준공하는 것이 계약 의무를 다하는 것이며, 사회와의 약속을 지키는 것이다. 따라서 시설물을 적기에 준공해야 하는 것도 중요한 의무다. 이익 추구 부분에 대해서도 매슬로의 욕구 5단계[7]를 들먹이지 않더라도 우선은 생존이 보장되어야 안전의 욕구가 생기는 것은 너무나 당연한 이치가 아닌가? 약속의 준수와 생존 욕구에 대한 이해 부족은 차치(且置)하더라도, 이윤추구와 공사 기간 단축이 사고를 낸 원인이라면, 심각한 적자 현장과 공기가 지연된 현장일수록 안전사고가 적어야 하며, 공사 기간을 단축하고 원가를 절감한 현장은 안전사고가 상대적으로 많이 발생해야 한다. 그러나 그러한 자료는 찾지 못했다. 나의 경험으로는 오히려 공사관리를 잘 수행하여 원가를 절감하고 공기에 여유가 있는 현장이 안전사고 발생이 적었다. 반대로 공기와 비용이 다양한 사유(종종 현장에 효과적이지도 않고 사고도 줄이지 못하는

---

[7] 에이브러햄 매슬로(Abraham Maslow)의 욕구 5단계는 모든 인간이 가지고 있는 욕구를 가장 긴급한 것에서부터 가장 덜 긴급한 것으로 5단계로 분류하였다.
그 중 가장 바탕이 되는 욕구가 생리적 욕구다. 이는 생존과 생식에 관련된 욕구이며, 생리적 욕구를 만족해야 안전을 추구하며, 그 다음이 소속 및 애정 욕구, 존경 욕구, 최종적으로 자아실현 욕구다.

안전 지침이나 규정도 한몫한다)로 지연되고 적자가 발생되는 현장일수록 안전사고가 많이 발생했다. 하나를 보면 열을 안다는 말이 이런 경우에 들어맞는다. 현장관리의 기본인 공정관리, 원가관리도 못 하는데 안전관리를 잘 할 수 있을까? 일정에 치이고 원가에 치여 효율적이며 합리적인 작업을 할 수 없는데 안전관리가 제대로 이루어질 수 없다. 원가와 공기를 무시하는 안전대책을 수립해 놓고 마치 용단을 내린 것처럼 떠들어 대는 전문가는 전문가가 아니다.

또한 수많은 사고의 원인으로 가장 많이 언급되고 있는 내용이 안전의식 부족이다. 그런데 역으로 생각해보면 안전에 대한 의식 수준이 낮다면 우리의 의식 수준에 맞는 안전관리 시스템을 도입했어야 했다. 제도와 정책을 개발하고 시스템을 만든 사람들이 현장의 안전관리 수준도 이해하지 못하고 만들었다면 심각한 문제다. 만약에 현장의 수준을 고려하지 못하고, 상황변화에 대처할 수 없는 관리 방안을 만들었다면 그들 또한 전문가라 할 수 없다.

오히려 잘 알지도 못하면서 안다고 말하는 엉터리 전문가들의 엉터리 진단이 안전사고를 발생시킨 것은 아닌가 하는 생각을 떨쳐버릴 수 없다.

안전사고 원인을 정확히 분석하기는 쉽지 않다. 사고의 많은 경우가 의식, 역량, 시스템, 관리 감독, 원가, 공기 등 다양한 문제들이 복합적으로 작용하여 발생한다. 반면 어떤 문제는 거창한 문제가 있어 사고가 발생한 것으로 발표되지만. 분석하다 보면 오히려 특별하지 않은 사소한 우연에서 시작된 것도 있다. 그런데 우리는 매우 복잡하거나, 단순한 상황을 밀도 있게 분석하려 하지 않는다. 그동안 안전관리 분야에서 축적되어 내려오고 있는 지식이 옳다고 믿으며, 이러한 지식만 알고 있으면 충분히 알고 있다고 생각한다. 따라서 너무 쉽게 의사결정을 한다. 무엇이 문제인지 잘 알고 있지 못하면서 안다고 착각하고 있다. 이러한 문제는 비단 안전관리에 국한되지 않는다. 원가, 공기, 품질관리 건설사업관리 모든 분야에서 안다고 착각하는 사람들에 의해 올바르게 가지 못하고 있다.

스티븐 솔로몬은 '지식의 착각(Illusion of Understanding)'[8]에서 '현실적으로 개인이 모든 것을 깊이 있게 이해하기란 쉽지 않으며, 대부분 극히 부분적인 일부만 알고 있으며, 마찬가지로 미미한 양의 정보만 가지고 있다. 따라서 단편적인 정보의 조각들을 연결할 뿐이며 그저 이해한다는 막연한 느낌만 있을 뿐 구체적으로 분석할 수준은 못 된다. 그런데도 사람들은 충분히 알고 있다고 착각하고, 결정적인 사고의 82%가 이로 인해 발생했다'라며 인간의 알고 있다는 착각의 심각성을 지적하였다. 더불어 왜? 이러한 지식의 착각이 발생하는지에 대한 원인을 다음과 같이 네 가지 이유로 설명하였다.

첫 번째로 현장에서 접하는 문제들의 복잡성을 전체 흐름에서 의존관계를 설명할 수 있어야 이해한다고 할 수 있지만, 그러기에는 개인의 지식이 너무 얕다. 따라서 복잡한 사실을 단순하고 이해하기 쉽게 만들어준 누군가의 지식을 비판 없이 각자가 유리하게 활용하며 안다는 근거로 인정한다.

두 번째로 우리의 삶과 사회구조는 복잡다단하여서 딱 한 가지 올바른 이해 방법을 고를 수가 없다. 생각에는 추측과 어림짐작이 넘쳐난다. 또한 많은 메커니즘을 직접 파악할 수 있는 예는 드물다. 우리는 행위와 행위의 결과를 경험한다. 그러나 많은 메커니즘은 아주 세밀하거나 지나치게 추상적이거나 직접 들여다볼 수 없다. 그래서 우리는 구체적으로 관찰하지 못하는 부분을 자신의 짧은 경험으로 메우고 그사이 잘못된 믿음을 형성한다.

세 번째로 공동체의 가치관과 신념을 비판 없이 수용하면서 관습적인 지식을 진리로 받아들이며 판단에 활용한다. 집단의 지식과 관습적 지식이 가지고 있는 편견을 이해하지 못하면서 안다고 생각하게 된다.

---

[8] Steven Sloman, Philip Fernbach (2017) " The Knowledge Illusion 지식의 착각" 역자 문희경, 세종서적㈜ 2018의 내용을 참조하였다.

마지막으로 사람은 피상적인 지식의 조합으로 자기가 옳다고 확신한다. 또한 익숙함, 편안함, 자신들만의 논리적 일관성으로 어떠한 믿음을 신뢰한다.

지식의 착각은 이처럼 인간의 본성이라 볼 수 있다. 즉 인간이 가지고 있는 인지능력의 한계다. 따라서 지식의 착각에서 벗어나기에는 인간의 개별적 노력으로는 어렵다. '나는 아무것도 모른다'라는 무지를 인정하는 것이 인식의 기본값으로 뇌 속에 자리 잡는 인지 혁명이 일어난다면 모를까. 그나마 현실적인 방법은 착각한 지식으로 의사결정이 되지 않도록 시스템이 구축되고 작동되도록 해야 하는 것이다.

지식의 착각을 선별하는 방법으로 코넬대학의 프랭크 케일은 '설명 깊이의 착각'이라는 방법을 제시한다. 사람들이 안다고 믿는 정도에 비해 실제로 얼마나 아는지를 과학적으로 입증할 수 있도록 고안된 '설명 깊이의 착각'은 단순히 알고 있다고 생각하는 지식을 대중들에게 설명하면서 스스로 알고 있다는 착각을 깨뜨리는 방법이다. 안다고 말할 수 있으려면 알고 있는 지식의 본질과 원리를 쉬우면서 구체적으로 누구도 알 수 있게 설명할 수 있어야 하며, 그 설명을 들은 사람 대부분이 수긍할 수 있어야 한다는 것이다.

만약 앞선 사례의 A 현장의 소장에게 믿음과 신뢰 그리고 권한위임이 어떻게 성과 개선과 연결되는지 자세한 설명과 실증을 요구한다면, 마찬가지로 안전사고를 줄이기 위한 대책을 수립한 사람에게 어떤 근거로 도출되었고 이것이 어떻게 현장을 개선할 수 있는지, 그리고 실질적인 개선을 한 사례가 있는지 설명을 요구한다면 올바른 설명이 가능할까? 나는 그렇지 못할 거라 본다.

우리가 스스로 무엇을 아는가를 냉정하게 되돌아보면 믿음과 확신을 가질만한 게 별로 없다. 안다는 것은 내가 무엇을 모르는지 정확히 아는 데서 시작하며, 다른 생각을 편견 없이 수용할 수 있을 때 우리는 그나마 조금씩 알아간다고 볼 수 있다.

3. 인간이라서 생기는 인지(cognition[9]) 오류들

니체는 "사람은 실상을 바라보는 대상 위에 영혼의 얇은 막을 무의식적으로 덮어씌운다. 그 얇은 막이란 어느 사이엔가 성격이 되어버린 습관적인 감각, 찰나의 기분, 다양한 기억의 조각들이다. 풍경 위에 이러한 막을 얹고, 막 너머를 희미하게 바라보는 것이다. 즉 사람이 바라보는 세계란 이미 그 사람의 일부다"라며, 있는 그대로 보지 못하는 인간의 인지 한계를 지적하였다.

물론 이러한 니체의 통찰은 후에 인지 심리학자들에 의해 과학적으로 증명되었으며, 이젠 당연한 사실로 받아들이고 있다. 그 외에도 수많은 인지 오류가 증명되어 이제는 호모사피엔스 종(種)의 특질로 규정되어 있다.

사람들은 심사숙고하려 하지 않는다

> 편한 것을 택하려는 욕망은 진실의 적이다.
> - 소크라테스 -

---

[9] 정보(information)의 습득과 저장, 변형과 사용과 관련한 모든 것을 지칭한다. (다음 백과)
인간의 정신에 관해 관심을 두는 인지심리학은 자연스럽게 여러 분야와 연관을 맺고 발전하고 있는데 이러한 분야를 통칭해 인지 과학(cognitive science)이라고 한다. 인지심리학은 인간의 마음과 정보처리에 관심을 두기 때문에 현실 생활에 적용할 수 있는 방법이 매우 많다. 그 일례로 애플의 아이폰이 전 세계인의 마음을 사로잡을 수 있었던 이유 중 하나는 디자인과 인터페이스 개발 시 디자이너뿐만 아니라 인류학자와 심리학자, 공학자 등이 함께 참여했기 때문이다. 인지심리학이 인간의 마음을 정보처리 관점에서 바라보는 것임을 생각한다면 이는 당연한 결과다. (다음 백과)

대규모 철도 역사를 지하에 건설하는 C 현장에서 시스템 동바리 해체 순서를 정할 때였다. 동바리는 구조물의 슬래브 공사에서 작업 중 철근과 레미콘 등 상재되는 재료의 하중을 받치며, 콘크리트 타설 후에는 구조체로 완성되기까지 무너지지 않도록 견딜 수 있게 만들어진 철제 가설 구조물이다. 따라서 슬래브 콘크리트 타설 후 자립할 수 있는 강도에 도달하게 되면 동바리를 해체하게 된다. 따라서 동바리를 해체하는 시점에서는 슬래브 콘크리트가 굳어있는 상황이며, 동바리 자중과 해체 작업자의 중량 이외에는 동바리에 하중이 걸리지 않는다.

동바리 해체 작업을 지원하는 과정에서 해체된 자재의 원활한 운반과 작업자의 안전한 이동로 확보를 위해 상부를 남겨놓은 상태에서 하부를 일부분 해체토록 하였었다. 물론 하부동바리를 해체한 구간의 안전성은 검토되었다. 그러던 중 외부의 점검을 받게 되었다. 외부 점검자는 해체는 설치의 역순인데 그러한 기준을 지키지 않았다며, 부분 공사중단 조치를 지시하였다. 즉 동바리 해체는 상부에서부터 해체해야 하는데 부분적이라도 하부부터 해체한 것은 규정에 맞지 않다는 게 이유였다.

구조상의 문제도 아니었고, 오히려 작업자의 동선이 안정적으로 확보되어 작업의 신속성과 안전성이 높아졌는데도 '설치의 역순이 해체'라는 단순한 논리로 작업 방법의 변경을 인정하지 않았다. 구체적인 검증을 하자는 현장의 요구는 무시되었으며, 대표적인 안전부실 사례로 보고되는 어처구니없는 결과로까지 이어졌다.

우리는 오랜 기간의 지식과 경험의 축적으로 생성된 직관과 직관을 검증하는 심사숙고의 기능이 작동되어 합리적으로 판단한다고 생각해왔다. 평범한 일상에서 직관과 심사숙고 기능은 잘 작동되며 대체로 잘 들어맞는다. 따라서 우리는 우리가 잘 생각하고 판단한다고 생각하며 자신의 판단을 신뢰하게 된다.

그러나 복잡한 상황이나 갈등을 유발하는 상황, 착각을 불러오는 상황에서는 인간의 게으름과 집중력의 부족, 직관에 대한 과도한 신뢰 등의 원인으로 심사숙고가 직관을 통제하여 올바른 판단을 내리도록 한다는 가설이 성립되지 않는 경우가 종종 발생한다. 게다가 복잡함이 더해질수록 직관에 의존하여 판단하는 경향이 뚜렷하다는 사실이 인지심리학자들의 실험으로 밝혀졌다.

앞의 현장 사례에서 점검자가 구조적으로 다시 한번 확인하고, 작업의 상황을 자세히 살펴보았다면 충분히 이해할 수 있는 상황이었을 것이다. 하지만 그런 번거로운 심사숙고의 노력을 하기에 인간의 뇌는 게으르며, 인지적 구두쇠다. 이게 보편적인 인간의 본성이다.

종종 우리는 현장에서 생각하고 판단하기보다는 관습적인 방식을 선호하며, '하던 대로 해', '정해진 대로 해', '내가 해봤는데' 하면서 쉽게 단정 지으려 한다.

보이는 대로 보지 않고, 보고 싶은 대로 본다(확증편향 Confirmation bias)

> 내가 무엇을 믿고자 하는가에 따라 나의 인식이 형성된다.
> -조지 버나드 쇼[10]-

나는 공정관리를 현장관리의 가장 중요한 핵심 관리 기술로 생각하고 있다. 이러한 내 생각은 현장 점검 과정에서 모든 문제점을 공정관리 부실로 몰아가는 경향이 있으며, 내 나름대로는 모든 정황증거가 공정관리 부실로 맞추어진다. 게다가 누군가 다른 시각에서 설명하려 하면, 다양한 나만의 논증을 들어 내가 가지고 있는 생각이 맞다고 강하게 반박한다. 다른 의견을 이해하려는 노력은 거의 없고 어떻게 반박할지만 머릿속에 가득하다.

---

10) 조지 버너드 쇼 (George Bernard Shaw, 1856년 7월 26일 ~ 1950년 11월 2일)는 아일랜드의 극작가 겸 소설가이자 수필가, 비평가, 화가, 웅변가이다. 1925년 노벨 문학상을 수상하였다. '우물쭈물하다가 내 이럴 줄 알았지'라는 묘비명으로도 유명하다.

대부분 사람은 자신의 믿음을 근거 없이 과신하고 잘못된 의사결정을 고집스럽게 밀어붙인다. 이러한 본성은 자기 생각이나 신념을 뒷받침할 수 있는 정보만을 선택적으로 받아들이거나, 해석하는 과정에서도 편향적으로 해석한다. 이러한 확증 편향은 옳고 그름을 떠나 이견(異見)을 가진 사람들을 무시하는 행태로까지 나타난다.

그러나 어떠한 문제도 그 원인을 개인의 경험이나 지식만으로 미리 확정 지을 수 없다. 상황에 따라 다양한 원인이 있을 수 있으며, 복잡한 상호영향력이 작용하고 있다. 따라서 보고 싶은 것만 봐서는 문제를 해결할 수 없다.

막스베버는 '직업으로서의 학문'에서 "만약 누군가가 유능한 교수라면, 그의 첫 번째 임무는 학생들에게 그들 자신의 가치 입장의 정당화에는 불리한 사실들, 즉 학생의 당파적 견해에 비추어 볼 때 학생 자신에게 불리한 그런 사실들을 인정하는 법을 가르치는 일입니다. 모든 당파적 견해에는(예를 들면 나의 견해도 포함해서) 이 견해에 극도로 불리한 사실들이 있습니다. 만약 대학교수가 그의 수강생들을 그것에 익숙해지도록 유도한다면, 그는 단순한 지적 업적 그 이상을 행하는 것이라고 나는 생각합니다. 너무나 소박하고 당연한 일에 대한 표현치고는 어쩌면 너무 장중하게 들릴지 모르지만, 나는 감히 그것을 '도덕적 업적'이라고 까지 부르고 싶습니다."라며 개인적 견해를 고수하려는 확증 편향의 오류에 빠지지 않도록 하는 것을 교육의 가장 큰 목표로 삼았다. 또한 '도덕적 업적'이라는 표현으로 확증 편향의 본성을 없애는 것이 얼마나 중요하고 어려운지를 말하고 있다.

소수의 표본에 너무 많은 의미를 두려 한다

> 나는 세계의 99%를 보지만, 1%만을 이해한다.
> -알베르트 아인슈타인[11]-

2000년대 초 당시 많은 이익을 남기면서 성공적으로 공사가 마무리되었던 D 현장은 공사 완료 후 현장소장과 협력업체 소장이 전 현장을 돌아다니며 자신들의 성공비법을 전파하였다. 본사에서는 모든 현장에서 그들만의 성공비법을 벤치마킹한다면 성과개선 효과가 있을 거라는 기대에 적극적으로 홍보하며 지원하였다. 특별히 기억에 남는 내용은 없었지만, 열심히 자신만의 성공비법을 전파하시던 소장님의 후속 프로젝트는 성공적이지 못했으며, 신화는 순식간에 사라졌던 기억은 또렷하다. 그 이후에도 회사에서는 Best Pratice, Lessons Learned이라는 명목으로 수많은 사례를 전파하며, 특별한 비법을 찾은 것처럼 의미를 부여하였다. 그러나 성공과 실패의 원인은 그처럼 쉽게 알 수 있는 것이 아니다. 수많은 우연이 복합적으로 작용할 뿐만 아니라 깊이 들여다보지 않으면 알 수 없는 요소들 또한 많다. 자칫하면 성공과 실패에 대한 엉터리 분석으로 오류투성이의 사례가 전파될 수 있다.

한두 현장에서의 성공과 실패 사례에서 특별한 의미를 찾으려는 노력은 무의미하다고 본다. 누군가의 성공방식이 다른 누군가에게는 실패의 방식이 될 수 있으며, 반대로 실패한 방식으로 누군가는 성공할 수 있다. 개별적 특성, 환경, 역량 등에 따라 같은 방식이라 하더라도 다양한 결과를 가져올 수 있기 때문이다. 그러나 속단하기 좋아하는 사람들은 소수 법칙 신봉자처럼 행동한다. 더욱 많은 표본을 수집하거나 다른 시각으로 분석한다면 전혀 다른 결과가 도출될 수 있는 소수의 사건에 사람들은 어떤 공통된 패턴이 있을 거라 믿고 이를 찾으려 한다.

---

11) 알베르트 아인슈타인(Albert Einstein, 1879년 3월 14일~1955년 4월 18일)은 독일 태생의 이론물리학자로서 역사상 가장 위대한 물리학자 중의 한 명으로 널리 알려져 있다.

결과는 초기에 입력된 기준값에 많은 영향을 받는다

> 처음에 받은 정보가 마음속의 기준이 되며, 그 후의 판단에 영향을 미친다.
> -알프레드 노스 화이트 헤드12)-

여러 현장의 공정표를 검토하다 보면 유사한 교량 형식에 공기에 영향을 미칠 환경적 요인의 차이가 별로 없는데도 시공 결과도 아닌 계획 공기에 큰 차이가 있는 경우를 종종 보게 된다. 예를 들어 연장 300m에 지간 60m, 피어 높이 10~20m에 비슷한 형식의 교량 공사의 예정 공사 기간이 어떤 현장은 8개월, 다른 현장은 16개월로 산정되어 있었다. 이러한 차이는 터널, 흙막이, 기초공사 등 대부분의 공종에서 나타나며, 특수 공법도 마찬가지다. 물론 현장 나름대로 저마다 획신하는 근거는 있었지만, 예측 생산성, 작업순서, 작업 방법, 여유시간 등에서 분명한 차이가 있었다. 더욱이 계획의 차이를 분석하여 공사 기간 단축 방안을 설명하려 해도 그들은 수용하려 하지 않았다. '절대 8개월에는 못 한다'라며 단호하게 부정하거나, '우리는 상황이 다르다'라는 변명으로 일관하였다.

그런데 신기한 것은 그들의 예측대로 수행된다는 것이다. 8개월을 공기로 계획한 현장은 8개월에 마무리되며, 16개월을 계획한 현장은 그 이상이 걸려서 마무리된다. 단지 그들의 마음속에 그렇게 정해버린 것일 뿐인데 결과에서 비슷하게 나타났다.

그 원인을 분석하면서 나는 이러한 차이는 심리적인 부분도 상당한 영향을 미치고 있다는 생각이 들었다. 즉 8개월에 할 수 있다고 생각하는 사람은 기준값이 8개월이며, 16개월에 할 수 있다고 생각하는 사람은 기준값이 16개월인 것이다. 그들이 그렇

---

12) 알프레드 노스 화이트헤드(Alfred North Whitehead, 1861년 2월 15일 ~ 1947년 12월 30일)는 영국의 철학자·수학자이다. 20세기를 대표하는 철학자의 한 사람으로서 수리 논리학(기호논리학)의 대성자 중 한 사람이다.

게 정한 이유는 비록 그 근거가 엉터리 일지라도 그렇게 판단할 만한 나름대로 정보가 있었다. 그 정보가 그들의 기준값을 결정한 것이다.

우리는 무엇을 예측할 때 처음으로 접한 정보가 기준점이 된다. 기준점은 근거가 박약하다 하더라도 우리도 모르는 사이에 암시의 역할을 하게 되며 판단에 영향을 미친다. 대부분 사람은 제시된 기준을 그대로 받아들이지 않고, 기준점을 토대로 약간의 조정과정을 거치기는 하나, 그런 조정과정 또한 최초의 받아들인 기준점에서 크게 벗어나지 않는다. 결과적으로 기준점을 높이면 높은 성과를 보이고, 기준점을 낮추면 낮은 성과를 보인다.

기억하기 용이할수록 강하게 다가온다(회상 용이성 편향)

> 회상용이성 장사꾼들에 의해 작은 위험이 부풀려진다.
> -대니얼 커너먼-

현장에서 다양한 기술자들과 함께 공사를 수행하다 보면 자신만의 각인된 특정 기억이 의사결정에 많은 영향을 미치고 있다는 것을 알 수 있다. 예를 들어 워터젯을 활용하여 시트 파일 관입에 실패한 경험이 있는 직원은 앞뒤 가리지 않고 워터젯 사용을 금기시한다. 구조물 누수로 고생한 경험이 있으면, 해당 방수 공법은 엉터리가 된다. 그 근본적인 원인이 관리 부실일 수도 있는데도 말이다. 현장에서 발생한 사고로 인하여 인사상의 불이익을 받은 경험이 있는 직원의 경우 책임을 회피할 방안이 모든 의사결정에 있어 최우선 순위가 된다. 우선은 내가 안전하게 살아남는 방안이 확보되어야 본론에 들어가게 된다. 그런 무사안일주의가 개인과 조직에 악영향을 미치며 프로젝트를 어렵게 만드는 실질적인 문제임에도 말이다. 특히 이런 왜곡된 기억이 현장소장이나 공사팀장과 같은 책임자의 의식을 지배하게 되면, 비상식적인 의사결정이 많아지며 결과적으로 프로젝트 실패요인이 된다.

건설 현장에서의 경험과 기억은 신뢰할 수 없는 경우가 많으며, 대부분 보편화할 수 없다. 따라서 강하게 기억을 지배하는 경험이라면 다시 한번 냉정하게 검증하려는 노력이 필요하다. '절대'라는 단어를 사용하고 있다면 이성을 잃은 것이다.

회상 용이성 이란 얼마나 쉽고, 신속하고, 생생하게 회상할 수 있느냐에 따라 사건의 확률을 판단하게 하는 편향이다. 이러한 회상 용이성 편향은 통계를 거들떠보지도 않고 확률이 적은 리스크를 매우 민감하게 인식하게 한다. 즉 자주 접하게 되는 내용을 실제보다 더욱 과민하게 받아들인다거나, 최근에 경험한 사건들이 더욱 크게 느껴지며, 강하게 인식된 경험은 크기와 빈도를 과장하여 인식하게 된다. 그 주제를 잘 아는 초보자일 때, 권력이 있을 때, 직관에 대한 신뢰도가 높은 사람이 회상 내용보다 회상 용이성에 더 많은 영향을 받는다.

회상 용이성에 치우친 의사결정은 가장 위험한 부분을 해결하기보다는 위험해 보이는 쪽으로 해결하려 노력하게 한다. 따라서 각종 위기에 대응하는 방식, 프로세스, 비즈니스 선택에 잘못된 방향으로 영향을 미치게 된다.

대표되는 이미지로 판단한다

> 우리는 종종, 엄숙하고 거만하며 카리스마 넘치는 태도를 보이는 자가 하는 말을 앞뒤 재지 않고 그대로 납득해 버린다. 반대로, 주장의 근거와 이유를 상세히 말하는 이에게는 오히려 불신의 눈초리로 대한다.
> 말하자면 사람은 인상의 강약으로 최초의 경솔한 판단을 한다.
> -니체-

현장에서 장비를 선정하거나, 작업반장을 새로 채용할 때 대부분 추천을 받는다. 그 과정에서 장비 기사, 장비, 작업반장에 대한 여러 평가를 듣게 된다. ○○ 반장님은 성실하게 일을 잘한다는 평가, ○○ 장비는 이런저런 단점이 있다는 혹평, ○○ 기사는 장비 조종 기술이 뛰어나다는 의견 등 자신이 경험 하면서 느꼈던 생각을 전달하며 선택에 영향을 준다. 나도 내가 경험한 장비나 반장을 내 개인적 의견을 가지고 추천하기도 한다.

그러나 누군가의 의견에는 그만의 선입견이 포함된다. 내가 보기에는 전형적으로 일을 잘하는 반장이라서 타 현장에 소개해 줬는데, 추천받은 현장의 소장으로부터 엉터리 반장을 추천하였다는 핀잔을 듣기도 하였다. 긴급하게 공사를 진행해야 하는 현장에서 우연한 소개로 만난 터널 공구장이 왠지 신뢰가 가서 특별한 확인 없이 투입한 작업팀이 알고 보니 타 현장에서는 심각한 적자와 공기 지연으로 물의를 일으켰던 작업팀인 경우도 있었다.

이처럼 우리는 각자가 가지고 있는 고정된 이미지를 기준으로 속단하는 경우가 많다.

게다가 이러한 선입견에 다른 사람의 평가가 보태지면 더욱 강한 효과를 발휘한다. 즉 '딱 보니 잘하겠네' 하는 판단을 하고 있는데, 누군가 '그 사람 일 참 잘해' 하면 대부분 자신의 뛰어난 안목에 감탄하며, 검증하지 않는다.

그러나 오랜 기간이 아닌 한두 번의 짧은 경험에 대한 평가라면, 이 또한 평가자의 첫인상에 대한 호불호의 편견이 포함될 수 있다. 어떤 경우에는 자기 잘못을 감추고 만만한 상대에게 실패의 원인을 전가하기 위해 고의로 왜곡된 평가를 하는 야비함도 있을 수 있으며, 반대로 특별한 것도 없는 현장에서 훌륭한 작업팀을 만나 일 잘 끝냈다는 빈말 같은 공치사를 하기도 한다. 그러면서 사람, 장비, 공법의 대표되는 이미지가 조작된다.

익숙함과 인지적 편안함, 그리고 논리적 일관성이 과신을 만든다

> 사람들에게 거짓을 믿게 하는 꽤 확실한 방법은 거짓을 반복하는 것이다.
> 친숙함은 곧잘 진실과 혼동되기 때문이다.
> -대니얼 커너먼-

설계나 시공 방법 중 많은 부분은 기존의 관례나 관습적으로 내려오는 방식을 따라 하는 경우가 많다. 또는 개인적으로 익숙해진 방법을 고수하기도 한다. 오랜 기간 유지되어 오던 방식은 대부분이 익숙해서 편안하다는 장점이 있다. 더불어 오랫동안 바뀌지 않았다면, 나름대로 합당한 이유가 있을 거라는 막연한 신뢰가 있다. 앞선 사람들이 바보가 아닌데 그냥 했겠느냐는 논리다. 그러다 보니 설계도 그동안 관습적으로 해오던 설계를 별다른 고민 없이 따라 하며, 시공 방법도 마찬가지다. 더욱이 오래된 관례는 화석화되어 깨지지 않는다. 이러한 현실에서 관례적 설계나 익숙한 시공 방법을 변경하려는 시도는 무례하다는 인식이 더해진 완강한 저항에 시도하기조차 쉽지 않을 때가 많다.

현장에서 심각한 안전사고가 발생하거나 공기 지연으로 어려워진 현장을 점검해 보면, 대부분 그동안 익숙하게 해오던 방식을 더욱더 열심히 하는 것으로 문제를 해결하려 한다. 하던 방식, 시스템, 프로세스, 관례나 관습의 문제는 돌아보지 않는다. 익숙함에 매몰되어 새롭게 보지 못하는 것이다.

내가 새로운 현장에 발령받으면 가장 힘들고 어려웠던 것 또한 오랜 기간 통용되던 설계를 변경하고 일하는 방식을 바꾸는 것이었다. 기존의 설계, 익숙한 관리방식이 옳다고 믿는 직원들에게 가끔은 '또라이'라는 소리까지 듣기도 하였지만, 설계를 현장 상황에 맞게 변경하고, 관성적으로 해오던 관리방식을 바꾼 현장은 대부분 좋은 성과를 보였으며, 그렇지 못한 현장은 성공하지 못했다.

편안함과 논리의 일관성은 믿음과 신념이 진리라는 과신을 만들어 낸다. 또한 과신은 우리의 지적 능력을 과대평가하고 다름과 차이를 받아들이려 하지 않는다. 그러나 진리는 논리의 일관성만으로 성립되지 않는다. 익숙함과 인지적 편안함은 더욱 아니다. 내가 믿고 있는 사실이 옳다는 정보를 찾아서 논리를 만드는 것은 어렵지 않으며, 마찬가지로 반대되는 의견이라도 얼마든지 논리적일 수 있다. 이러한 논리적 증명은 신념을 양산하여 진리에 접근하는데 소모적인 마찰과 논쟁을 가져온다. 진리는 논리로 확인되지 않으며 결과로 확인된다.

이해했다고 착각한다

> 우리는 학습을 통해 모든 것을 이해하고 있으며,
> 미래의 문제는 처방만 하면 직방으로 듣는 즉효 약이 있다고 착각한다.
> 그러나 그런 것은 없다. 오직 확실한 것은
> "최선을 다했으며 행운의 여신이 도왔다"라는 사실이다.
> -대니얼 커너먼-

○○현장은 공기가 지연되어 이대로 가다가는 지체상금이 발생할 상황이었다. 몇 십억을 배상할 위기에 처해 있었으며, 이를 해결하기 위해 본사와 현장 직원들은 몇 주 동안 원인을 분석하고 확정된 대책을 수립하여 보고하였다. 최종 분석된 공기 지연의 원인은 직원들의 역량 부족이었다. 당시 협력업체 없이 직영으로 공사를 수행하고 있었는데, 직영으로 공사를 수행할 경험과 역량이 부족하다는 것이었다. 따라서 역량 있는 외주업체를 선정하여 잔여 공사를 수행해야 한다는 결론에 도달하게 되었다. 여기에 현장소장은 이런 문제는 애초부터 예견되었던 상황이었다며, 좀 더 일찍 외주업체를 선정했어야 한다는 확신에 찬 의견을 피력하였다.

떠넘기기식 하도급업체 선정은 본질적인 해결책이 될 수 없다는 의견, 좀 더 분석하여 구체적으로 어떤 부분에서 문제가 있었는지 확인하고 대안을 수립하자는 의견도 있었다. 구체적으로는 독선적이면서 임의적인 감리자의 행위에 적절하게 대응하지 못해서 비용 손실과 공기 지연이 발생했다는 의견도 있었다. 하지만 의사 결정권을 가진 자들은 스스로 문제점을 충분히 이해하고 있다고 단정하며 단호하게 자신들의 의견을 고수하였다. 오히려 다양한 의견을 대안 없는 비판으로 치부하며 무시했다.

다급한 상황에 맞게 신속하게 협력업체가 선정되었고, 준비된 구간부터 인계하여 작업을 수행토록 하였다. 그러나 신속한 계약만큼 공사가 신속하게 수행되지는 않았다. 역량 있는 협력업체를 선정하는 명확한 기준과 검증도 없이 협력업체는 선정되었으며, 결과적으로 보면 특별한 역량을 가지고 있지도 않았다. 현장은 여전히 역량이 부족하다고 판단된 원도급사 직원들의 방식대로 운영되고 있었다. 단지 바뀐 것은 작업 반장에게 직접 지시하던 내용을 협력업체 직원에게 전달하는 방식으로 바뀌었을 뿐이며, 작업자 관리를 직접 하지 않는 편안함과 모든 문제를 전가할 대상이 새로 생겼을 뿐이었다. 계약금액은 돌관 공사비를 포함한 상당한 금액이었지만, 여전히 개선되지 않은 낮은 생산성으로 협력업체는 시작과 동시에 적자로 허덕이게 되었으며, 공기 또한 전혀 단축되지 않았다. 결과적으로 아무런 개선 없이 지연될 만큼 공기는 지연되었고, 적자 문제는 오히려 더욱 악화하였다. 다행히 다양한 이유로 전체 공기가 연장되어 공기 지연에 따른 지체상금이 부과되지는 않았다.

현장의 모든 문제의 원인을 역량 부족이라는 모호한 단어[13]로 덮어버렸다. 그러면서도 자신들은 충분히 이해하고 있으며 모든 것을 알고 있다고 믿었다.

---

13) 그렇다고 직원들의 어떤 역량이 부족한 것인지 분석하지 않았다. 대기업 직원들의 보이는 스펙을 가지고 역량이 부족하다고 한다면 어디에서도 역량 있는 인재를 구할 수 없을 것이다. 역량 문제는 개인적 자질만의 문제라고 보지 않는다. 조직문화, 일하는 프로세스, 시스템, 리더의 자질 등 다양한 요인이 작용한다. 그러나 이를 자질 부족이라는 지극히 모호한 분석으로 다른 원인에 따른 책임을 회피할 수 있었다.

현장에 문제가 발생하게 되면 원인을 분석하고 대책을 수립하고 개선의 노력을 한다. 그러나 수립된 대책이 현장에 효율적으로 정착되어 효과를 보는 경우는 드물다. 왜? 정착되지도 못하고, 효과도 없는 것일까? 다양한 이유가 있겠지만 중요한 원인 중의 하나는 모든 문제를 정확히 이해했으며 올바른 해답을 제시했다고 착각하기 때문이다. 설령 자신의 실수를 눈치챘다 하더라도 자신에 대한 평판에 흠이 갈까 봐 온갖 핑계로 이를 정당화하느라 현장은 더욱 어려워진다.

인간은 과거를 설명하는 조잡한 이야기를 꾸며놓고 그것이 진짜라고 믿으며 자신을 끊임없이 속인다.[14] 또한 보이지 않는 이면의 내용을 알지 못하면서 보이는 것이 전부라고 믿어버리고 그것이 전부인 양 받아들인다. 게다가 지나간 사실에 대해 충분히 예측할 수 있었던 것처럼 말하는 것은 세상을 인지 가능한 대상으로 본다는 의미가 들어있다. 이는 커다란 착각이다. 나심 탈레브는 인간의 문제는 뭔가를 예측할 수 있다고 착각하는 데 있다고 보았다. 실은 아무것도 예측할 수 없으며, 단지 현실을 깊이 있게 관찰하는 데서 배울 수 있을 뿐이라고 강조한다.[15]

또한 사람들은 사후(事後)에 자신의 예측을 과장되게 신뢰하는 경향이 있으며, 잘못된 결과가 도출되었을 때 그 당시에 그다지 논쟁거리가 되지 못했던 사실에 대해 문제점을 제기하는 경우가 많다(사후 판단 편향). 이러한 편향은 결정권을 가진 사람들이

---

[14] 나심 탈레브의 블랙스완에서는 이를 '이야기 짓기의 오류'라 표현하였으며, 블랙스완이 출현하게 되는 주요 원인으로 제시한다.

[15] 나심 탈레브는 우리가 아는 것보다 모르는 것이 더욱 중요해질 수 있음을 은유적으로 표현하여 '블랙스완'이라 하였으며, 이를 인지하지 못할 때 감당할 수 없는 문제로 다가온다고 하였다. 또한 블랙스완이 발생하는 이유는 보고 싶어 하는 것에만 집중하는 '확증 편향의 오류', 작은 사실의 조각들을 억지로 짜 맞추는 '서사의 오류', 전체의 과정을 보지 못하고 부분적인 장밋빛만 바라보는 '긍정 편향', 잘 정의된 몇몇 불확실한 논리에 지나치게 머리를 박는 '땅굴 파기'에 몰입하기 때문이라고 하였다.

자신의 보호를 위해 과다하거나 불필요한 과정을 생략하지 못하게 하거나 본질적인 문제를 덮어버리는 문제를 가져오기도 한다.

사람들은 성공과 실패의 결정적 요인을 명확하게 언급한 글을 읽고 싶어 하고, 착각일지언정 고개를 끄덕일 만한 이야기를 듣고 싶어 한다.

그러나 명백해 보이는 성공과 실패에 관한 판단은 사후 판단일 뿐이다. 미리 알 수는 없다. 성공적인 결과였지만 어리석은 결정에 운이 따른 경우일 수 있으며, 실패하였지만 과정에서 최선을 다한 결정일 수도 있다. 지나치게 성공과 실패에서 많은 것을 배워서 적용하려는 노력은 세상을 실제보다 더 인지 가능한 대상으로 본다는 의미다. 이는 치명적인 착각이다. 묘수를 찾았으며 우리는 그 묘수를 이해하고 있다는 착각이 결국은 많은 문제의 원인이 된다. 항상 열린 시각과 마음으로 관찰하며, 개선하려는 지속적이며 반복적인 노력이 유일한 묘수다.

타당성[16] 있다고 착각한다

> 고슴도치는 확실한 하나의 이론으로 세상을 이해하며, 이것을 이해하지 못하는 사람들을 답답해한다. 확신이 있다. 그러나 세상은 그런 논리로 자기 의견의 타당성을 가지고 있는 사람은 너무 많으며 다 그럴듯하다. 그래서 논쟁으로 불만이며 시사 거리가 된다. 그러나 여우는 그런 하나의 이론이 없다. 그들은 복잡한 사상가이며 무수하게 많은 작용으로 결과가 나오며 예상하기 어렵다는 것을 안다. 그러나 이들은 시사 거리를 제공하지 못한다. 그럴 만한 것이 없기 때문이다.
>
> −이사야 벌린[17]−

2000년대 초반 내가 근무하던 회사에서는 현장의 문제점을 다양한 시각에서 선제적으로 관리하고, 선진기술을 현장에 전수한다는 목적으로 해외 전문가들을 영입하여 현장 지도지원을 하도록 하였다.

그런 시기에 내가 공사팀장으로 있던 지하철 현장에서 굴착 중이던 터널 상부 지표면 침하량이 예측치를 훨씬 상회하고 있었다. 그 결과 상부에 있던 건물에 침하와 함께 부분적인 균열이 발생하였다. 당연히 본사에서는 이 문제를 심각하게 인식하였고 대응 방안을 마련하기 위해 영입한 해외 전문가들을 현장에 보내 점검토록 하였다. 이들은 현장을 방문하여 현장 상황을 파악하고, 각자의 경험과 지식을 바탕으로 원인을 분석하고 대응 방안을 제시하였다. 5명으로 기억되는 해외 전문가들의 활동은 두 가지 행태로 나타났다.

그중 한 그룹은 명확한 해법을 제시하지 않는 신중한 태도를 보였다. 이들은 주로 자기 경험과 지식을 전달하기는 하였지만, 구체적인 대안을 제시하지 않았다. 현상을 좀 더 관찰하자는 의견으로 신중하게 접근하다 보니 솔깃한 의견이 없었다.

---

16) 어떤 판단이 진실이면 그 판단은 타당성 있다고 한다. (표준국어대사전)
17) Isaiah Berlin(1909~1997) : 영국의 자유주의 정치철학자이자 다원주의(多元主義)자.

다른 그룹은 자신들의 지식과 경험을 바탕으로 적극적으로 구체적인 시공방안과 대책을 제시하였다. 터널 상부의 지표 침하량으로 판단했을 때 터널 상부 지반이 붕괴하였다고 판단할 수 있으며, 이는 곧바로 터널의 붕괴로 이어질 수 있다는 분석과 함께 당장 공사를 중단하고, 임시대책으로 붕괴 방지를 위해 터널 내부에서 지반을 받칠 수 있도록 동바리를 세우라는 의견을 주었다.

첫 번째 그룹은 모호성으로 인하여 받아들이는 사람에 따라 전문성을 의심받기도 하였다. 두 번째 그룹은 구체적인 결론과 대안을 제시하였기 때문에 본사에서 좀 더 믿고 있는 듯한 눈치였다.

언뜻 보면 두 번째 그룹의 분석과 작업지시가 전문성 있어 보일 수 있었다. 그러나 현장 상황을 이해한다면 이러한 해법은 해법일 수 없었다. 터널 천단부 침하량[18] 터널 굴착 면 맨 윗부분을 천단부라 하며 변위를 확인할 수 있는 계측기가 설치되어 변위를 확인한다. 즉 굴착 후 터널 천단부가 얼마나 내려앉았는지 확인하는 것이다.

이 기준치 이내이며, 숏크리트 균열 등과 같은 이상 상황이 전혀 없어 지표침하와 터널의 변위와는 의미 있는 관련성을 찾을 수 없었다. 그들의 말대로 붕괴 위험이 있다 하더라도 24m 높이의 토사 하중을 받칠 수 있는 지보재를 터널 중앙에 설치하라는 의견은 수행할 수 없는 보강이었다. '위험하니 하지 마!'라고 말하는 것보다 못한 의견이었다. 차라리 위험하니 터널을 메우고 다시 검토해 보자는 게 더욱 현실적인 제안이었다.

그런데도 그들은 회사에서 인정받은 학위와 경력, 자신들의 능력을 과신하며 현장에 타당한 지시를 하였다는 자신만의 논리에 빠져 지속해서 따를 것을 요구하였다. 현장에서 수용하기 어려운 상황을 설명하고, 때에 따라서 구체적인 근거를 요구하면, 오히려 이러한 행태를 문제시하는 보고를 본사에 올렸다.

---

[18] 터널 굴착 면 맨 윗부분을 천단부라 하며 변위를 확인할 수 있는 계측기가 설치되어 변위를 확인한다. 즉 굴착 후 터널 천단부가 얼마나 내려앉았는지 확인하는 것이다.

이러한 논란 속에 국내 전문가들의 검토를 받게 되었다. 왜? 이런 문제가 발생하였는지를 논리적으로 설명하는 부분은 대체로 일치하였지만, 미래에 대한 예측, 즉 추가적인 변위가 얼마나 발생할 것이며, 어떤 문제를 가져올지에 대한 예측과 예측값은 전문가마다 제각각이었다. 다행히 국내 전문가 점검에서는 현장에서 수용할 수 없는 대책은 없었다.

이후 지표침하와 건물 침하에 대한 원인을 사질토 지반에서 지하수위의 저하에 따른 탄성침하로 이해하게 되면서[19] 현장은 별다른 추가보강 없이 공사를 진행하였다. 또한 상부 건물의 관리자들과 지속해서 소통하면서 침하종료 후 보수와 보상을 약속하였으며 이후 별다른 논란 없이 공사가 마무리되었다.

타당성 착각이란 부족한 증거에도 불구하고 논리적 일관성으로 확신하는 착각을 의미한다. 이러한 착각은 나의 판단이 직관과 심사숙고의 결과가 뒷받침하고 있다고 믿는다. 그러나 증거의 양과 질은 형편없으며, 작은 결과를 크게 확대하여 판단한다. 또한 실질적인 성과를 도출하기 위해 무엇이 필요한지 구체적으로 알지도 못하면서 깊이 없는 피상적인 내용으로 판단하고 타당하다고 착각한다. 이런 경우 판단에 대한 주관적 확신은 그 판단이 옳을 확률을 합리적으로 평가한 결과가 아니다. 해당 정보가 조리 있고, 머릿속에서 그 정보를 처리하기 편안해서 생기는 느낌일 뿐이다.

타당성 착각은 전문가들에게서 더욱더 강하게 나타난다. 어떤 분야를 조금 더 아는 사람은 그보다 덜 아는 사람보다 아주 약간 더 나은 예측을 한다. 그런데 가장 잘 아는 사람은 신뢰도가 오히려 떨어지는 경우가 종종 있다. 그 이유는 많은 지식을 습득한 전

---

[19] 당시 지반의 지층이 사질토였으며 굴착 전에 지하수위가 지표면에서 5m 하부에 있었으나 오랜 기간 터널 굴착을 시행하면서 지하수 유출로 지표면에서 16m 하부까지 내려갔었다. 또한 침하가 발생한 건물은 일제 강점기에 지어진 건물로 기초가 나무말뚝(깊이 5m)으로 되어 있어 지하수 저하에 따른 탄성침하와 함께 건물 침하가 발생 되었다.

문가는 자기 능력을 더 많이 착각해 비현실적으로 자신만만해지기 때문이다. 전문가도 결국은 인간일 뿐이다. 그런데 자신의 화려함에 도취하여 자기 잘못을 인정하지 않는다. 세상은 예측할 수 없어서 오류는 불가피하다. 타당한 예측이 가능하다는 생각은 착각이다. 예측에 대한 무한한 신뢰가 아닌 약간의 신뢰와 많은 의심이 더 유익하다.

무책임한 낙관주의(비관주의)

> 비관론자들은 모든 기회에 숨어 있는 문제를 보고,
> 낙관론자들은 모든 문제에 감춰져 있는 기회를 본다.
> -데니스 웨이틀리[20]-

어렵게 수주한 C 현장은 수주 후 실행을 검토하는 과정에서 몇백억의 심각한 적자가 예상된다는 검토 결과가 본사에 보고되었다. 결과적으로 그 이상의 적자가 발생하였다. 비슷한 시기에 수주한 D 현장은 수주 후 초기 검토에서 오십억 정도의 적자가 예상되었지만, 결과적으로 오십억 흑자로 마무리되었다. 대규모 해외 현장인 E 현장은 수주 당시 엄청난 흑자를 낙관하였지만, 결과적으로 사상 최대의 적자로 마무리되었다.

어떤 차이가 이런 결과를 가져왔을까? 물론 공사의 종류나 현장의 특성이 완전히 다르다 보니 객관적으로 비교할 수는 없다. 더욱이 해당 현장의 깊은 속내를 모르는 상황에서 어떤 의견을 말한다는 것은 개인적 편견에 치우친 판단일 수 있어 조심스럽다. 그렇지만 내가 해당 현장을 점검하면서, 관련 회의에 참석하거나, 참여했던 기술자들과 대화 과정에서 느꼈던 원인 중 감히 말할 수 있는 것이 있다. 그것은 "흑자 현장은 치밀하게 낙관적이었으며, 적자 현장은 치밀하게 비관적이었거나, 허술하게 낙관적이었다"라는 것이다.

---

[20] Denis E. Waitley (1933~) 능력개발 연구가로 유명한 학자. 저서로는 '성공발전의 10가지 열쇠', '성공의 심리학', '승자의 철학' 등이 있다.

적자를 예상한 현장에서는 왜? 이렇게 적자가 발생할 수밖에 없는지 치밀하게 검토[21]하였으며 그들은 이를 신뢰했다. 이미 그렇다고 믿고 있었기 때문에 모든 현장 직원들은 적자를 당연시하였으며, 개선하려는 노력 또한 적자를 당연시하는 관점에서 벗어나지 못했다.

흑자를 본 현장에서는 섣부르게 낙관하지 않았다. 낙관적으로 현장을 예측하며 큰소리쳤지만, 그리 녹록하지 않다는 것을 충분히 인지하고 있었다. 이에 최적의 시공방법을 쫓으려 노력하고, 현장을 어렵게 만들 수 있는 것들이 무엇인지 하나하나 짚어가며 선제적으로 대처하면서 준비하였다. 시공 중에는 비록 미미해 보이는 적자라 할지라도 간과하지 않았으며, 최소화하려 노력하였다. 결과적으로 세세한 부분까지 원가를 관리하는 끈질긴 노력의 결실이 쌓여 흑자로 전환하였다.

낙관적으로 예측하였지만, 오히려 큰 적자를 보았던 현장은 흑자를 장담했지만 허술했다. 더욱이 비판적인 시각에서 예상되는 문제점을 도출하고 이를 검증하려는 시도 자체를 터부시했다. 괜한 트집이나 근거 없는 비판으로 받아들이고 있다는 생각이 들었으며, 더는 어떤 의견을 말한다는 것이 어려운 분위기였다. 누군가 치밀하게 검토하는 '실패 사전 점검'[22]이 이루어졌다면 큰 손실을 줄일 수 있었을 거라 본다. 시공 과정에서 수많은 문제점이 노출되었지만 다양한 의견과 비판을 받아들이려는 모습을 끝까지 보이지 않았고 결국은 값비싼 대가를 치렀다.

---

21) 적자가 날 수밖에 없는 작업기간, 노동생산성, 허가받을 수 없다는 선제적 결정, 협의가 되지 않을 거라는 포기, 작업환경에 대한 비관적 판단 등 구체적이지만 지극히 비관적인 검토가 이루어졌다.

22) 예를 들어 그 조직이 중요한 문제를 최종결정하기 전에 최종결정안이 1년 뒤에 참담한 결과를 가져왔다고 상상하고, 그 참담함의 내력을 적어보게 함으로써 비관적인 의견이 자유롭게 개진되고 검토되도록 하는 것은 낙관 편향에 취약한 계획의 피해를 줄일 수 있는 좋은 방법이다.(심리학 연구원인 '게리 클라인'이 제안한 '실패 사전 점검' 방법)

사람들은 자기가 맞닥뜨린 승산을 지나치게 낙관하는 탓에 위험한 프로젝트에 착수하기도 하며, 지나치게 비관적으로 보는 탓에 성공할 수 있는 프로젝트를 실패하기도 한다.

그렇다 하더라도 낙관주의와 비관주의가 똑같이 취급되어서는 안된다. 세상은 낙관주의자들의 위험을 무릅쓴 도전으로 바뀔 수 있었으며, 낙관주의가 다소 기만적인 측면이 있을지라도 행동할 때는 도움이 될 수 있다. 대니얼 커너먼은 '낙관주의는 과학 연구가 성공하는 데 필수라는 게 내 생각이다. 성공한 과학자치고 더러는 자신을 속여서라도 자기가 하는 일의 중요성을 부풀리는 능력이 부족한 사람을 본 적이 없으며, 그 능력이 부족한 사람은 사소한 실패가 계속되고 좀처럼 성공을 맛보지 못하는 상황에서, 다시 말해 과학 연구의 운명 앞에서 풀이 죽는다.'라며 낙관주의를 비관주의보다 긍정한다.

현실감각을 잃지 않고 편향이 적으며, 긍정적인 부분을 강조할 수 있다면 낙관주의는 축복이다. 여기에 구성원들이 가지고 있는 비판적인 생각들이 그들 가슴속에만 있지 않고 밖으로 표출되고 수렴될 수 있다면, 프로젝트는 성공적으로 마무리될 가능성은 훨씬 커진다.

치밀한 낙관주의자는 모든 문제에 감춰져 있는 기회와 모든 기회에 숨겨져 있는 문제를 같이 볼 줄 안다.

4.
역량에 대한 편견(경험과 전문가)

경험(했다는 착각)

> 분명 체험은 중요하다. 체험에 의해서 사람은 성장할 수 있다.
> 그러나 갖가지 체험을 많이 했다고 해서 다른 사람보다 무조건 훌륭하다고 말할 수는 없다.
> 비록 많은 체험을 했을지라도 그것을 곰곰이 고찰하지 않는다면 무용지물이 될 뿐이다.
> 어떤 체험을 하든지 깊이 사고하지 않으면, 꼭꼭 씹어 먹지 않으면 설사를 거듭하게 된다.
> 결국 아무것도 배우지 못하며 무엇도 자신의 것으로 만들지 못한다.
> -니체-

인류 과학 문명의 발달은 많은 경험의 축적에서 나온 것임은 분명하다. 그러나 경험이 올바른 지식으로 축적되기에는 수많은 시행착오와 오랜 기간의 끈질긴 노력이 있어야 했다. 한 개인이 평생에 경험할 수 있는 것들이 얼마나 될까 생각해본다면, 한 개인의 경험으로 무언가를 판단한다는 것은 무모하다. 더욱이 그러한 경험으로 개인의 역량을 평가한다는 것은 더욱 무모하다.

경험주의 철학의 아버지라 불리는 프랜시스 베이컨[23]은 중세 서양철학을 주름잡고 있었던 책상머리에 앉아서 사고, 추리, 공상하는 연역법을 강하게 비판하였다. 그는 경험과 관찰을 바탕으로 폭넓은 정보를 수집하는 것으로 시작하여 가설을 세우고, 반복적 실험으로 가설을 증명하는 귀납적 연구를 중요시하였다. 그러면서도 인간의 나약함과 어리석음, 게으름이 가져올 수 있는 경험의 오류를 경계하였다.

---

[23] Francis Bacon (1561~1626) 근대를 이전 시대와 단절된 새로운 세기로 만든 근대 과학혁명에 중요한 기여를 한 철학자. '아는 것이 힘이다.'라는 말로 유명하며, 경험을 통해서, 직접 관찰하고 실험하면서 지식은 축적된다는 사상을 강조한 '경험주의' 철학자.

베이컨은 신념에 매몰되어 다름을 받아들이지 못하거나, 편협한 시각으로 경험을 받아들인다거나, 기존의 권위에 굴복하여 자기 경험을 있는 그대로 받아들이지 못하고 억지로 꿰맞춰 받아들인다거나, 근거 없는 소문에 의존하여 자기 경험을 판단하는 것을 4가지 우상(idol)[24]이라 표현하며, 참다운 지식을 얻기 위해 꼭 제거하지 않으면 안 되는 선입견으로 규정하였다. 그러면서도 베이컨은 4가지 우상으로부터 완벽하게 벗어날 수 없는 인간의 한계 또한 인식하고 있었다. '인간이 항상 이성적으로 판단하고 있는가?', '인간의 이성을 믿고 얻어진 학문적 결과는 신뢰할 수 있는가?'를 항상 고민하였다. 나심 탈레브는 '베이컨은 회의주의적인 강단 밖의 학자로서 반교조적이고, 집착에 가까울 정도로 경험주의적인 본성을 뿌리 깊이 가지고 있다'라고 평가하면서 베이컨을 회의주의적 경험주의자로 분류하였다. 즉 경험을 중요시하지만, 항상 회의주의적 시각에서 바라보았다는 것이다. 나심 탈레브는 '회의주의적 경험주의는 우리에게 '반증'이 아니라 '확인'을 요구'한다는 언급으로 베이컨의 경험주의를 정의하였다.

---

[24] '종족의 우상(The idols of the tribe)'은 인간은 어떤 것을 한번 믿으면 이와 일치하는 사실만 받아들이고 어긋나는 사실은 무시하는 경향.
'동굴의 우상(The idols of the cave)'은 자기의 편협한 경험에 비추어 세상을 판단하려는 개인적인 편견과 오류. 이는 빛(진리)을 차단하는 동굴과도 같아 동굴의 우상이라 한다.
'시장의 우상(The idols of the marketplace)'은 진실이 아닌 말이라도 만들어 내서 계속 그 말을 반복해서 사용하면 사람들이 그것을 사실이라고 믿게 되는, 인간 상호 간의 의사소통과 모임에서 생기는 오류. 이것은 마치 사람이 서로 교역하며 관련을 짓는 시장에서 수많은 말들이 오가면서 소문과 과장이 끊임없이 생성되는 것을 비유해 '시장의 우상'이라 부른다.
'극장의 우상(The idols of the theater)'은 자신 스스로 옳고 그름을 판단하지 못하고, 기존 학문의 권위만 따라서 생겨나는 편견. 베이컨이 살던 시절은 극장은 권위를 상징하는 곳이었다. 그래서 이런 것을 극장의 우상이라 부른다.
20세기 대니얼 커너먼, 아모스 트버스키, 폴 슬로빅 등의 인지심리학자들이 과학적 실험으로 밝혀낸 의사결정과정에서의 사람의 오류, 예를 들면 직관의 오류, 확증편향, 기준점 효과, 이해착각, 전문가 편향을 16세기에 이미 충분히 인지하고 있었다.

수상록의 저자 몽테뉴[25]는 경험이 훌륭한 지식이 되는 과정을 다음과 같이 설명한다. '인간의 무수히 많은 복잡다단한 개개의 경험으로부터 일반적 법칙을 끌어낸다는 것은 거의 불가능한 일이다. 정신은 항상 오류에 빠지기 쉽고, 관념도 우리 자신의 환경에 따라 변하기 때문이다. 개개의 경험도 각기 다른 것이다. 그러므로 항상 이러한 사실을 인식하여 오류에 빠지지 않도록 주의하면, 개개의 경험에는 어떤 공통된 면이 있으므로 거듭된 경험으로부터 관련성을 찾아내어 거기서 실천적 진리를 끌어내는 일은 가능하다.' 즉 경험이 진리가 되기 위해서는 거듭되는 다양한 경험과 이러한 경험을 깊은 통찰로 분석하는 과정을 거치는 지난(至難)한 시간이 필요하다고 말하고 있다.

존 스튜어트 밀은 '자유론'에서 경험이 오히려 인간의 자유를 억압하는 관습으로 작용할 수 있음을 경고한다.

"인류는 경험으로 확인된 결과로부터 좋은 지식을 얻어낼 수 있도록 좋은 교육을 받고 훈련되어야 한다는 것은 누구도 부정하지 못한다. 그러나 자신의 방식대로 교육과 훈련으로 습득된 내용을 경험을 살려 활용하고 해석하는 것은 여러 가지 능력이 원숙해진 사람에게나 가능하다. 따라서 경험은 다음과 같은 이유로 그저 어느 정도 참고할 만한 것으로 인식하는 게 타당하다.

---

[25] Michel Eyquem de Montaigne (1533~1592) 프랑스의 사상가·도덕주의자. 프랑스의 르네상스기(期)를 대표하는 철학자·문학자이며 《수상록》의 저자이다. 자기의 체험과 독서 생활을 근거로, 있는 그대로의 인간, 변천하는 대로의 인간을 그렸다. 자연에 대하여 단순히 몸을 맡기는 데에 인생의 지혜를 추구하였다. [네이버 지식백과] 미셸 몽테뉴 [Michel Eyquem de Montaigne] (두산백과)

- 그들의 경험이 편협하거나 올바르게 해석하지 못했을 수도 있다.
- 경험에 대한 해석이 정확했다고 해도 자신들에게 어울리지 않을 수도 있다. 관습은 관례적인 환경과 특수한 상황에서 만들어지지만, 우리의 환경과 상황 속에서는 일상적인 것이 아닐 수 있다.
- 관습이 우리에게 좋고 적당한 것일지라도 관습을 다만 '관습'으로 따르게 되면, 사람이 가진 고유한 천부 재능 중에서 어느 것도 교육하고 발전시킬 수 없게 된다.

경험이 비판과 토론 없이 관습으로 굳어져 버리게 될 때 인간의 창조성을 가로막는 장벽으로 작용 될 수 있음을 경고하고 있다.

이러한 경험에 대한 통찰은 20세기 인지심리학자들의 과학적 연구로 증명되었다. 인간의 의사결정에 미치는 경험의 영향에 대한 과학적 실험에서 경험과 기억이 일치하지 않을 뿐더러, 오히려 경험에 관한 기억이 부분적인 요인들로 인해 왜곡되고 있음을 입증하였다. 예를 들어 인간이 고통의 경험을 어떻게 기억하고 있는가에 대한 실험에서 실험참가자들은 고통의 수준을 기억하는 데에는 고통의 유지 시간은 무시되었으며, 마지막 순간 고통의 크기에 따라 고통의 수준을 기억하고 있었다. 아무리 좋은 음악도 마지막 순간에 실수가 있었다면 그 음악 전체를 망쳤다고 평가하였다. 이때 고통의 과정을 체계적으로 기록하였다면 다르게 평가되었을 것을 기억에 의존하는 경우 고통의 수준이 왜곡되게 판단되었으며, 음악을 들으며 행복했던 시간 대부분은 무시되었다.[26] 강하게 남는 기억으로 경험을 평가하는 오류를 범하고 있었다.

---

26) 대니얼 카너먼의 "생각에 관한 생각" 5부 두 자아(自我)에서 인용

경험은 개인적 특성에 따라 다양하게 해석되며, 경험이 관습으로 굳어져 인간의 창조성을 가로막기도 하며, 경험의 오류는 많은 시간이 흐른 뒤에 확인되는 경우가 많다. 게다가 경험은 이중적이다. 경험은 우리에게 시각을 넓히고 다양한 관점을 가질 기회를 제공하지만, 지나친 확신이 오히려 편향된 관점을 갖게도 한다. 벤저민 프랭클린[27]은 '경험은 소중한 스승이지만 바보는 경험해도 배우지 못한다'라는 말로 경험의 이중성을 잘 표현하고 있다. 따라서 우리가 과거의 경험에서 배우는 교훈이 미래의 수준을 향상시킨다는 믿음은 버려야 한다. 이와 함께 의사결정에 경험이 중요한 판단기준일 경우 인간의 경험에 대한 기억은 엉터리일 수 있다는 사실을 염두에 두어야 한다.

이처럼 경험했다는 것과 경험에 대한 기억을 신뢰하기에는 인간은 너무 많은 오류와 인지적 편향을 가지고 있다. 그러나 여전히 경험에 대한 잘못된 인식이 일반적으로 통용되고 있는 것 또한 현실이다.

건설산업은 경험산업이라는 인식이 당연하게 받아들여지고 있다. 이러한 인식이 바탕이 되어 같은 공종의 오랜 경험이 개인 역량 판단의 중요한 기준[28]으로 작용하고 있다. 여기에는 오랜 기간 경험하면 많은 지식이 축적되어있을 거라는 믿음이 깔린 것이다. 다시 말해 많이 해봤으니 잘 알고 다양한 상황에 잘 대처할 거라는 막연한 믿음이 우리 의식 속에 자리 잡고 있는 것이다.

그러나 내가 보아온 사례에서는 같은 공사의 오랜 경험이 장점으로 작용하지 못하는 경우가 더 많았다. 비슷한 공사의 오랜 경험은 대체로 현장의 상황을 당연하게 받

---

[27] Benjamin Franklin(1706년 ~ 1789년) 미국의 "건국의 아버지"(Founding Fathers) 중 한 명이자 미국의 초대 정치인 중 한 명이다.

[28] 현장소장의 자격 조건을 동일공사 5년 이상으로 제한한다거나, 감리단장의 기준도 동일공사 6년 이상 등 경험의 유무로 자격 기준을 제한하고 있다. 건설회사들도 현장 배치 기준으로 동일공사의 경험을 우선으로 한다.

아들인다. 다른 시각에서 보면 심각한 문제로 보이더라도 그들에게는 익숙한 상황이라 편안하다. 항상 그래왔기 때문에 특별한 것도 없다. 이러한 익숙함과 편안함은 변화하려는 시도 자체를 거부하며, 타성에 젖은 관성적 관리만 하게 된다. 이런저런 문제가 있는 것은 당연하며 문제를 문제로 인식하지도 않게 된다. 하루에 1 막장만 뚫던 터널 기술자는 하루에 1 막장 굴착이 당연하며, 사토장 문제는 늘 있는 일이고, 소음 진동 민원이 발생해서 공사가 중단되는 것은 당연하다(그렇지 않은 적이 없었으니), 터널 공사가 다 그렇지 하면서 단정하니 편안하다. 협력업체가 어려움을 호소하면 '터널 공사에서 그런 문제도 없을 거로 생각했냐'며, 협력업체의 불만을 현실을 모르는 초보자의 무지로 치부해 버린다. '해보질 않아서 저렇다', '모든 문제는 시간이 해결한다'는 등 의미심장하지 못한 생뚱맞은 헛소리를 추가한다. 대체로 이런 부류는 경험에 대한 신중한 접근 없이 다양한 상황을 '해봤는데 그런 거 다 그래', '그것은 이렇게 하는 거야' 하는 식으로 자신의 미천한 경험으로 단정한다. 자신의 실패한 경험을 당연하게 받아들이며 자신의 무능을 기만한다.

오랜 경험이 장점으로 작용하는 기술자들은 같은 공사라 해도 편안해하지 않으며 언제나 새롭게 받아들인다. 굴착 전에 무엇을 준비해야 할지, 사토장은 충분한 여력이 있는지, 발파패턴은 민원을 고려하고 있는지, 계획된 장비의 조합은 적정한지, 오·폐수 처리시설의 용량은 충분한 여유가 있는지 등 이런저런 문제를 분석하고, 어떻게 대처해야 하는지 치밀하게 새롭게 분석한다. 또한 그들은 오랜 경험으로 절대적인 기준이나 방법이 없다는 것을 알고 있으며, 마찬가지로 자신의 경험이 미천하다는 사실을 알고 있다. 따라서 항상 매서운 눈초리로 현장의 상황변화를 관찰하며, 다양한 다름을 알아채고 그에 맞게 새로운 방식을 창조해 나간다.

누군가는 한두 번의 경험으로 모든 것을 아는 것처럼 떠들며 경험의 중요성을 강조하겠지만, 누군가는 많은 경험으로 경험이 부질없다고 말할 수 있다.

성공적으로 프로젝트를 수행한 기술자라 하더라도 그 성공이 우연한 행운일 수 있으며, 미처 알지 못한 다양한 원인이 복합적으로 작용한 결과일 수 있다. 따라서 한두 번의 프로젝트 성공에 매몰되어 경험을 맹신하는 것은 위험할 수 있다. 하물며 매번 프로젝트를 성공시키지 못하고 실패한 기술자라면 그들이 가지고 있는 경험은 충분히 엉터리일 수 있다. 누군가는 실패를 밑거름 삼아 성공할 수 있어서 실패한 경험도 중요하다고 말한다. 그러나 나는 지금껏 매번 실패하던 기술자가 그 실패를 밑거름 삼아 성공한 경우는 보지 못했다. 물론 있을 수 있겠지만 그러한 경우는 그저 있을 수 있는 우연한 경우의 수라는 생각이다. 소수의 사례에 의미를 부여할 필요는 없다.

오랜 경험이 기술자 역량의 지표라면, 우리의 건설산업은 30년 전과 비교해 비약적인 성과개선이 있어야 했다. 내가 처음 건설 현장에 투입되었던 1991년 1월에 현장 소장님은 30대 중반이었다. 2023년 30대 중반이면 대부분의 현장에서 거의 막내 취급을 받는다. 그만큼 현장은 오랜 경험을 가진 기술자들로 넘쳐난다. 이젠 현장에서 20년은 근무했어야 중간관리자가 될 정도다. 그러나 20년 이상 건설산업에 종사한 베테랑 기술자의 증가가 현장 생산성 향상에 전혀 영향을 주지 않는다.

어느 현장소장의 말이 생각난다. 현장의 문제점을 지적하면서 직원들에게 하던 말이다. '어제 본 현장과 오늘 본 현장은 분명히 다르고 새롭게 보여야 한다. 어제나 오늘이나 항상 같은 모습으로 보인다면, 진정으로 경험하고 있는 것이 아니다. 경험은 익숙함이 아니다. 진정한 경험은 작은 변화가 커다란 차이로 연결됨을 알고 있기에 모든 다가옴이 새롭게 인식된다.' '현장에 불만이 있어야 한다. 왜 좀 더 신속하게 하지 못할까, 왜 안전에 대한 지적은 끊이지 않을까, 왜 좀 더 싸고 좋게 하지 못할까, 하는 불만 말이다.'

해봤어?

> 성공적인 사람들은 편안한 영역을 떠난다.
> 그들은 두려움을 이겨내고 새로운 것을 시도한다.
> -로버트 T. 키요사키[29]-

경험의 중요성을 강조하며 새로운 도전에 거부 의사를 표현할 때 우리는 종종 '해 봤어?'라고 물어본다. 반대로 누군가 시도도 하기 전에 지레 겁을 먹고 안 된다고 하는 모습을 질책할 때도 또한 '해봤어?'라고 물어본다. 똑같은 말인데 그 의미는 상반된다. 전자의 '해봤어?'는 해보지도 않았으면 시도도 하지 말라는 의미로 해본 경험이 판단에 중요한 요소로 작용한다. 후자의 '해봤어?'는 해보지도 않고 왜 안 된다고 판단하냐며 해나가면서 문제점을 논하자는 강한 추진 의사를 내포하고 있으며 과거의 경험을 중요하지 않게 생각한다. 건설산업에서는 전자의 해봤어?를 중요하게 생각한다. 그러나 후자는 정주영 현대건설 창립자가 즐겨 쓰던 말이다. 나 또한 후자를 선호한다.

나심 탈레브는 과거의 경험으로 미래를 예측할 수 있다고 믿는 어리석음을 강하게 비판한다. 이미 알고 있는 것을 대단한 것으로 취급하며, 읽지 않은 책의 중요성을 이해하지 못할 때 검은 백조가 나타난다며, 경험하지 못한 무수한 것들로부터의 문제가 우리의 미래를 지배하게 될 수 있음을 경고하고 있다. 다양한 시도만이 해법이라고 말한다.

비개착 공법 중 세미쉴드 공법과 비슷한 ○○○공법을 시공하는 현장에 지도지원을 할 때였다. ○○○공법 특허를 소유하고 20년 동안 동일공사를 시공한 전문회사가 투입되어 있었다. 해당 공사의 핵심 관리 요소는 공기였다. 계획서에는 공기의 핵심이

---

[29] 로버트 도루 기요사키(Robert Toru Kiyosaki, 1947년 4월 8일)는 미국의 저술가, 기업가, 교육자이다.

되는 Cycle Time이 13시간으로 산출되어 있어 정해진 공기 내에 굴착을 완료하는 데 문제가 없어 보였다. 그런데 공기를 검토하는 과정에서 Cycle Time에 대한 구체적인 근거가 부족하여 작성된 공정표를 신뢰할 수 없었다. 이에 Cycle Time 산출 근거에 대한 추가 자료를 요청하였지만, 분석할 정도의 자료를 받지 못했다. 정확한 확인을 위해 해당 공사의 현장소장과 면담을 요청했고, 구체적인 검증과정에서 애초 13시간이던 Cycle Time은 20시간으로 변경되었다. 확인 결과 애초 13시간의 Cycle Time은 과거의 경험(지반 조건이 양호하고, 경량 자재를 사용한 최적의 조건)을 바탕으로 한 계획이었다. 실제 현장 상황 및 설계(호박돌의 산재, 중량 자재의 사용)를 고려하지 않았으며, 이를 고려하면 Cycle Time은 20시간으로 증가되었다. 그것도 지극히 낙관적으로 예측한 결과였다.

산재한 호박돌로 인력굴착이 쉽지 않았으며, 설치되는 자재의 무게가 인력으로 작업하기에는 감당하기 힘들 정도였지만 문제를 해결하려는 새로운 시도와 노력 없이 기존에 하던 방식을 고수하며 억지로 꾸역꾸역 공사를 수행하였다. 20시간의 Cycle Time은 그저 바램이었으며, 30시간이 넘는 Cycle Time으로 공사가 진행되었고, 공사 기간과 비용은 당초 계획을 두 배 이상 초과하였다. 여러 이유가 있었지만, 결과적으로 해당 공사는 중단되고 공법이 변경되었다. 20년 동안 '해봤다'라는 경험은 허무했다.

만약에 처음 도전하는 공사로 한번 '해보겠다'라는 자세로 처음부터 하나하나 분석하고 계획을 수립하여 공사를 수행했다면 훨씬 나은 결과가 있었을 것이라고 본다.

엉터리 전문가

> 많은 기만이 논리라는 이름으로 포장되어 제시되고 있다.
> -애런 소칼[30]-

나심 탈레브는 블랙스완이 발생하는 원인을 그럴싸한 이야기를 지어내고, 심각하고 복잡한 수학 모델로 보통 사람들을 주눅 들게 하며, 정장 차림으로 근엄하게 보이는 엉터리 전문가들과 그런 전문가들의 의견을 비판 없이 수용하는 사회, 이와 함께 불확실성을 측정하는 완벽한 도구가 있는 것처럼 떠들어 대는 엉터리 전문가들의 도구를 신뢰하는 현실에서 찾았다. 나심 탈레브는 전문가라면 다양한 상황 속에서 나의 예측이 상당히 빗나갈 가능성을 고려하여 자신의 의견에 대해서도 비판적 회의주의적 시각을 견지할 수 있어야 한다고 보았다. 여기에 더해 그는 변화하는 분야, 그래서 다양한 지식이 있어야 하는 분야는 대체로 전문가란 나올 수 없다며 일부 분야(투자분석, 경제 예측, 정세 예측, 리스크관리[31])의 전문가는 그 존재조차 인정하지 않는다.

대니얼 커너먼 또한 '생각에 관한 생각(Think Fast & Slow)'에서 '문제는 그 전문가들이 충분한 훈련을 받았느냐의 문제가 아니라 그들의 세계가 예측 가능한 세계 인가라는 문제다'라며, 예측 불가능한 분야에서 전문가의 존재를 부정적인 시각으로 바라보고 있다.

---

[30] Alan David Sokal (1955년 ~) 미국의 물리학자로, 유니버시티 칼리지 런던 수학과 교수, 뉴욕 대학교 물리학과 교수직을 맡고 있다. 자크 라캉, 줄리아 크리스테바, 장 보드리야르, 질 들뢰즈 등 프랑스 현대 철학자들을 가리켜 일부러 난해한 과학용어를 동원해 그럴듯하게 독자를 속이고 있다고 비판해 화제를 불러 모았던 소칼 사건의 당사자이며 "지적사기"의 저자이다.

[31] 폴 슬로빅('불확실한 상황에서 의사결정'을 대니얼 커너먼 등과 공동 집필한 심리학 교수)은 리스크 관리에서 전문가 전문성의 토대가 되는 잠재적 위험이 객관적이라는 생각에 동의하지 않는다. 삶에서 실제로 위험한 요소들이 있지만 '진짜 잠재적 위험'이니 '객관적 잠재적 위험'이니 하는 따위는 없다고 말한다. 위험의 평가는 얼마든지 원하는 결과를 만들어 낼 수 있다며 전문가들의 위험성 평가를 겁박하는 수준으로 받아들였다. 이러한 시각에서 전문가 의견과 일반인의 의견이 상충할 때 당연히 전문가 의견을 받아들여야 한다는 시각을 단호히 거부한다면서 양측은 상대의 혜안과 지혜를 존중해야 한다고 말한다.

전문가의 전문성은 단일한 능력이 아니라 여러 능력의 조합이다. 그러나 개인은 자기 전문 분야라 해도 세부적인 역량이나 경험의 피드백 수준에 따라 어떤 부분은 대단히 능숙하지만 어떤 부분은 대단히 초보적일 수 있다. 따라서 이처럼 파편적인 개별지성으로는 제대로 된 지식을 창조할 수 없다. 전문가의 문제는 이러한 자신의 한계를 알지 못하는 데서 시작된다[32].

설령 한 분야에서 지식과 경험이 일가를 이룰 정도의 전문성을 가진 경우라 하더라도 그 전문적 지식은 지극히 부분적인 연구일 수 있으며, 다양한 복잡성을 가지고 있는 분야에서는 그러한 개별적 전문성만으로 해결할 수 없는 문제들이 너무나 많다. 상호 연관성과 의존성이 높은 복잡한 분야에서 올바른 판단을 내리기 위해서는 다양한 상관관계를 이해하고 그 복잡성을 충분히 설명할 수 있을 정도의 지식과 경험이 있어야 한다. 하지만 한 명의 개인이 이러한 역량을 갖춘 경우는 찾아보기 쉽지 않다. 따라서 이러한 분야에서 전문가 개인에게 문제해결을 바란다는 것은 무리다.

최항섭 교수는 '전문가는 자신의 전문성이 다른 이와의 전문성과 배치될 때 소통을 거부하는 측면이 강하며, 이러한 폐쇄적 성향은 전문가 집단이 민첩하게 형성되는 것을 저해한다. 또한 자신이 속한 집단의 이익을 수호하려는 경향이 강하며, 이로 인해 어떠한 현상에 관한 판단을 내릴 때 종종 객관적이지 않다. 따라서 사적 이해를 추구하지 않는 독립적 개인들의 판단이 더 믿을만하고 객관적일 수 있다'라고 주장한다[33].

한 발 더 나아가 '사실 역사적으로 대중지성은 전문가 지성에 가려 있었지만, 실제로 전문가들의 권위를 급격하게 높여주었던 과학혁명도 기존의 학문영역에서는 과학

---

[32] 전문가 지성은 협업이 가능할 때 전문성을 인정받을 수 있다. 학제 간 연구는 기존의 학문간 영역을 넘어서는 것으로, 학제 간 연구를 통해 단일 학제 연구로는 풀 수 없는 문제들을 해결할 수 있다는 것이 여러 전문가의 믿음이다.

[33] 최항섭 국민대 사회학과 교수의 '레비의 집단지성: 대중지성을 넘어 전문가 지성의 가능성 모색' 논문에서 인용.

으로 인정받지 못하면서 일반인들 사이에서 그 지식이 축적되고 있었던 영역들에서 힌트와 영감을 얻어 생산된 지식을 기반으로 이루어졌다. 전문가들은 대중적인 지식에 타당성과 논리를 부여한 것일 뿐 지식 그 자체를 생산한 것은 일상에서 자연과 직접 접촉했던 대중의 몫이었다'라며, 기존에 인정받고 있었던 전문가 지성조차 대중지성을 취합하고 정리하는 수준으로 평가하였으며 대중지성을 전문가 지성보다 우위에 두었다.

영미법상 오랜 전통을 가진 배심제는 소수의 전문가보다는 건전한 다수의 상식에 따른 집단지성이 더 합리적이라는 믿음에서 나온 제도다. 미국은 세계에서 배심원 제도가 가장 활발하게 시행되고 있는 나라로서, 배심원 제도는 미국 헌법이 보장하고 있는 시민의 기본 권리 가운데 하나인 동시에 미국 시민권자라면 누구나 배심원으로 선발되면, 재판에 참여해야 하는 의무이기도 하다. 그런데 배심원 제도의 놀라운 사실은 법률 지식이 없는 배심원의 판결이 재판에 절대적 영향을 미친다는 것이다. 판사가 유·무죄를 판단하는 게 아니라, 배심원이 범죄의 사실 여부를 판단한다. 판사는 배심원이 내린 결정을 토대로 피고인의 형량을 결정한다. 판사는 배심원들과 대화하고 그들에게 적용 법률을 설명하며 사실 판단을 돕는다. 이 재판에서는 어떤 이슈가 가장 중요하며, 피고와 고소인 간의 변론 중에서 어떤 내용을 귀담아들어야 하며, 범죄가 성립되기 위해서는 어떤 법률적 요건을 갖추어야 하는지, 제시한 증거가 법적으로 증거의 가치가 있는지 등에 대해 재판 중간중간 배심원이 이해할 수 있게 설명해주는 가이드 역할을 한다. 일반적인 형사 재판뿐만이 아니다. 첨단기술의 특허 침해 소송에서도 배심원들이 판결한다. 특히나 특허 무효 여부, 특허 침해 여부, 손해배상 액수 등의 핵심적인 쟁점을 결정한다. 물론 이때도 무작위로 추첨하여 배심원을 선정한다. 특허 전문가들은 단지 그들이 속한 기업 입장에서 배심원들에게 자신들의 주장을 이해시키려 노력한다.

배심원들의 판결은 다수결에 의해 의사결정을 하지 않고 치열한 토론을 거쳐 만장일치 된 의견을 내놓는다. 만일 배심원단이 판결을 포기하게 되면, 또 다른 배심원을 추첨하여 재판을 다시 한다.

대한민국에서 나고 자란 우리는 이해할 수 없는 상황이다. 법을 모르면서 판결하고, 첨단기술에 대한 아무런 지식이 없는 사람이 특허 침해 여부를 판단한다는 게 말도 안 된다고 느껴질 수 있다. 그러나 그렇게 한다.

배심원제를 채택하는 대전제는 건전한 사고의 집단지성이 한두 명의 전문가 판단보다 합리적인 판단을 한다고 믿는 것이다. 여기에는 전문가도 편향과 편견에서 벗어날 수 없으며, 자신의 주장이 옳다고 인정받기 위해서는 전문성과 합리성을 바탕으로 이른바 대중이라고 불리는 혼합집단의 동의를 얻어야 한다는 인식이 깔린 것이다.

이에 반해 캐스 선스타인[34]은 대중 영합적 정책(회상 용이성 이론에 의해 실제보다 부풀려진 위험에 지나친 비용을 투자하는)에 반대하는 보루로서 전문가의 역할을 옹호한다. 또한 위험 측정은 많은 논란의 여지가 있지만, 과학과 전문성, 그리고 심사숙고로 객관성을 유지할 수 있다고 말한다. 즉 비합리적 두려움과 회상 용이성의 문제를 해결하기 위해서는 냉철한 전문가 집단의 판단이 필요하다고 주장한다.

대니얼 커너먼은 주변 환경이 대단히 규칙적 이어서 예측할 수 있으며, 오랜 연습으로 그 규칙성을 충분히 알고 있다면 전문가의 직관적 판단도 능력이 될 수 있다고 말한다. 그러나 충분한 실행 기회뿐 아니라 수준 높은 질과 빠른 속도의 피드백이 있다는 전제조건을 제시하고 있다. 즉 신뢰할 수준의 전문가는 수준 높은 반복적 검증을 거친 많은 경험이 있어야 함을 강조하고 있다.

---

34) '넛지' 공동 저자(또 다른 저자는 리처드 탈러이다), 법학자

그러나 수많은 전문가는 냉철하지 않으며, 대중 영합적 정책이라는 기준은 너무 모호하다.[35] 대중은 현재의 삶이 힘든데, 우선 물고기를 주는 것보다 물고기 잡는 법을 가르쳐야 한다며, 물고기 주는 것을 반대하는 게 대중 영합적 정책에 반대하는 냉철한 판단일까?, 처한 위치와 환경에 따라 이러한 시각은 너무 크게 차이가 날 수 있다. 게다가 어떤 결정이 최선이었는지는 결과를 보기 전에는 알 수 없으며 너무 많은 결정이 예측하기 어려운 현상에 의해 판가름 나기도 한다.

또한 현실에서 대단히 규칙적인 상황이라면 전문가가 아니더라도 충분히 예측할 수 있을 것이며, 충분한 실행과 양질의 피드백을 받는다면 누구든 전문가가 될 수 있을 것이다.

나는 모든 전문가의 전문성을 부정하려는 게 아니며, 특정 분야에서 뛰어난 전문가들의 성과를 폄훼할 의도도 전혀 없다. 오히려 과학적 연구와 부단한 실험을 통해 진리를 찾으려 하는 노력에 경의를 표한다. 단지 과도한 전문가의 권위, 전문가에 전적으로 의지하는 의사결정, 약장수 같은 전문가들의 지적 사기를 비판하는 것이다.

---

[35] 대중은 현재의 삶이 힘든데, 우선 물고기를 주는 것보다 물고기 잡는 법을 가르쳐야 한다며, 물고기 주는 것을 반대하는 게 대중 영합적 정책에 반대하는 냉철한 판단일까? 처한 위치와 환경에 따라 이러한 시각은 너무 크게 차이가 날 수 있다. 게다가 어떤 결정이 최선이었는지는 결과를 보기 전에는 알 수 없으며, 너무 많은 결정이 예측하기 어려운 현상에 의해 판가름 나기도 한다.

전문적 복잡함의 함정

> Keep It Simple, Smarty.
> -오비드 크레듀[36]-

현장에서 작성되는 공정표는 명확한 작성지침이나 규정이 없다. 발주처의 필요에 따라 일정한 공정표 작성지침이나 기준을 제시하는 경우가 있기는 하지만 대부분 참조 수준이다[37]. 이러한 이유로 작성되는 공정표는 현장관리자의 역량에 따라 형식과 수준에서 차이가 있다. 단순한 간트챠트(바챠트) 형식, 엑셀을 활용한 공정표, 공정관리 전용 프로그램을 활용하는 공정표, BIM과 접목한 시뮬레이션 공정표 등 제각각으로 작성된다.

공정표는 개선을 위한 실시간 측정과 분석의 용도이기 때문에 지나치게 단순[38]해서 분석할 정보가 너무 없어도 문제지만, 복잡[39]해서 분석할 정보가 너무 많아도 문제다. 단순히 달성도만 확인되는 수준의 공정표라면, 공정관리의 목적인 일정 단축이나

---

[36] "리스크 관리" (2014), 임종권, 이민재 옮김의 원저자
[37] Society of Construction Law(SCL) Protocol 2017에서 공정표 형식에 대한 최소한의 기준을 다음과 같이 제시하고 있다.
    1.42 CPM 방식으로 작성되어야 한다. 계약자, 발주자 모두 공정관리프로그램을 보유해야 한다.
    1.43 공정표는 전자파일(프로그램 원본 파일) 형태로 제출되어야 하고, 아래 사항을 나타내야 한다.
        (a) Critical Path
        (b) Activity 및 interface
        (c) 선·후행 논리 관계 (Logically Linking)
    1.45 모든 Activity는 선·후행으로 연결되어 있어야 한다.
    1.46 Activity의 최대공기를 계약서에 명기해라. 최대 28일 초과해선 안 된다.
       ('rolling wave'방식이 적용되면 28일 제한은 필요 없음)
    1.47 Activity는 FS, SS, FF로 연결되어야 한다.
    1.48 주요 자원은 주요 Activity에 표현되어야 한다.
    〈 SCL Delay & Disruption Protocol, 2017 〉
[38] Activity 간의 상호의존성과 연관성을 확인할 수 없는 단순 바챠트 형식의 공정표.
[39] 1,000개 이상의 Activity로 공정표를 작성하고 있으며 상호의존관계를 표현하고 있지만, 미로찾기처럼 복잡하게 표현되어 있어 쉽게 이해할 수 없는 공정표.

개선을 위한 방안을 찾을 수 없을 것이며, 반대로 너무 복잡하여 수집되어야 할 정보가 방대하다면 정보수집과 분석과정에서 오류로 인해 잘못된 분석 결과가 도출될 수 있다. 설령 올바른 분석 결과가 나왔다 하더라도 너무 많은 시간이 소요되면 때늦은 대책이 되기 쉽다.

공정표 작성은 현장 상황에 적합하게 WBS를 분할하고 Activity를 도출[40]하는데서 시작한다. 그런 다음 작업 간의 의존관계와 상관관계를 연결하여 공정표를 작성한다. 이때 작성된 공정표는 어떠한 복잡한 상황이라도 그 복잡함에 매몰되지 않게 맥락을 찾아내서 통합할 것은 통합하고, 생략할 것은 생략하며 현장 상황에 맞게 단순화되어 있어야 한다. 이처럼 실효성 있는 공정관리는 신속하면서도 실질적인 분석과 대책 수립이 가능한 수준의 공정표를 작성할 수 있느냐에 달려있다.

그러나 우리는 일반적으로 공정관리 프로그램의 뛰어난 활용 능력을 자랑하며, 다양한 프로그램을 능숙하게 다루는 사람들이 제공하는 두껍고 화려한 공정표에 신뢰를 보내며 공정관리 전문가로 인정한다. 반대로 몇 장의 단순하며 소박한 공정표와 결과물은 그 내용의 충실함을 떠나 내용이 없는 허접한 자료로 인식하며 전문성을 의심한다. 마찬가지로 큰 비용이 들어간 컨설팅의 경우 복잡하고 화려하며 두꺼운 보고서에서 높은 비용의 타당성을 찾는다.[41]

이러한 사회적 인식은 복잡하게 조합한 예측을 하며, 일반사람들이 쉽게 이해할 수

---

[40] Activity의 적정한 개수에 대한 기준은 공사 규모나 복잡성의 정도에 따라 다르지만, 나의 경험에서 볼 때 토목 현장의 경우 500개 이내가 적정하다고 말할 수 있지만, 이 또한 개인적 의견일 뿐이다. 누군가 몇 개나 몇십 개의 Activity로 분석하고 대안을 제시할 수 있다면 그 사람이 진정한 전문가다. 그는 분명히 본질적인 핵심을 찾아낼 수 있는 역량이 있는 사람이다.

[41] 오비듀 크레듀(2014) '리스크 관리' (임종권 이민재 옮김)

없는 공식과 통계 지식으로 범접할 수 없는 역량을 자랑하는 사람을 전문가로 오인하는 경우가 종종 있다. 문제의 해법을 정확히 모르는 전문가들이 전문성 부족을 숨기는 수단으로 난해하고 복잡한 보고서를 활용하는 기만일 수 있는데도 말이다.

인간은 복잡한 정보를 가지고 빠른 판단을 내릴 때 변덕이 심하며 판단에 일관성이 없는 경우가 흔하다.[42] 이러한 인지적 특성은 수많은 인과관계가 얽혀있는 분야에서 너무 많은 활동, 너무 많은 변수, 그다지 중요하지 않은 사소한 사건까지 모두 포함해서 분석하려는 노력은 판단오류의 확률을 높이게 된다. 따라서 올바른 판단은 꼭 필요한 정보, 확실한 정보를 얼마나 신속하게 수집할 수 있는가에 달려있다.

빌 젠슨[43]은 '복잡함과 규모의 크기에 압도당하지 않는 단순함이 최고의 경쟁력'이라며 기업의 생존을 단순화에서 찾았다. 리스크 관리 전문가인 오비듀 박사 또한 전문적 복잡성을 가장 심각한 전문가 리스크로 지적하며, 단순화를 강조하고 있다. 성공적인 프로세스 혁신을 위해서도, 린 생산방식에서 낭비를 제거하기 위한 측정과 분석의 실효성을 위해서도[44], 애자일 방법론의 신속한 대응을 위해서도[45] 애자일 선언문에 '단순함은 필수적인 요소다' 건설 현장의 생산성 향상을 위해서도[46] 단순화는 항상 중요한 핵심으로 언급되고 있다.

단순화는 대상을 통찰하고 그 속에서 정제된 정보를 도출하여, 신속하게 문제를 해

---

[42] 데니얼 커너먼 (2012) '생각에 관한 생각' (이창신 옮김)
[43] 빌 젠슨(Bill Jensen) "단순함이 최고의 경쟁력이다."의 저자. 모든 사람이 더 열심히 일하는 것이 아니라 더 스마트 하게 일하는 데 관심이 많다.
[44] Koskela의 린 원리 '단계 부분과 연결고리 최소화를 통한 단순화'
[45] 애자일 선언문에 '단순함은 필수적인 요소다'
[46] 김용표 (2020) '토목건설현장 생산성 향상을 위한 융복합 공사관리 프로세스 모델 개발' 박사학위 논문에서 건설 현장 생산성 향상의 방안으로 프로세스와 시스템의 단순화를 강조하고 있으며, 구체적으로 관리 핵심의 도출, 측정기준의 단순화, 측정 방법의 단순화, 측정의 단순화, 분석의 단순화, 프로세스 단순화를 핵심 내용으로 제시하고 있다.

결할 수 있는 능력이다. 따라서 다양한 요소들을 적절하게 분류하고 통합할 줄 알며, 중요하지 않은 것은 제거하고, 중요한 것을 드러나게 할 수 있어야 한다. 그러나 분류하고 통합하는 과정에 오류가 있다던가, 중요한 요소를 잘못 판단하게 된다면 단순화는 재앙이 된다. 그래서 레오나르도 다빈치는 '단순함이란 궁극의 정교함'이라 표현하였다.

합리적이지 못한 전문가 기준

> 전문가라면 그들의 전문성이 어디서 나오는지 한번 살펴봐야 한다.
> -로저 스쿠르턴[47]-

전문가란 무슨 일에 굉장히 정통하며, 올바른 판단을 내릴 수 있으며, 필요로 하는 지식, 경험, 기술을 갖췄다고 여겨지는 사람을 가리키는 말이다. 따라서 전문가들은 일반인보다 특정 분야에 대한 지식과 경험이 풍부하며, 이를 기반으로 돌발 상황에서 어떠한 판단을 내릴지를 빠르고 정확하게 결정할 수 있다.[48]

건설산업에서 최고기술 보유자로 인정하는 것이 박사학위나 기술사 자격증, 경력이다. 실무에서는 경력을 우선으로 고려하지만, 사회적 인식은 박사나 기술사를 객관적인 전문가로 인정한다. 특히 기술사 자격은 일정 규모 이상 현장의 현장 대리인이나 감리단장 선임에 필수조건이며, 입찰 참가 자격 사전심사(PQ심사제도)에 많은 영향을 미친다. 기업에서도 자격 수당을 지급하며, 채용 시 우대한다. 여기에는 기술사 자격이나 박사학위 보유 기술자는 다른 기술자에 비해 상당히 상황을 정확히 파악하고 올바른

---

[47] Sir Roger Scruton (1944 ~ 2020)은 영국의 철학자이자 작가이다. '긍정의 오류' 저자
[48] 나무위키 전문가 개요.

의사결정을 할 능력이 있다고 보는 것이다. 이러한 사회적 인식과 대우는 기술사 취득에 대한 동기부여가 되고 있으며, 현재처럼 건설산업 침체기에는 생존의 수단으로 인식하고 있어 기술사 자격 및 박사학위 보유자는 해가 갈수록 엄청나게 증가하고 있다.

그러나 기술사나 박사의 괄목할만한 증가에도 건설산업의 어려움은 해소되지 않고 있다. 오히려 현업에 충실하기보다는 사회에서 인정받는 자격이나 학위취득을 위한 노력에 치중하여 현장의 관리 부실을 초래하는 역효과가 있다는 의견도 만만찮다.

전문가에게 지식과 경험은 기본소양이다. 그러나 여기서 말하는 지식과 경험은 단편적 지식과 이론의 이해나 암기, 피드백의 질과 속도[49]가 확인되지 않은 경험의 양이 아니다. 따라서 스마트폰에서 몇 초간의 노력이면 알 수 있는 지식을 정확히 암기하고 있다고 해서, 논문을 발표하고 학위를 받았다 해서, 복잡한 수학 공식과 통계 기술을 정확히 구사할 줄 알고, 이를 그럴듯하게 설명할 줄 안다고 해서, 단지 오랜 기간 같은 일을 했다고 해서 전문가로 인정받을 수 없다. 이러한 지식과 경험을 바탕으로 새롭고 가치 있는 지식을 생성할 수 있을 때 전문가라 할 수 있다.

따라서 학위, 자격, 경력으로 평가되는 역량 평가는 반드시 바뀌어야 한다고 생각한다. 그렇다면 어떻게 기술자들의 등급을 공정하게 평가할 수 있느냐고 물을 수 있다. 나는 여기서 왜? 작위적인 기술자 등급이 꼭 필요한지 묻고 싶다.

'빠른 기술변화의 시대에 특정 시점의 필기시험에 합격한 기술자격보다 대학 졸업 후 실제로 개인이 쌓은 구체적 경력과 실적을 따지는 것은 누가 봐도 합리적이다.'라는 한국 엔지니어링협회 염명천 전 부회장의 언급에 나는 전적으로 동감한다.

---

[49] 피드백이 적기에 이루어지지 않게 되면 기억이 왜곡되고 이로 인해 경험도 왜곡된다.

권위 있는 방법론에 의지하는 전문가

> 권위는 그 권위를 인정하는 사람들에 의해 힘을 가진다.
> 그러나 역동적인 현장에서 절대적인 권위를 가질만한 이론은 없다.
> 상황을 판단하고 창조하는 노력이 필요한 것이다. 따라서 권위에 매달리고,
> 권위를 내세우고, 권위가 바람직하다고 믿는 것은 생각하고 창조하는 것을 포기하는 것이다.
> 이러한 권위의 옹호자들은 창조하며 살아갈 힘을 소진한 사람들이며,
> 이는 창조적 발전을 가로막는 음험함이다.
> -니체-

2010년 허버드 비즈니스 리뷰(일본어판)에서 일본 도요타 자동차의 독창적 생산방식인 TPS(Toyota Production System)를 창안한 오노 다이이치[50]를 '포드로부터 배워 포드를 능가한 사람'이란 글로 그의 업적을 창의성으로 평가하였다.

미국의 포드사는 자동차를 생산하는 과정에서 전체의 흐름을 원활하게 하는 것이 낭비 없는 생산의 핵심임을 간파하고, 흐름을 개선할 수 있는 창조적 방식[51]을 고안해 냈다. 그 결과 철광석 채굴에서부터 부품생산, 완성차 조립, 수송 열차 적재까지의 리드타임을 1926년 당시에는 획기적인 81시간으로 단축하였으며, 자동차 한 대당 근로시간 또한 기존의 1/3수준으로 낮추는 혁신을 이루었다. 각국의 기업들은 이러한 포드의 혁신적인 생산성 향상에 놀라워하며, 이를 받아들이기 위해 적극적인 벤치마킹을 하고 있었다.

1950년대 도요타 자동차는 미국 포드사 생산능력의 10분의 1에 지나지 않았다. 혁신적인 변화를 갈망하던 도요타는 포드사의 생산방식을 배우기 위해 오노 다이이치

---

50) 1912~1990 일본 산업 엔지니어이자 사업가. 도요타 자동차 부사장. TPS(Toyota Production System)의 아버지로 불린다.
51) 전체 작업의 원활함을 위해서 부분적인 작업효율을 희생하는 흐름작업을 도입하였으며, 이는 모든 작업자와 작업 현장이 100% 바쁘게 돌아가야 한다는 기존의 상식을 무시한 방식이었다.

를 포함한 기술자 집단을 파견하였다. 그러나 그들은 생산과정에서 원활한 흐름이 중요하다는 인식에는 공감하였지만, 미국의 소품종 대량 생산방식에 적합한 생산 시스템은 일본의 다품종 소량 생산의 현실에 맞지 않다고 판단하였다. 이후 오노 다이이치는 포드사의 생산방식을 벤치마킹하기 보다 도요타 자동차의 기존 생산방식을 비판적인 시각으로 바라보며,[52] '무다(낭비)'를 최소화하고 원활한 흐름생산이 가능한 도요타 생산 시스템(TPS, Toyota Production System)을 창안하게 된다. 그러나 오노의 혁신적인 생산 시스템이 도요타 자동차의 생산방식을 쉽게 바꿀 수는 없었다. 과거의 방식에 익숙해져 있는 작업자와 관리자들의 엄청난 저항에 부딪혔고 수많은 비난이 쏟아졌다. 그러나 최고경영자들의 신뢰를 바탕으로 포기하지 않고 밀어붙여 TPS를 정착시키게 된다. 이후 도요타는 세계 최대자동차 제조 회사가 되었다.

이처럼 도요타 자동차의 성공은 이미 모두가 최고라 인정한 포드사의 생산방식을 답습하지 않고, 이를 발판으로 자신들만의 생산방식을 창조한 혁신 전문가들의 존재와 내부에 자리 잡고 있던 기존의 질서와 권위를 깨려는 끈질긴 노력의 결과였다.

일본 도요타 자동차의 독창적인 생산방식인 TPS는 미국의 MIT IMVP[International Motor Vehicle Program] 전문가들에 의해 린(LEAN) 생산방식으로 명명되었다. 매사추세츠공과대학(MIT) 교수였던 제임스 워맥과 영국 카디프 경영대학원 교수 출신 다니엘 존스는 린(LEAN) 이론을 전 세계에 전파하였으며, 다양한 산업에서 새로운 혁신으로 받아들여졌다.

건설산업에서도 린 건설학회(Lean Construction Institute, LCI)가 설립되어 지금까지 활발하게 활동하고 있다. 2017년 매켄지의 '생산성 향상을 위한 건설산업 재창조 보고서'와 BCG가 2016년 세계 경제 포럼에서 발표한 '건설산업 혁신 프레임워크' 에

---

[52] 오노 다이이치는 '상식은 대부분 옳지 않다.'라는 말을 자주 사용했다.

서 공통으로 '린 건설의 도입'이 건설산업 혁신방안으로 제시되고 있다. 이처럼 린 건설이 전통적인 공사관리 방법의 한계를 극복하고 혁신과 변화를 가져오며, 건설산업의 위기를 극복할 대안으로 받아들여지고 있다. 그렇지만 린의 본질인 창조적 혁신을 이해하지 못하고 특정한 방법론에 기댄 엉터리 전문가들로 인해 그 역할을 다하지 못하고 있다.

어떠한 혁신도 권위 있는 방법론을 제시하지 않는다. '알아서 잘해라'가 모든 혁신의 본질이다.

이처럼 본질은 지극히 상식적이며 더군다나 특별히 권위를 가질 내용은 더욱 없다. 구체적인 방법론도 '해보니 이런 상황에서 이렇게 하는 것도 좋더라' 하는 하나의 예시를 보여줬다고 보는 게 맞으며, 그러한 결론 또한 잠정적이다. 그 연구를 진행한 사람의 편견과 인지적 편향이 포함되었다고 보는 게 합당하다. 따라서 특정 방법론이 권위를 가진다거나 그 권위에 의존하는 사람은 전문가가 아니다. 마찬가지로 개별적 방법론을 능숙하게 활용할 수 있다는 것만으로는 전문가가 될 수 없다.

5.
신념
(다름을 수용하지 못하는 편협한 생각)

> 위대한 사람은 필연적으로 모든 일에 회의를 품는다.
> 신념에 가득 찬 사람은 필연적으로 나약한 사람이다.
> 성장을 두려워하는 자가 신념을 만든다.
> -니체-

역사적으로 집단 내에 형성된 전통, 관습, 형성된 신념은 지배계층의 효용성에 따라 초월적 지위를 가진다. 따라서 전통이나 신념을 지키는 태도를 훌륭한 인간의 자질로 인정하며, 이를 위해 희생한 사람들은 영웅으로 추앙받는다.

반대로 전통이나 관습에 반하거나 신념을 저버리는 행위에 대해서는 무자비한 폭력이 가해졌다. 특히나 동질성을 가진 집단에서의 다름은 배신으로 여겨 더욱 무자비했다. 유대 랍비들에 의한 예수의 죽음, 중세시대 이교보다 이단[53]에 대한 무자비한 살육, 한국의 해방 이후 이데올로기 대립의 폭력성에서 잘 나타나고 있다. 이러한 역사적 교훈에도 불구하고 여전히 그럴만한 가치가 있다고 볼 수 없는 수많은 종교적, 사상적 신념을 지키기 위한 투쟁으로 수많은 사람이 고통받고 있다.

더욱 큰 문제는 이러한 신념이 내면화되었다면 신념의 본질적인 임의성[54]에도 불구하고 의심하지 않으며, 신념을 고수하던 사람들이 사라진다 해도 조직에서는 불문율

---

[53] 보편적 정통이론에서 많이 벗어난 교리, 주의, 주장 등을 총칭한다. 중세시대 이슬람과 가톨릭의 전쟁보다, 가톨릭(구교)과 개신교(신교) 간의 전쟁이 더욱 잔인하였다.

[54] 모든 신념은 자기만의 독특한 현실감을 통해 형성되고, 고유한 의식으로부터 생겨나며, 오류로부터 자유롭지 않은 뇌가 만들어 낸 산물이다. -한나 크리츨리, 운명의 과학-

처럼 지켜진다. 보이지 않는 것을 믿는 것이 호모 사피엔스의 장점이면서도, 스스로를 멸망케 하는 어리석음이라는 생각이다.

우리는 왜? 이토록 어리석은 신념에 목매고 살아갈까?

관습을 존중하고 신념을 지키는 것이 소속된 집단이 존립할 수 있는 근간이라고 믿기 때문이다. 이는 신념이나 관습은 오랜 기간 다양한 환경에서의 경험과 이러한 경험을 성찰하는 과정에서 생존에 필요한 요소들이 선택적으로 남아 신념과 관습을 만들었다고 믿는 것이다.

이러한 믿음은 신념과 관습을 더욱 공고히 한다. 만약에 누구라도 기존의 신념과 관습이 만들어 낸 질서에 저항한다면, 이는 그 사회의 근간을 흔드는 위협으로 받아들여지게 되며 철저하게 응징한다. 더욱이 기존의 질서 속에서 기득권을 유지하고 있던 지배계층에게는 자신들이 지위를 위협하는 강력한 도전으로 받아들여지며, 모든 권력과 매체를 이용하여 이를 탄압하게 된다. 따라서 그동안 사회를 유지하고 있던 신념과 관습에 반한다는 것은 엄청난 희생을 각오해야 했다.

리처드 탈러는 다른 시각에서 신념을 지키려는 이유를 설명한다. '우리는 종종 우리가 가지고 있는 신념은 그것이 진리이기 때문이 아니라, 그것이 나의 삶을 지탱하게 해주는 위안이 되기 때문에 매달린다. 사람은 진리를 찾는 고통보다는 그동안 믿어왔던 신념에서 편안하게 안주하고 싶어 하며 위안을 찾고 싶어 한다.' 확증편향과 생각하는 고통을 즐기지 않는 게으른 뇌를 가진 사람의 본능이 그렇게 만들고 있다고 본 것이다. 한나 크리츨리 또한 '신념을 가지고 있으면 뇌의 건강이 유지되고 삶의 만족도가 올라간다'라며, 신념의 고수가 인간의 행복감을 높이기 때문에 사람들은 신념을 고수하려 한다고 말한다.

이처럼 신념을 위대한 가치로 인정하고, 관습을 중요시하는 데는 기득권을 유지하려는 교묘함과 깊이 생각하지 못하는 뇌의 게으름, 인간의 생존본능이 복합적으로 작동한 결과다. 따라서 그것이 비록 잘못되었다 하더라도 논리와 설득으로 신념과 관습을 무너뜨리기는 어렵다.

그런데도 기존의 신념과 관습이 지독히 고통스러워 더는 참을 수 없을 때 사람들은 기존의 신념과 관습에 저항하며 새로운 관습과 신념이 지배하는 세상을 만들었다. 신념은 또 다른 신념으로 아주 느리게 대체 되어 왔다.

그러나 기존의 신념을 고수하려는 노력, 새로운 신념으로 넘어가는 느린 과정 모두 본질에서는 변함이 없다. 이는 기존의 신념이 다른 신념으로 대체되어가는 과정일 뿐 다양성을 받아들이는 과정에 있었던 것은 아니다. 그래서 문명은 발달했지만, 역사는 진보하지 못하였다고 말한다.

지금처럼 복잡하고 급변하는 사회에서 경험과 성찰의 유효기간은 길지 않다. 엄청난 정보의 홍수 속에서 수많은 다름의 논리를 쉽게 접할 수 있는 환경에서 비록 여전히 강력하기는 하지만, 신념[55]은 점점 그 힘을 잃어가고 있다. 신념이나 관습이 생존의 수단이었다는 진화론적 설명은 과거의 역사를 해석하는 데 있어 타당한 해석일 수 있지만, 이젠 아니다.

건설산업에도 수많은 관습과 신념들이 있다. 안전하게 공사를 수행하기 위해서는 원가나 공기의 손실을 감수해야 한다는 믿음, 점검을 많이 하면 개선될 거라는 믿음,

---

[55] 가치관과 혼동할 수 있어 이해하기 쉽게 정리해본다. 가치관이란 것은 소중하다고 생각하는 것을 말한다. 다시 말해 내가 부를 소중히 하는지, 자유를 내 인생에서 소중한 가치로 여기는지를 의미하며, 신념이란 것은 어떤 사상이나, 주어진 명제 언설(言舌) 등을 적정한 것 또는 진실한 것으로서 승인하고 수용하는 심적 태도를 말한다. 따라서 가치관은 다름을 인정할 수 있지만, 신념은 다름을 인정하기 쉽지 않다.

자원이 많이 투입되면 공사 기간이 단축된다는 믿음, 선진 시스템이 도입되면 생산성이 향상된다는 믿음 등 수없이 많은 근거 없는 신념이 넘쳐나고 있다. 자원만 투입된다고 공사 기간이 단축되지 않으며, 점검이 언제나 올바른 개선을 가져오지 않았으며, 고도화된 시스템을 도입한 회사가 성과가 개선되었다는 정량적이며 객관적인 연구 결과는 없는데도 말이다. 더욱이 어느 하나의 문제가 하나의 원인으로 귀결될 정도로 건설산업은 단순하지 않으며, 어떤 문제에 대해 공통으로 통용될 수 있는 해법은 없는 데도 마치 있는 것처럼 받아들이고 있다. 이처럼 건설산업에서 통용되고 있는 신념은 그 근간의 취약성에도 불구하고 놀라울 정도로 강력하게 자리 잡고 있다. 따라서 비록 통념처럼 받아들여지고 있는 신념에 반하는 생각을 내비치거나 행동한다는 것은 조직으로부터 배척되거나, 어리석은 사람으로 무시될 수 있는 위험을 감수해야 한다.

이윤과 공사 기간 단축에 눈멀어 안전을 무시한다는 생각이 당연하게 받아들여지고 있는 현실에서, 여기다 대고 적정한 속도를 유지할 수 있어야 안전하게 작업할 수 있으며, 적정한 이윤이 보장되어야 안전할 수 있다고 반박한다면 공개토론을 통해 서로의 생각을 검증하려 할까? 아니면 외면하고 무시할까?

점검강화를 안전사고를 줄이는 주요 대책으로 제시한 정책 입안자들과 전문가들에게 잘못된 점검과 피드백이 오히려 건설산업의 여러 문제를 키웠다면서, 점검과 피드백에 대한 새로운 인식이 필요하며, 이러한 본질적인 변화가 우선되어야 한다고 주장하면 어떤 반응을 보일까?

4차 산업혁명의 뛰어난 융복합 기술의 도입도 자칫하면 돈과 시간만 낭비할 수 있다며 비판적인 검증을 요구한다면, 혁신을 거부하는 진부한 기술자로 취급되지 않을까?

나는 건설산업의 미래는 과거의 관습과 신념을 벗어던질 수 있는 과감함과, 다름을 인정하고 다양성을 수용할 수 있는 포용력에 있다고 본다.

6.
어려운 문제는
여럿이 모여 회의하면 해결된다

> 사람은 소외되길 염려할 때 동조한다. 혹은 대중 속에서 눈에 띄고 싶지 않을 때,
> 주변 사람들을 불쾌하게 하고 싶지 않을 때 동조한다. 어떤 이유이든 그에게 두려움,
> 일종의 공포심이 내재되어 있다.
> - 니체 -
>
> 모두가 똑같이 생각한다면 아무도 생각하지 않는 것이다.
> - 월터리프만 -

    오래전부터 편견과 편향이라는 호모 사피엔스의 고질병은 개인의 노력으로 고치기 어렵다는 사실을 과학적으로 증명하지는 못하였지만, 진실임은 어렴풋이 알고 있었다. 그래서 다양한 사람들의 경험과 생각을 받아들여 이를 공론화하고, 협의의 과정을 거치면 개인의 독단적 판단보다 좀 더 합리적 판단을 한다고 믿었다. 여기에는 다수의 사람에게서 나오는 사고의 다양성과 많은 정보의 상호작용 속에는 성찰이라는 여과 과정이 있다는 전제가 있다. 훗날 우리는 이를 '집단지성'이라 말한다. 따라서 여럿이 모여 결정된 내용은 상당한 권위와 정당성을 확보하게 되며 쉽게 집단에 수용된다. 또한 한번 수용된 집단의 결정은 비록 실행과정에서 모순이 발견된다고 하여도 여럿이 모여서 결정되었다는 이유로 쉽게 바뀌거나 변경하지 못한다.

    그러나 여럿이 모였지만 사고의 다양성이 보장되지 못하였거나, 성찰과 자유로운 토론이라는 여과 과정이 없다면 이는 집단지성의 권위를 가질 수 없다. 더욱이 소수의 이익을 위한 의사결정에 정당성을 부여하기 위한 수단으로 이용되거나, 교묘한 책임회피 수단으로 활용된 집단의사결정은 재앙이 될 수 있다. 게다가 이처럼 불순한 의도로 집단의사결정 방식이 활용되면, 잘못된 결과가 조직 전반의 문제로 귀결되어 조직

의 와해를 가져올 뿐만 아니라, '집단지성' 자체를 왜곡시켜 올바른 '집단지성'이 설 자리마저 없앤다.

양미경[56]은 '집단 수행의 결과를 집단 내 평균 수준의 개인 수행 능력과 비교한 결과 약한 시너지 효과가 대부분의 연구에서 나타났으며, 집단 내 최고의 구성원보다 강한 시너지 효과는 매우 드물게 나타났다'라는 Larson, J. R. (2010)의 연구 결과를 인용하며, 집단토의를 거친 의사결정이 최상의 결과가 아닌 지극히 평범한 수준의 결과밖에 도출하지 못하는 사례가 많으며, 결과적으로 집단지성이 그 본질에 맞게 적용되지 않는다면, 오히려 개인적 판단보다 낮은 성과를 가져올 수 있음을 경고하고 있다.

회색 코뿔소의 저자 미셸부커 또한 집단지성이 아닌 집단동조는 사회가 인지하고 충분히 예상할 수 있는 거대한 위험을 쉽게 간과하는 상황을 만들어 통제 불능에 빠질 수 있게 한다며, 심각한 집단동조의 위험을 경고하고 있다.

특히 동질성이 강하거나 응집력이 강한 집단에서 두드러지게 나타나는 집단동조나 집단극화로의 심각한 위험은 많은 사회심리학 연구에서 보고되고 있다.

대부분의 건설 현장에서는 공사 착수 전에 작업 방법 및 순서, 예정 공정표 및 자원 투입계획, 안전·품질·환경 관리계획 등이 포함된 시공계획서를 작성하여 제출 후 승인을 받고 본 공사에 착수한다. 이때 제출된 시공계획서는 현장관리 및 점검의 기준이 된다. 또한 계획의 변경은 비록 정황상 정당하다 하더라도 절차에 따른 시간이 소요되며, 그만큼의 손실이 발생한다. 따라서 합리적인 시공계획을 제출하는 것은 프로젝트 성공의 중요한 토대가 된다. 이러한 사유로 예전에 근무하던 회사에서는 시공계획서

---

[56] 양미경(2010). '집단지성의 특성 및 기제와 교육적 시사점의 탐색' 열린교육연구 2010.

를 확정하기 전에 다양한 관계자들이 참여하여 시공계획을 검토하는 프로세스가 회사 내규로 정해져 있었다.

다양한 시각에서 계획을 검토하고, 그 결과로 나온 다양한 의견들이 개방적이며 투명한 환경에서 거침없이 개진되어, 최적의 방안과 다양한 대안을 모색하는 게 가장 큰 목적이라 할 수 있다. 이와 함께 현장 기술자들에게는 다양한 예측과 대안을 듣고 생각하는 과정에서 새로운 통찰을 가지는 역량향상의 기회로도 보았다. 결과적으로 개인의 편협한 경험에서 나올 수 있는 편견과 인지적 편향의 문제를 집단지성으로 해결하고자 하는 것이었다.

검토회의는 시공계획을 작성한 작성자가 발표하고 참관자들이 질문하는 순으로 진행된다. 나 또한 CE$^{Chief Engineer}$라는 직책으로 많은 시공계획 검토회의에 참석하였었다. 그중 본래의 목적에 맞게 다양한 관점의 의견들이 자유롭게 개진(開陣)되고, 치열하게 토론하며 의미 있는 성과를 도출한 현장도 있었지만, 아쉽게도 이런 경우는 소수에 불과하였다. 대부분의 회의가 다양한 의견을 놓고 토론하기보다는 이미 작성된 시공계획서를 인정하고 약간의 개선을 요구하는 수준으로 훈훈하게 마무리되었다.

여기에는 비판적 시각에 대한 비판적인 인식, 즉 다른 관점에서 비판하고 다른 의견을 제시하는 행위를 무례함으로 보는 우리만의 문화도 한 몫하고 있다고 볼 수 있다. 여럿이 모인다는 것은 다양성을 전제하며, 이는 다른 관점에서의 접근이 필수적이다. 따라서 이견(異見)에 따른 혼란은 당연한데도 말이다. 다양한 의견들의 혼재 속에서 부단한 협의를 통해 융합하고 단순화하는 과정이 필요한데 이러한 초기의 혼란스러움과 치열한 토론을 낯설어하고 불편해한다.

이와 함께 계획의 변경을 작성자의 무능으로 인식하고 있어 설령 합리적인 이견이 있다고 해도 받아들이려 하지 않는다. 많은 경우 구차한 변명이나 이견의 작은 오류를 찾아 무시하며, 억지스럽게 자신의 주장을 관철하려 한다. 유능함은 다양성을 수용할 수 있는 역량인데 어리석게도 우리는 억지스럽더라도 자신의 논리를 잘 방어하는 사람을 유능하다고 인정하는 분위기다. 이러한 분위기에서 집단지성은 설 자리가 없다.

    나는 다른 의견을 자신만의 논리로 눌러버리고 자신이 옳다고 주장하며 의기양양한 사람보다는, 비록 많은 오류가 있는 이견이라도 신중하게 들여다보고 무엇인가 배울 점이 있는지 확인하는 사람이 프로젝트를 성공으로 이끈다고 본다. 너무 이상적이지 않느냐고 반론할 수 있지만, 프로젝트의 성공에 진심이라면 어떠한 이견도 받아들인다. 오히려 갈망하기도 한다.

    집단지성의 실현은 시스템이나 조직구성원의 다양성과 함께 마음가짐에서 온다.

7.
잦은 점검이
사고를 예방한다(개선이 없는 평가나 통제의 수단)

> 규율은 개인을 제조한다, 규율은 개인을 권력 행사의 목적이자 수단으로 삼는 권력의 특수한 기술이다.
> -미셸 푸코[57]-

계획을 실행하는 과정에서 적정하게 수행되고 있는지 확인하고자 할 때, 또는 문제가 발생하였을 때 원인을 파악하고 대책을 세우기 위해 점검(check)이라는 행위를 한다. 점검은 현장을 관찰하여 정보를 수집하고, 수집된 정보를 분석하여 개선안을 도출한다, 또한 이를 반복적으로 수행하면서 유용한 지식이 축적되고 축적된 지식을 바탕으로 점진적으로 개선해 나가는 게 점검의 궁극적 목적이라 할 수 있다.

점검(Check)을 반복적인 프로세스로 정립한 사람은 1920~30년대 제품의 품질개선에 획기적인 기여를 했던 슈와트[58]다. 이후 품질관리의 전설이 된 데밍[59]에 의해 PDCA Cycle로 정립되었다. 데밍은 점검(Check)의 기능을 다음과 같이 말하고 있다. 'Check 단계가 결과에 대한 평가지만, 평가의 핵심은 계속해서 발전하고, 변화하고 있는가를 파악하는 것이다.' 그러나 80년대 Check 단계가 자신의 의도와 다르게 결과에 대한 단순 평가나 뒷다리 잡기식 'Hold back'으로 오용되고 있는 현실을 보면서 데밍은 점검(Check)이라는 단어를 학습(Study)이라는 단어로 바꾸어 사용하는 PDSA

---

[57] Paul-Michel Foucault (1926~1984) 프랑스 철학자. '감시와 처벌'의 저자.
[58] Walter Andrew Shewhart (1891~1967) : 벨 연구소에서 통계업무를 수행하였으며, 오늘날 공정품질통제(Process Quality Control)로 잘 알려진 품질관리 방법을 창안한다.
[59] Dr. W. Edwards Deming(1900~1993) PDCA Cycle의 골격을 정립한 품질관리의 권위자.

Cycle을 발표하였다. 학습(Study)이라는 단어의 사용에는 점검의 기능이 점검 대상을 능동적 학습의 주체로 인식하고 발전을 위한 학습의 단계임을 강조한 것이다.

현장에서 빈번하게 행해지는 안전 점검을 복기해 보자.

대체로 모든 대형 현장은 본사, 발주처, 국토부, 노동부, 안전공단, 안전진단이나 점검 전문업체 등 다양한 기관들로부터 수많은 점검이 행해지고 있다. 점검이 더는 특별한 이벤트가 아닌 일상이다.

대부분의 점검은 점검과정에서 확인해야 할 항목의 누락을 예방하고 개인 간 역량의 편차를 줄이기 위한 Check List를 활용하거나, 현장의 현상을 눈으로 확인하면서, 규정을 위반한 사항에 대해 지적하고 조치를 요구하는 정도가 대부분이다.

또한 점검은 점검자의 목적에 따라 서류점검이 현장 점검과 동시에 이루어지기도 하며, 현장만 점검하기도 한다.

구체적으로 서류점검은 주로 안전 관련 서류의 오류를 확인한다. 안전관리 계획서의 적정성, 위험성 평가 적정성, 유해 위험 방지계획서 승인 여부, 중점위험작업에 대한 승인 여부, 작업계획서 작성 여부, 안전 관리비 사용 적정성, 법정 교육 준수 등을 확인하고 잘못된 부분이 있으면 지적하고 개선을 요구한다. 회사마다 발주처마다 약간의 차이가 있지만, 현장소장의 일일점검 기록, 중점위험작업의 프로세스 준수, TBM$^{\text{Tool Box Meting}}$ 규정 준수, 품질안정공정회의 실시 여부 등을 확인하기도 한다.

현장 점검은 안전 시설물의 적정성, 보호구 착용, 제도나 방침의 현장 준수 여부를 확인한다. 안전난간과 발판은 규정에 맞는지, 인양 로프는 승인되어 사용되고 있으며 손상은 없는지, 장비 안전장치는 작동되고 있는지, 작업자가 보호구는 잘 착용하고 있는지, 중점위험작업은 승인된 내용을 준수하고 있는지 등을 확인하고 문제가 있으면 지적하고 개선을 요구한다. 대부분의 점검이 정해준 지침이나 규정의 준수 여부에 집중한다.

크게 어려운 것도 없으며 고민스러운 것도 없다. 쉽게 말해 쓰인 대로 했는지 확인만 하면 된다. 게다가 점검은 주로 일회성 이벤트처럼 이루어진다. 따라서 점진적으로 개선되고 있는지, 점검이 실효성 있는지 확인하지 않는다. 다양한 관점에서 문제를 분석하려는 노력은 없으며, 요구하지도 않는다. 그러다 보니 점검자는 부담이 없다.

점검 결과는 전체적인 지적 건수와 중점 관리 항목 지적 건수의 숫자로 현장을 평가한다. 결과에 따라 현장이 평가되고 개선방안이 강제된다.

가장 흔하게 사용되고 있는 개선 방식은 '잠깐만 기다려봐이다'. 이렇게 가면 위험하니 '멈춰봐', 그리고 '개선방안을 수립하여 승인받고 다시 시작해' 라는 시간과 비용을 소비하는 안(案)이 주로 제시된다. 공사중단은 공기와 원가에 막대한 지장을 초래하지만, 안전을 확보하기 위한 고육지책으로 받아들여지고 있다. 가끔은 엄격한 안전기준을 적용하여 공사를 중단시키고, 인사 조치를 시행하는 점검자의 과감한 결단에 찬사를 보내기도 한다. 이러한 개선 방식이 지속되고 있는 근간에는 강력한 처벌이 경각심을 불러일으켜 안전사고를 줄일 거라는 굳건한 믿음이 자리를 잡고 있다.

점검방식이나 결과에 이의를 제기하기 위해서는 괘씸죄라는 가중처벌의 위험을 감수해야 해서 오로지 점검자의 관용에 호소하며 선처를 바란다.

점검 결과가 보고되면 보고받는 책임자들은 하나같이 하는 말이 '아직도 안 변했다. 여전히 정신 못 차리고 있다'라며 모든 원인을 현장만의 문제로 단정하고 점검을 더욱 강화하라고 지시한다. 실효성 없는 형식적인 점검도 있을 수 있으며, 잘못된 점검으로 현장을 더욱 어렵게 만들 수도 있는데도 말이다.

결국 건설 현장의 점검은 갑질의 수준을 벗어나지 못하고 있다. 점검이 통제하고 처벌하는 권력 행사의 수단으로 활용되고 있는 한 점검은 개선을 가져올 수 없다.

8. 지적을 잘하면 개선된다(갑질의 피드백)

> 우리는 피드백이 미래를 개선하는 조언으로 활용되지 않고 과거에 대한 지적으로 활용되고 있지 않은지 항상 경계해야 한다.
> -조 허쉬[60]-

인간의 가장 뛰어난 장점이며, 생존과 번영을 가져올 수 있었던 원동력은 원활한 의사소통(意思疏通)이다. 이 과정에서 가장 중요하게 반영된 것은 과거의 실패로부터 얻은 교훈이었다. 과거의 경험에서 무엇이 문제였고 무엇이 잘한 것이며, 어떤 노력을 추가해야 하는지 등을 다양한 관점에서 파악하고 파악된 정보를 주고받으며 발전할 수 있었다. 이 과정에서 공감(共感)은 필수였으며, 상대에 대한 배려와 존중은 기본이었다.

건설 현장에서도 성과향상이나 개선을 목적으로 다양한 방식으로 의사소통을 한다. 작업 회의, 시공계획검토, 설계검토 등 여럿이 모여서 서로의 의견을 주고받는 수평적 방식과 함께 구두지시, 서면 지시, 지도지원보고서, 점검 결과보고서, 개선명령 등 수직적 의사소통 또한 일상적으로 시행되고 있다.

그중 과거 잘못을 찾아 지적하고 이를 개선토록 하는 방식이 현장에서 가장 많이 활용되는 의사소통 방식이다. 지적을 잘하면 안전사고가 줄어들고, 성과가 향상된다고 믿고 있는 것 같다. 그러다 보니 건설 현장은 지적을 위한 점검은 나날이 많아지고 있으며, 수많은 지적이 난무(亂舞)한다. 더욱이 지적하는 사람은 우월적 위치의 '갑'으로,

---

[60] Joe Hirsch: 미국의 저명한 교육가이자 리더쉽 코치. 일터의 행복과 생산성을 높이는 전략을 제공하는 커뮤니케이션 회사 세마카 파트너스의 대표.

지적받는 대상은 '을'이라는 인식이 일반적이라 공감과 소통은 없다. 그저 시키는 대로 열심히 따라 하는 수밖에는 도리가 없다.

그렇게 수많은 지적을 하고, 이를 받들어 충실히 개선하고 있는데도 안전사고는 줄지 않으며, 성과는 오히려 떨어지고 있다. 그런데도 지적을 더 많이 하려는 노력만 있다. 게다가 자신들은 바르고 정확한 지적을 했다는 것에 조금의 의심도 없다.[61]

그러면서 오롯이 현장 탓만 한다. '지적을 올바르게 이해하지 못하였다', '개선하고자 하는 의지가 없다.', '열정과 역량이 부족하다.', '개선하려는 노력보다 눈앞의 이윤 추구에 급급하다.' 와 같은 또 다른 갑질의 지적만 더해지고 있다.

물론 능력 있고 열정적이며 개선하고자 하는 의지가 있다면 지적하지 않더라도 알아서 잘할 것이며, 혹시나 엉성한 지적이라 할지라도 그중에서 참조할 내용을 찾아내 현장에 성공적으로 적용하여 프로젝트를 성공적으로 이끌 것이다. 눈앞의 이윤추구에만 혈안이 된 부도덕한 건설업자도 없다고 할 수 없다. 현장 기술자들 사이에서 지적을 이해하려 하기보다는 '현장도 모르면서 되지도 않는 탁상공론으로 일을 어렵게 만든다'라는 배타적인 생각이 밑바닥에 깔린 것 또한 사실이다.

그렇다고 모든 잘못이 현장에만 있다고 볼 수 없다. 공감할 수 없는 억지 지적이 있을 수도 있고, 잘못된 지적으로 오히려 현장을 어렵게 만들었을 수도 있으며, 엉터리 전문가가 지적했을 수도 있다. 더욱이 공감과 소통이 없는 무례한 지적이었다면 효과가 있을 수 없다.

지적은 잘못을 찾아내는 게 목적이 아니라, 그걸 바탕으로 미래를 개선하려는 데에 있음을 잊지 말아야 한다.

---

61) 피드백을 받는 입장에서 피드백을 제공하는 사람들에게 다음과 같이 피드백 할 수 있다. '피드백의 기본도 모른다.', '개선보다는 자신의 지시이행 여부를 우선하는 갑질', '항상 같은 관점과 비슷한 대안으로 계속 우려먹는 안일함, 다름을 받아들이지 못하는 역량 부족과 편협한 지식', '타자의 관점에서 생각하고 행동할 능력이 없는 비윤리성', '차이를 관용하지 못하는 강압적인 소통' 등등

'현재의 피드백은 과거 중심적이며, 일방적인 지시이며, 너무 포괄적이고, 의무를 강요한다. 더구나 피드백을 받는 사람을 고려하지 않고 피드백을 주는 사람의 입장에서 시작한다. 피드백을 받는 사람에게는 선택의 권한이 없으며, 자신의 창의적인 판단은 더더욱 허용되지 않는다. 모든 성과는 사람에 집중할 때 가능하고 평가는 개선을 위해 있다는 사실을 잊었다."라는 조 허쉬의 글은 건설산업의 현재를 잘 표현하고 있다.

9.
매뉴얼대로 해라(무례한 개입)

건설산업은 다수가 사용하는 공공재를 제공하는 산업으로, 완성된 제품을 소비자가 선택하는 일반 제조업과 달리 발주자나 건설주로부터 주문을 받아 생산활동에 착수하고, 구조물이나 건축물을 완성하여 인도한다. 또한 발주자부터 최하부 생산조직까지 도급이라는 생산구조로 되어 있어 수직적 위계가 다른 산업에 비해 강하며 생산과정에 대한 간섭이 심하다.

모든 부분에 걸쳐 설계자들에 의해 만들어진 확정 설계를 바탕으로 강력하게 개입하고 통제한다. 최종적으로 제공되는 결과물의 적합성을 확인하는 데 그치지 않는다. 결과물을 만들어 내기 위한 계획수립에서부터 따라야 할 지침서와 기준이 제시된다. 공종별, 작업 단위별 작업지침, 시방서가 글자만 읽을 수 있으면 관리가 가능할 정도로 상세하게 정해져 있으며 준수를 강제한다. 더욱이 투입될 장비, 자재, 인력, 방법, 관리자의 숫자, 경력, 자격조건까지 관여한다. 더는 좋은 방법은 존재하지 않는 것처럼 말이다. 이를 거역한다는 것은 상상하지도 못한다.

그렇다면 이러한 강력한 개입과 통제가 건설산업의 발전에 효과적이었는가? 모든 건설 관련 지표, 사회 인식 그 어느 것에서도 긍정적인 모습은 찾아볼 수 없다. 강력하게 개입하며 통제하고 있지만 안전사고, 품질사고는 줄어들지 않고 있다. 3, 4차 산업혁명이라 불린 정보통신의 발달과 사물인터넷, 인공지능과 같은 소프트웨어의 발달도 건설산업에서는 주로 강력한 개입과 통제의 수단으로 활용되고 있을 뿐이다.

그런데도 확정 설계자 역량은 의심받지 않고 있으며, 확정 설계를 검증하려는 노력은 시도조차 하지 못하고 있다. 모든 문제는 정해준 확정 설계를 준수하지 못한 시공사와 기술자의 문제, 그리고 강력하게 통제하지 못한 관리 감독기관에 대한 성토로 마무리된다. 점검은 항상 똑같은 시각에서 확정 설계에 충실한지 확인하는 수준에 맴돌고 있다. 그런데 이 모든 강력한 개입이 건설산업을 살리려는 노력이라는데 의심하지 않는다.

시중에서 판매된 자동차가 급발진 사고가 일어나 인명 피해가 발생했고, 이러한 문제를 해결하려 정부에서 다음과 같은 대책을 수립했다고 가정해보자. 정부에서 사고를 예방한다는 명목하에 자동차 최종 제품에 대한 품질기준의 준수만 확인하는 것이 아니라 생산과정 전반에 개입한다. 투입된 작업자와 관리자의 자격조건을 정하고, 생산계획서를 작성하여 승인받도록 하며, 승인받은 계획서의 준수를 수시로 확인한다. 또한 생산과정에서 불량을 확인하기 위해 라인을 중지시키고 점검하며, 이러한 행위가 불시에 수시로 시행된다. 게다가 이러한 점검을 별도의 정부 조직이 투입되어 시행하며, 이러한 정부 조직을 관리하는 또 다른 상위조직이 있다. 그것도 부족해서 수많은 점검 전문회사에 외부 용역을 주어 점검토록 한다. 생산과정에서 정해진 규정을 어기거나, 관리자의 자격조건에 결함이 있으면 생산을 중단시키고, 관리자를 처벌한다. 자동차 회사도 대표도 관리 감독 소홀의 경중을 따져 구속할 수 있다.

이렇게 한다면 공장이 올바르게 돌아갈 수 있을까? 과연 자동차 산업이 올바르게 성장할 수 있을까? 모든 것을 제쳐놓고라도 자동차의 성능이 더 좋아져서 사고가 줄어들까?

CHAPTER III

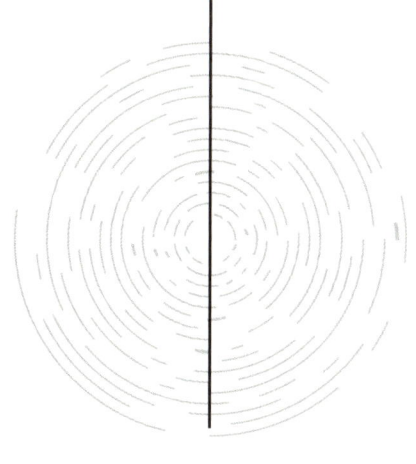

합리적
의사결정을 위한 노력

인류는 저마다 조상들로부터 전승된 경험지식에 자기 경험을 접목하며 새로운 지식을 생성해 왔다. 수많은 생명을 동등하게 존중했으며, 뛰어난 교감과 소통 능력을 갖추고 있었다. 그 결과 다른 종들과의 경쟁에서 살아남은 호모 속의 유일한 생존 종(種)이 되었다. 그러나 지구상의 다른 생명과 공존하던 교감과 소통의 생존 방식은 어느 순간 우월적 존재라는 오만으로 대체되면서 단절되었다. 신을 창조하면서 다른 생각은 용납되지 않았으며, 신의 말씀이라는 수많은 제약과 구분이 만들어지고 공감과 소통은 특정 집단으로 한정되었다. 인류의 진화는 멈춰 버리고 말았다.[1] 절대 진리의 직위를 누렸던 신에게서 벗어난 이후에도 과학이라는 또 다른 신이 창조되면서 수많은 논리가 진리라 불리며 우리를 지배하고 있다. 수많은 미디어와 매체의 발달은 교묘하게 인류를 하나의 가치에 매몰되게 하고, 다름을 틀림으로 받아들여 분란을 만들고 있으며, 사피엔스의 가장 뛰어난 자질인 생각을 앗아가고 있다. 만들어진 지식에 익숙해지고 있다. 우리를 생존케 했던 뛰어난 장점들은 교묘하게 왜곡되어 우리를 스스로 자멸해가는 종으로 만들고 있다.

그러나 거침없이 나아가고 있는 자멸의 길에 서서 비록 미약하지만, 교감과 소통의 생존본능을 깨우려는 끊임없는 노력은 지속되고 있다.

본 장에서는 아무런 신체적 장점이 없던 인류가 생존할 수 있었던 본질이 무엇이었는지 그리고 그 본질이 어떻게 왜곡되어 갔는지 유발 하라리의 '사피엔스'를 빌려 내 생각을 풀어본다. 다음으로 생각하지 않도록 만들어 가는 세상에서 생각하며 살아가도록 노력하고 있는 다양한 시도를 살펴본다.

이를 통해 현재 건설산업이 처한 상황을 헤쳐 나갈 지혜를 또 다른 시각에서 제공할 수 있다고 본다.

---

[1] 과학기술의 발전을 인류의 진화로 보지 않는다.

1.
호모 사피엔스의
인지(認知) 혁명(뇌의 진화)[2]

인류(human)는 약 250만 년 전 동부 아프리카의 오스트랄로피테쿠스에서 시작되었다. 이후 북아프리카, 유럽, 아시아로 이동하며 각 지역의 자연환경에 맞게 진화하였으며, 그 결과 다른 종들이 나타났다. 네안데르탈인이라 불리는 호모 네안데르탈렌시스, 똑바로 선 사람이란 뜻의 호모 에렉투스, 솔로 계곡에서 온 사람이라는 뜻의 호모 솔로엔시, 그리고 슬기로운 사람이란 뜻의 호모 사피엔스(현생인류) 등 다양한 호모속의 종들이 2백만 년 전부터 약 1만 년 전까지 동시에 살았다. 호모 속(屬, genus)[3]의 사피엔스 종(種)[4]은 호모 속의 다른 종들에 비해 뛰어난 신체적 조건을 갖추지 못하였으며, 그렇다고 두뇌가 더욱 영리하다고 할 수도 없었지만 다른 종들과의 경쟁에서 살아남아 유일한 호모 속의 생존 종(種)이 되었다.

그렇다면 왜? 사피엔스만 유일하게 살아남은 것일까?

정확하게 알 수 없는 어떤 이유로 사피엔스의 인지능력의 급작스러운 발전 즉 '인지 혁명'이 그 이유라는 게 정설이다(갑작스러운 혁명이 아닌 진화라고 말하는 학자들도 있지만, 어쨌든 생존의 이유가 인지능력의 진화에 있다는 데는 일치한다). 인지 혁명은 약 7만 년 전부터 3만 년 전 사이에 출현하였으며, 다른 종에서 볼 수 없었던 다양하고 세밀한 언어가 생겨나고 이를 자유롭게 표현하게 되었으며, 실제 존재하지 않는 것

---

[2] 유발 하라리의 '사피엔스'를 참조하였다.
[3] 생물분류 단계 중 하나로, 과의 아래 단계이자 종의 위 단계이다.
[4] 종의 기준은 자연 상태에서 교배와 번식을 할 수 있는 집단을 말한다. 인간은 호모 속의 사피엔스 종이다.

들(정령, 영혼, 신념, 신화, 국가 등)을 상상하고 상상한 내용을 전달하고 공유할 수 있는 능력을 갖추게 된 것을 말한다.

사피엔스는 무한한 개수의 문장을 만들 수 있는 언어의 유연함을 가지게 되었고, 막대한 양의 정보를 소통하고 저장할 수 있게 되었다. 특히 집단 내의 구성원들에 대한 구체적인 특성과 장단점을 구분하여 말할 수 있게 되었으며, 이러한 상세한 개개인에 대한 정보의 유통은 긴밀하고 복잡한 협력관계를 성공적으로 할 수 있게 되었다.

상상할 수 있는 능력은 신화를 만들어 냈으며, 공감하고 공유하게 되면서 하나의 상상을 공유하는 커다란 집단을 구성할 수 있었다. 이처럼 대규모 집단의 형성으로 인해 상호 간의 의사소통 또한 대규모로 이루어졌고 그 과정에서 활발한 토의와 다양한 의견들을 수용하는 집단지성이 발휘되었다. 이처럼 사피엔스의 진화는 수많은 사람이 협력할 수 있도록 인지능력이 극적으로 개선된 결과다.

인지 혁명 이후 수렵채집으로 살아가던 시기에 인간은 뛰어난 인지능력으로 집단을 지속해서 발전시켜 나갔다. 이들은 소규모 집단을 형성하여 다른 인간 집단과 다투기도 하고 협력하기도 하면서 대체로 건강한 삶을 유지했다. 모든 자연에는 의식과 감정이 있다고 믿었으며, 위계 없이 평등하게 소통하였다.[5] 당연히 자연은 정복의 대상이 아니었으며 사피엔스가 가장 위대한 동물이라 생각하지도 않았다.

그러던 중 약 1만 2천 년 전 우연히 작물을 재배하기 시작했고 가축을 기르게 되었다. 이러한 우연의 산물을 후세사람들이 농업혁명이라 부르며 인간성을 향한 위대한 도약이라 말한다. 사람들이 똑똑해져서 가혹했던 수렵채집의 삶에서 벗어나 한곳에 정착

---

[5] 수렵채집의 시기에 인간은 애니미즘 신앙이 일반적이었다고 한다. 모든 장소, 동물, 식물, 자연현상에 의식과 감정이 있다고 믿었다. 무형의 실체(영혼, 정령, 악마, 요정, 천사 등)를 믿었다. 애니미스트는 직접 춤이나 노래, 의식을 통해 이들과 직접 소통할 수 있었다. 이들의 소통은 우주적인 신들이 아닌 특정한 사슴, 나무, 시냇물, 유령이었다. 인간과 다른 존재 사이에 장애물이 없는 것과 마찬가지로, 이들 사이에 엄격한 위계질서가 없었다.

하며 만족스러운 삶을 살게 되었다는 것이다. 그러나 유발 하라리는 이 이야기는 환상이며 사기라고 단정한다.

인간은 모여 살고 정착하기 시작하면서 전염병, 인구폭발, 방자한 엘리트가 생겨났으며, 민중들은 살아남기 위해 더 많은 노동을 쉼 없이 해야 했다. 유발 하라리는 농업혁명의 핵심을 '더욱 많은 사람을 더욱 열악한 환경에서 살아 있게 만드는 능력을 만든 것이다'라며, 인류 불행의 씨앗으로 설명한다.

초기 농부들은 열심히 일하면 삶이 나아질 것으로 생각했고, 실제로 농사법이 발전되고 더 많은 곡물을 수확할 수 있었다. 그러나 아이들 숫자의 증가를 예측하지 못했으며, 아이들이 모유 수유를 줄이고 곡물을 섭취하면서 면역력이 약해지고 이로 인해 집단 정착촌이 전염병의 온상이 되리라는 생각은 하지 못했다. 게다가 단일 식량원에 대한 의존도가 높아지면서 자연재해에 더욱 취약해졌다. 열심히 일해서 얻어진 잉여 농산물은 도둑과 적의 표적이 되었고, 이를 방비하기 위한 성벽과 보초가 필요하게 된다는 사실은 더더욱 예견하지 못했다. 농사법의 발전에 따른 생산의 증가는 더 많은 인구 증가를, 질병을, 그리고 일하지 않는 관료와 병사들의 증가를 가져오며 농부들에게는 더 많은 노동을 요구하는 악순환이 반복되었다.

사람들은 왜 이렇게 어리석은 결정을 하게 되었나? 사람들은 자신의 의사결정이 가져올 결과를 전체적으로 파악하는 능력이 없었기 때문이었으며, 결과적으로 우연의 산물이었다고 말한다.

이후 대부분 인간의 삶은 노동하지 않는 지배자와 엘리트들에 의해 착취당하고, 그들만의 화려한 역사를 장식하는데 이름 없는 조력자로 구슬땀을 흘리며 살아갔다. 사피엔스의 인지 혁명으로 가능해진 상상력은 농업혁명으로 생겨난 지배층과 엘리트 집단의 지배 수단으로 활용되었다. 그럴듯한 상상과 이를 뒷받침하는 만들어낸 허구를 믿게 만들었다. 이는 신성불가침의 영역으로 존중되었으며, 권력을 유지하기 위한 수단으로 수많은 상상이 이용되었다. 지배계급의 권력과 통치는 당연하며, 이에 저항하는 행위는 하늘의 뜻을 저버리는 불손한 행위로 받아들이도록 세뇌(洗腦)되었다. 열심히 일해서 많은 부를 축적하는 것이 가장 중요한 삶의 가치로 획일화되었으며, 결과적으로 지배를 쉽게 할 수 있는 토대가 되었다.

더욱이 소수의 엘리트와 지배자들은 대중들의 오랜 경험에서 나온 수많은 대중지성을 그럴듯하게 포장하는 능력을 갖춘 소수의 사람을 활용하여 엘리트 지성으로 대체하며 대중지성을 무시하였다.[6] 사피엔스를 생존할 수 있게 했던 인지 혁명이 농업혁명과 함께 출현한 관료와 엘리트들에 의해 그 본래의 의미가 퇴색되어 갔다.

그렇다면 착취와 지배가 정당화되는 상상의 질서를 믿고 따르게 만드는 방법은 무엇이었을까?

가장 먼저 상상의 질서가 상상의 산물이 아니라, 위대한 신이나 자연법에 따른 객관적 실재라는 주장을 그럴듯한 논리와 신화로 조작하고 권위를 부여한다. 다음으로 이를 다양한 방법(미디어, 언론, 소문, 노래, 연극 등)을 동원하여 지속해서 주입하며 고착화한다. 고착화된 상상은 인간들에게 왜곡된 욕망을 불러일으켜 욕망의 노예로 만들고, 욕망에 길들여진 인간은 왜곡된 상상의 질서를 믿고 따르게 되는 것이다.

농업혁명 이후 인간의 집단은 규모가 커져서 더는 언어로만 정보를 전달하고 축적할 수 없게 된다. 그러나 질서를 유지하기 위해서는 수많은 정보를 체계적으로 수집하고 분류하며 저장할 수 있어야 했다. 이러한 절박한 필요 때문에 글자가 생겨난다. 글자가 생겨나면서 기억과 경험을 정확하게 남길 수 있게 되었으며, 지식이 체계적으로 축적될 수 있었다. 물론, 이후 글자는 왜곡된 상상의 질서를 더욱 공고히 하는 데 활용되었음은 부인할 수 없는 또 다른 사실이다.

---

[6] 역사적인 과학 문명의 발달이 어느 한 천재의 노력만은 아니다. 그동안 지속해서 축적되어왔던 대중의 지혜가 근간이다.

문자의 발명과 더불어 주목할 내용은 종교의 탄생이다. 인간의 집단이 커지면서 국가가 탄생하게 되고, 국가의 통치자들은 그들의 권력에 정통성을 부여받을 수 있는 절대적인 권위가 필요했다. 여기에 인간의 자연에 대한 경외심과 본능적인 두려움이 만들어 낸 정령들을 활용하게 되었으며, 이러한 정령은 이후 전지전능한 신으로 대체되어 신의 계시라는 절대적 명령이 정통성을 유지하는 수단으로 이용되었다. 절대적인 힘을 가진 신들을 창조하면서 수많은 자연과의 평등한 교감과 경외심은 사라지고, 오직 인간만이 신과 교감하며 신의 말을 전할 수 있는 동물로 인정되었다. 이후 통치자의 명령은 신의 계시라는 허울을 덮어쓰면서 저항할 수 없는 힘을 가지게 되었다. 더욱이 종교와 문자의 만남은 만들어진 진리가 글자로 새겨지게 되고 명문화(明文化)되면서 환경의 변화에 따라 바뀌던 인간의 생각과 상상을 더는 용납하지 않게 되었다.

그러나 굼벵이처럼 더뎠지만, 시간의 흐름 속에서 경험이 축적되고, 과학이 발달하게 되면서 문자로 전해오던 진리는 의심받게 되었으며 인본주의와 과학혁명의 시대를 열게 되었다.

인본주의는 존재론적 존재로서, 철학 사유 체계의 근원으로서 인간의 존재를 중요시하고, 인간의 능력과 성품 그리고 인간의 현재적 소망과 행복을 귀중하게 여기는 정신이며, 인간 중심적 사고에 따른 인류 사회의 존엄, 가치를 중시하는 사상이다.

과학혁명은 '우리는 모른다'라는 무지를 폭넓게 인정하면서 기존의 어떤 지식을 습득하는 전통보다 더 역동적이고 유연하며 탐구적으로 되었다. 과거 지식은 충분하지도 확실하지도 않다는 사실을 당연하게 받아들이며, 새로운 관찰과 실험을 통해 진리를 찾고자 노력하였다. 이러한 과학적 연구 방법은 진리를 찾아가는 방법으로 자리 잡게 되면서, 세상을 이해하는 능력과 새로운 기술을 개발할 역량이 크게 확대되었다.

그러나 인본주의는 저마다 강력한 믿음을 형성하는 이데올로기를 만들어 내고, 각각의 이데올로기를 받쳐주는 논리와 이론들은 그에 속한 인간들의 행위를 결정하는 종교적 교리처럼 받아들여지면서, 이데올로기는 또 다른 종교가 되었다. 결과적으로 다양성을 수용하였던 수평적 집단지성의 발현은 좀처럼 되살아나지 못하고 있다.

과학혁명 또한 눈부신 물질문명의 발달을 가져왔지만, 과학적이라는 표현으로 또 다른 오류투성이의 진리를 만들어 내고 있다. 관찰과 실험의 결과에 포함될 수 있는 편견과 오류가 간과되었으며, 특정 집단을 위한 고의적 왜곡이 가능하다는 사실은 무시하고, 해석의 차이에 따라 수많은 진리를 만들어 낼 수 있음을 받아들이지 않음으로써, 다양한 이해관계에 따라 과학적이란 미명(美名)으로 조작된 진실이 난무하고 있다.

2.
두 번째
인지(認知) 혁명(처음의 그것으로)

인간의 생존과 번영의 기틀이 되었던 수평적 집단지성이 집단동조나 집단극화로 변질하여 다름을 수용하기보다는 탄압하고 배척하는 수단으로 왜곡 활용되기도 하였으며, 유연한 언어가 소수의 이익을 대변하고 민중들을 속이는 수단이 되었다. 그릇된 상상력은 집단 간 분열과 투쟁을 가져왔다. 그것 또한 엄연한 또 다른 사실이다.

빠르게 발달하는 과학기술은 자본, 미디어와 결합하여 인간에게 필요성을 강제적으로 주입하고 그릇된 상상(욕망)을 심어주어 여유와 행복보다는 욕망의 노예로 살게 했으며, 이러한 왜곡은 현재도 진행 중이다.

그렇다고 인간이 만들어 낸 상상의 질서를 없앨 순 없다.[7] 상상으로 공동체를 형성하는 인간의 특성상 상상을 유지하는 것은 중요하며, 상상의 질서를 유지하기 위한 노력은 생존의 문제와 직결된다. 앞선 상상이 잘못된 상상이었다면 깨뜨리고 다른 상상으로 넘어갈 뿐이다.

아직도 많은 사람이 빈곤 속에 있지만 그래도 최근 100년간 전례 없는 발전 속도로 중국의 황제도, 이집트의 파라오도, 전지전능한 신도, 중세와 근대의 왕까지 수천 년 동안 시도했음에도 극복하지 못한[8] 기아, 질병, 전쟁의 공포는 점점 줄어들고 있다. 그것

---

[7] 지금 와서 국가, 법, 제도, 신념을 없앤다면 지금의 인류는 생존하기 어렵다.
[8] 유발 하라리는 그의 저서 호모데우스에서 '대부분 역사에서 과학은 굼벵이처럼 발달했고 경제는 꽁꽁 얼어붙어 있었다'라고 말한다.

은 우리가 상호주관적 신화를 버리고 객관적인 과학 지식을 선택한 덕분이었다.[9]

이제 많은 사람은 빛의 속도로 전달되는 수많은 정보를 접할 수 있게 되었고, 다른 사람들의 다양한 생각을 쉽게 들여다볼 수 있게 되면서, 과거 정보의 유통을 통제하던 소수에 의한 획일적 정보의 주입과 세뇌는 어려워졌다. 이러한 환경의 변화는 인간이 생각하는 노력을 게을리하지 않는다면 합리적인 의사결정을 할 수 있게 되었으며, 그만큼 행복해질 수 있는 여건이 마련되고 있다.

이젠 올바른 의사결정을 가능하게 했던 처음의 그것을 되찾아야 한다. 진화된 미래는 새로운 그 무엇이 아니다. 최초의 인지 혁명이 일었던 그 시점의 집단지성으로, 행복하게 소통할 수 있었던 진실한 언어로, 다름을 수용하던 상상력으로, 모든 생명을 존중하던 그 마음으로, 무지하다는 겸손으로 그 처음으로 되돌아가는 것이다. 그것은 우리의 유전자 속에는 처음의 그것들이 작은 씨앗으로 남아있다. 단지 너무 작아져서 무엇인지 정확히 알지 못하고 있을 뿐이다. 그 씨앗은 항상 깨어있고 행동하는 민중들의 힘이 거름이 되어 발아한다. 나는 지금부터 그 씨앗들과 그것을 발아시키려는 노력을 말하고자 한다.

가장 먼저 살펴볼 씨앗은 인류를 생존케 하였지만, 농업혁명 이후 오랜 기간 왜곡된 집단지성과 그것을 되살리려는 노력이다.

다음으로 '아무것도 모른다'라는 인식이 바탕이 되어 급속한 문명의 발전을 가능케 했던 과학혁명이다. 20세기에 과학적이라는 단어를 구체적으로 표현한 PDCA Cycle이 나타났다. 따라서 어떠한 사실이나 이론도 지속적으로 변화한다는 사실만을 진리로 받아들이고 있는 PDCA Cycle을 살펴본다.

PDCA Cycle로 검증된 사실 또한 진리일 수 없다. 따라서 검증된 사실이라 할지라도 강제하지 않는 선택지로 제시하면서 공감과 존중으로 사람들이 올바른 의사결정을 돕

---

[9] '호모데우스' 유발 하라리.

도록 하는 '넛지(Nudge)'도 함께 고찰해 보겠다.

　마지막으로 훌륭하게 집단지성이 발휘되고, 과학적 연구로 확인된 사실을 전달하며, 뛰어난 전문가가 문제를 핵심을 간파한 해결책을 제시한다고 하더라도 소통방식에 문제가 있다면 그 효과를 기대하기 어렵다. 따라서 유연하고 진실한 언어로 정보를 주고받는 피드백을 고찰하고자 한다.

　지금부터 말하고자 하는 집단지성, PDCA Cycle, 넛지, 피드백 등, 이 모든 것이 갑작스럽게 생겨난 것이 아니다. 그 옛날 인류의 생존 수단이었지만 어느 때부터인가 잘못 활용되어 그 본질을 잊어버린 것들이다. 너무 게을러져 점점 사라지고 있는 생각하는 힘과 이로 인해 생겨버린 수많은 편견과 편향, 그리고 관습 등의 영향으로 집단지성, PDCA Cycle, 넛지, 피드백이 올바르게 자리 잡기 어려운 것 또한 현실이다. 그래도 다시 시작해볼 일이다.

2.1 집단지성(collective intelligence) [10]

> 삶의 복잡성과 위기가 증가할수록 사람들은 개인적인 문제 해결방식을 넘어선
> 집단지성에서 그 해결책을 얻을 수 있을 것으로 막연하게 기대하고 있다.
> 만일 이러한 기대처럼 집단지성이 사회적 변화와 창의성을 가져올 수 있다면
> 그것은 테크놀로지의 발전과 함께 사람이 향유할 수 있는 의미 있는 축복일 수 있을 것이다.
> -양미경[11]-

인간은 집단을 형성하고 형성된 집단의 지성을 활용할 수 있는 탁월한 재능 덕분에 개인의 한계에서 벗어날 수 있었으며, 높은 지적 능력을 발휘할 수 있었다. 이러한 변화는 보잘것없던 변방의 사피엔스라는 동물을 지구에서 가장 성공적으로 생존할 수 있게 하였다.

그러나 국가, 엘리트, 집권층, 신의 등장으로 의사결정과정에서 집단지성의 대부분을 차지하던 대중지성은 뒤로 밀려나고, 그 자리를 엘리트, 왕, 귀족들과 같은 소수의 지성으로 대체 되었다. 이 과정에서 철학자라 불렸던 소수의 사람들에 의해 지성은 하층의 민중에게서는 나올 수 없으며, 귀한 소수의 전유물이라는 인식을 대중들에게 심어주는데 성공하게 되었다. 이러한 노력으로 소수의 철학자들은 영원히 추앙받고 있으며, 엘리트 지성은 대중지성을 밀어내고 굳건하게 자리 잡게 되었다. 이후 집단지성의 기초가 되었던 대중지성[12]은 설 자리를 잃었다.

---

[10] 다수의 개체들이 서로 협력하거나 경쟁하는 과정을 통하여 얻게 된 집단의 지적 능력을 의미하며, 이는 개체의 지적 능력을 넘어서는 힘을 발휘한다는 것이다. 이 개념은 미국의 곤충학자 윌리엄 모턴 휠러(William Morton Wheeler)가 1910년 출간한 《개미 : 그들의 구조·발달·행동 Ants : Their Structure, Development, and Behavior》에서 처음 제시하였다.

[11] 서강대학교 국제인문학부 교수

[12] 뛰어난 소수에 의해 좌지우지되는 구조와 상반되는 개념으로 대중이 주체가 되어 만들어 내는 지식체계.

그러나 절대적 권위를 인정받았던 전문가 지성은 도덕성의 상실, 사회 복잡성의 증가에 따른 전문가 예측의 오류를 경험하면서 신뢰를 점점 상실하게 된다. 더불어 일반대중의 지식수준 향상과 정보의 유통이 원활해지면서 지성에 대한 비판적 논의가 가능해졌고, 일반대중들이 지식을 생산하는 지성인의 역할에 적극적으로 참여하게 되었다. 이러한 과정에서 일반대중의 지식이 결코 전문가 지성에 비해 낮은 수준이 아니라는 것이 확인되었으며, 새롭게 집단지성이 논의되었다. 결과적으로 교육의 확대와 지식의 활발한 유통은 집단지성이 설 자리를 확보할 수 있는 여건이 마련되었다.

오랜 기간 왜곡되었던 집단지성은 정보통신 기술의 비약적 발전으로 인류 지성에 점진적으로 기여하고 있다. 그러나 아직 사이버 공간에서의 협력에 치중되어 있으며, 다양한 매체(미디어, 언론 등)들을 통해 소통하고 있지만, 성찰이라는 여과지를 거치지 않고 있어 집단지성이 아닌 집단 우중화(愚衆化), 집단경화와 같은 어리석은 길로 들어가기도 한다.

지금 인류는 생존과 권력의 문제에서 벗어날 수 있는 갈림길에 있다고 말할 수 있다. 그 갈림길에서 우리가 올바른 집단지성의 길을 선택한다면 인지 혁명 이후 또다시 새로운 진화를 이루어 낼 수 있으며, 인류를 진정한 통합에 이르게 할 수 있다는 희망을 품고 있다.

2.1.1 집단지성이란?

1910년대 하버드 대학교수이자 곤충학자인 윌리엄 모턴 휠러가 개미가 협업을 통해 거대한 개미집을 만들어 내는 것을 관찰했다. 이를 바탕으로 그는 개미가 개체로서 발휘할 수 있는 능력은 미미하지만, 군집으로서는 높은 수준의 지능체계를 형성한다며, 이를 일컬어 '초유기체(Superorganism)'라는 개념을 창안했으며, 이러한 힘을 집단지성(集團知性, 영어: collective intelligence)이라 하였다. 집단지성은 소수의 우수한 개체나 전문가의 능력보다 다양성과 독립성을 가진 집단의 통합된 지성이 올바른 결론에 가깝다는 주장이다. 정보통신 기술의 발전과 더불어 최근에 다시 주목받게 되었으며, 여러 학자에 의해 활발히 연구가 진행되면서 집단지성의 개념도 진화하고 있다.

사이버 공간에서의 집단지성 개념을 정리했던 피에르 레비[13]는 집단지성을 "어디에나 분포하며, 지속적으로 가치가 부여되고, 실시간으로 조정되며, 역량의 실제적 동원에 이르는 지성"으로 정의하고 있다. 그리고 각각을 다음과 같이 설명하고 있다.

'어디에나 분포하는 지성'이라는 점을 통해 사람은 그 누구도 모든 것을 다 알지 못한다는 점, 그러나 모든 사람이 무엇인가를 알고 있으며 지식 전체는 인류 안에 있음을 강조한다. 이는 지식이 일부 소수의 전유물이 아니고 초월적 지식의 보고(寶庫)란 없으며, 지식이란 각각의 사람들이 알고 있는 것임을 말하고 있다. 레빗은 '누군가를 완전히 무지하다고 판정하는 사람은 스스로가 무지함을 드러낼 뿐이다. 어떤 사람이 무식하다는 생각이 당신을 괴롭힌다면 그 사람이 알고 있는 것이 어떤 맥락에서 금쪽이 되는가를 찾아보라'라며, 집단지성의 기본 출발점이 무엇인지를 설명하고 있다.

---

[13] Pierre Levy,(1956년~) 프랑스의 미디어 철학자 사회학자이다. 인터넷을 기반으로 하는 집단지성(Collective intelligence)의 활용을 예견하는 저서 "집단지성(L'intelligence collective)"을 1994년에 발표하였다. 이 저서를 통해 사이버 공간에 지식과 정보의 자유로운 분배 및 상호 교환을 구심점으로 하는 형태를 부여하고 집단지성의 가능성을 풀어 보임으로써 미래의 인류 사회를 위한 하나의 밑그림을 제시하였다.

'지속적으로 가치가 부여되는 지성'이라는 의미는, 지성은 유용성에 따라 사장되고 탕진되어 버리는 것이 아니라 끊임없이 재조명되고 활용되어야 함을 설명하고 있다. 그는 멸시받고 무시되고 사용되지 않은 지성은 정당하게 평가되지 않았기 때문이라며, 필요에 따른 선택적 지성의 활용과 이에 반하는 지성에 대한 그간의 조직적인 무지와 낭비를 비판하고 있다. 더불어 지성의 가치는 머무르는 데 있지 않고 지속해서 극복되어 새로운 가치가 부여되는 데 있다는 점을 강조하고 있다.

'실시간으로 조정되는 지성'은 지속해서 가치가 부여되기 위해서는 실시간 집단 구성원들의 자발적이며 지속적인 협력과 상호작용이 필요하며, 이러한 과정에서 개인과 집단의 지성이 진일보함을 말하고 있다.

'역량의 실제적 동원에 이르는 지성'은 집단지성을 통한 지식생산 활동 속에는 공동체 구성원들 간의 대규모 협업(mass collaboration)과 지식의 공개 및 공유라는 행위가 자리 잡고 있음을 설명하고 있다. 일반 대중들도 지적 공동체의 구성원으로서 지성의 가치를 인정받으면, 다양한 지성들의 힘을 실제로 동원하여 지속적인 가치 부여를 할 수 있게 된다는 의미다.

집단지성은 개인의 지성을 혼합하는 것과는 달리, 개인 지성의 특이성이 집단에 묻히지 않고 구별되며, 이러한 각각의 특이성이 서로 영향을 미치며 도움을 주고 함께 성장하는 과정이다. 또한 지성을 선택적으로 받아들이는 데서 오는 폐쇄성을 경계한다. 다양성, 독립성을 지향하며, 기존의 보편적 지성에서 벗어나는 것을 수용하며, 언제든 특이성이 보편성이 될 수 있음을 인정한다. 더불어 지성은 소수의 전유물이 아니며, 지식은 전문가로부터 전수받는 것이라기보다는 타인과의 상호작용을 통해 주체적으로 구성해 나가는 것이라는 관점을 가지고 있다.

피에르 레비가 말하는 집단지성의 궁극적 목표는 '인간들이 서로를 인정하며 함께 풍요로워지는 것'이다. 그리고 이를 통해 배제와 소외의 문제를 해결할 수 있다고 믿는다.

2.1.2 집단지성의 이해[14]

집단지성은 집단의사결정이나 기계적인 집단적 협업이 아니다

집단지성의 개념은 동물의 세계에서 볼 수 있는 무의식적이거나 기계적인 대규모 집단협업과 다르며, 대규모 정보교류 및 공유도 집단지성의 형성 및 제고에 도움을 주는 요건일 수는 있어도 그 자체가 집단지성을 의미하지는 않는다. 즉 흩어져있는 단순한 정보들을 축적하거나 종합하여 얻게 되는 성과물이 집단지성의 결실은 아니다. 따라서 위키피디아, 네이버의 지식iN을 집단지성으로 이해하지 않도록 주의해야 한다. 다양하며 방대하게 축적된 최신의 정보를 참여자들이 다양한 문제의식과 관점을 가지고 역동적 상호작용을 통해 새로운 시너지를 창출할 수 있을 때 집단지성의 의미가 있다. 요컨대 집단지성은 조화로운 연관을 토대로 역동적인 인지적 협력의 결과를 말한다. 단순한 기계적, 집단적 협업의 결실과는 차별화된다. 따라서 참여자 개개인이 특별한 참여 의지가 없거나 참여자의 지성을 고양시키는 과정이 생략된 채 얻게 되는 산물이라면 의미가 없다.

집단지성은 집단이 모여서 하나의 통일된 의사를 결정하는 과정이 아니다. 다양한 의견들이 수용되는 과정에서 각자가 전혀 다른 결과를 얻게 되더라도 개인적 연구와는 다른 새로운 지식을 얻게 되고, 그 이후 다른 관점을 이해할 수 있는 포용력을 가지게 되는 데에 또 다른 의미가 있다.

집단지성은 반복적 성찰, 결정, 실천의 결과다

'지성'은 인간에게 부여된 고유한 능력인 '성찰', '결정', '실천'의 힘이며 지식을 생산하는 주체다. 성찰은 경험한 역사를 기억하고 비판하면서 현재와 미래의 사고와 행위에 있어서 오류를 반복하지 않도록 정보를 제공한다. 성찰의 과정에서 나온 정보를

---

[14] 참조 "양미경 (2010) '집단지성의 특성 및 기제와 교육적 시사점의 탐색'"

바탕으로 결정을 내리며, 실천은 성찰 과정에서의 기억과 비판을 실제의 행위로 이어지도록 한다. 따라서 지성은 기억하고 비판하며, 새롭게 시도하는 실제 행위로 이어질 때 지성으로서 가치가 부여되며 지식이 생산된다. 따라서 '성찰', '결정', '실천' 세 가지 요소가 충족되지 않았다면 지성이라 할 수 없으며, 그 결과는 지식이 아니다.

당연히 집단지성도 집단의 성찰, 결정, 실천의 반복적 과정이 필요하다. 이러한 과정은 다양성, 독립성을 바탕으로 한 통합된 지성이라 하더라도 예외일 수 없다.[15]

집단지성은 낭비를 최소화하며, 신속한 개선을 목적으로 한다

집단지성이라는 단어 느낌은 왠지 오랜 시간이 필요하고 복잡한 절차가 요구될 것 같다. 그러나 집단지성은 낭비의 최소화와 신속한 개선을 목적으로 하는 기술을 요구한다.

집단지성은 집단이라는 덩어리 속에서 불분명하게 선별되고 대략적으로 혼합되며, 전체를 어떤 특성으로 획일화하는 재조직이 더딘 몰(molaire)적[16] 관리를 거부한다. 대신에 거시적인 시각에서 전체결과에 영향을 미치는 미세함 흐름의 차이를 인식하고, 이를 통제함으로 실시간으로 즉각적인 개선이 가능하게 하는 분자적[17] 관리를 추구한다. 따라서 핵심을 정확하게 짚어내는 분자적 관리는 몰적관리에서 발생하는 대량의 폐기물과 찌꺼기를 최소화한다.

---

[15] PDCA Cycle의 철학과 같다.

[16] 통계 법칙에 따라 기능하여 정확한 미세함, 차이, 특이성의 효과를 버리는 경직된 침전화를 나타낼 때 쓰는 용어이다. 몰적 질서는 대상, 주체, 자신의 표상, 자신의 준거 체계를 한정짓는 지층화에 일치한다. (네이버 지식백과) 어떤 하나의 모델이나 특정 대상을 중심으로 모든 것을 집중해 가거나 모아가는 것을 말한다.

[17] 미세한 흐름을 통해 다른 것으로 되는 움직임(생성)을 지칭하는 것이다. 그러나 이러한 미세한 흐름은 반드시 작은 제도나 장치를 통해서만 이루어지는 것은 아니며, 사회 전반적인 분자적 움직임도 가능하다. 따라서 미시구조에만 집착하는 것이 아니라 다양한 크기의 구조 및 제도 속에서 흐르는 미시적 흐름을 중시한다.
예를 들어 '나는 안전만 챙길 거야' 하면서 다른 분야와의 관계를 고민하지 않는다면 몰적 관리이며, 현장 전반적인 흐름을 유심히 관찰하며 미세한 차이의 변화를 확인하고 어떻게 안전을 확보할 것인가를 고민하면 분자적 관리다.

집단지성은 권위와 위계, 경계로부터 자유롭다

집단지성은 소수의 지도층과 매스미디어의 야합을 경계하며, 소수의 의견에 대중들이 휘둘리지 않도록 공동체 내의 의사소통과 개개인의 깨어있는 문제의식을 필요로 한다. 역량이나 자질 문제의 접근방법에서도 누구도 전체에 대한 완벽한 지식이 없고 미래를 예측한다는 것은 불가능하므로 정확한 한 번의 예측에 의미를 두기보다는, 끊임없는 일련의 가정과 예측, 그리고 실행과 분석을 통해 자신을 탐구하면서 새로운 정보를 찾아내고, 상황의 변화를 실시간으로 따른다는 것이다. 따라서 지식, 사람, 정보가 권력으로 자리 잡지 못하도록 한다.

집단지성은 범주(종족, 직책, 계급, 직업, 분야 등)와 학문의 경계로부터 자유롭다. 인간 개인을 범주의 정체성으로 특징짓지 않으며, 실시간으로 조직되고 경계 간의 단절, 지체, 유예, 알력을 최소화한다. 또한 한 분야의 경계를 뛰어넘어 다른 분야 간의 이질적인 생각들이 충돌하고, 또 한편으로는 새로운 결합을 시도하여 새로운 발견에 이르게 하는 '교차적 사고'를 지향한다.

결과적으로 집단지성은 다양성에 대한 환대, 교차적 사고, 적극적 의사 표현, 평가, 실시간 조정, 수평적 연결, 그 과정에서 나오는 창조의 반복적인 Cycle로부터 나온다. 그러나 집단지성이라는 결실을 얻기 위해서는 모종의 까다로운 조건들이 갖춰져 있어야 한다.

2.1.3 집단지성이 성공하기 위한 까다로운 조건

대중에 의해 생성되는 정보는 검증의 과정을 거치지 않은 채 생성되고 유통되며, 균형감을 가지지 못하거나 다분히 감정적인 특성을 보이는 경우가 많다.

제임스 서로위키(James Surowiecki)[18]는 대중의 지혜를 호의적으로 바라보았다. 그러나 다양한 사고와 관점을 가진 사람들의 주체적인 참여와 이들 각각의 능력을 존중하면서 하나로 모을 수 있는 환경이 조성될 때 집단의 지성이 개인의 지성보다 훌륭하게 문제를 해결할 수 있다고 말한다. 찰스 리드비터(Charles Leadbeater)[19] 또한 독립적인 개인들이 지식을 공유하며, 다름을 인정하고, 적극적으로 참여하고 협력할 때 집단지성이 가능하다고 말하고 있다.

이처럼 집단지성이 개인의 부족함을 채워주어 불완전한 개인이 도달할 수 없는 영역으로 나아가기 위해서는 관료주의적 위계질서와 권력에서 벗어나고, 독립적이고 다양한 사유들이 상호 진작할 수 있는 여건이 조성되어야 한다. 이러한 관점에서 서로위키와 리드비터는 다양성, 독립성, 분산화와 통합을 집단지성의 핵심 가치로 받아들이며 다음과 같이 구체적으로 설명하고 있다.

---

[18] James Surowiecki(1967~) 미국 기자이며, 군중의 지혜(Wisdom of crowd)를 집필한 작가.
[19] Charles Leadbeater : 조직혁신과 창조성 분야의 세계적인 권위자이며 작가로서 '집단지성이란 무엇인가(WE-think)'의 저자.

- **다양성**

  집단이 내놓을 수 있는 해법의 범위를 확장시켜주며 기발한 아이디어로 문제 해결 방안을 제시하는 장점이 있다. 비록 경험이 부족하고 덜 유능한 사람이라 하더라도 새로운 관점과 생각을 가진 구성원을 조직에 포함시키면 조직이 더 현명해질 수 있다. 다양성은 단순히 다른 관점을 집단에 더하는 것뿐만 아니라 독립적 생각을 촉진함으로써 전체 집단에 공헌한다. 이는 집단이 영향력이나 권위, 조직에 대한 충성심에 의지하지 않고 사실에 근거하여 결정을 내릴 수 있게 하는 힘을 부여한다는 것이다. 더욱이 다양한 분야의 우수한 학문적 식견이나 수준 등을 공유하고 활용하는 학제 간 연구는 특정 분야 학문의 한계를 극복하는데 새로운 해법을 제시할 수 있다. 반대로 같은 사고를 하는 사람들의 집단은 그룹의 능력이 향상되지 않고 다른 해결책도 나오지 않으며, 똑같은 사고방식의 그룹은 대개 똑같은 지점에서 막다른 골목에 부딪힌다.

- **독립성**

  소수의 권위가 다수에 영향을 미치게 된다면 아무리 많은 사람이 모인다 해도 의미가 없다. 어떠한 권위를 추종하거나 종속되는 상황이 만들어져서는 안 된다. 또한 집단 토론을 거치게 되면 일반적으로 사람들의 편견은 더욱 증폭되며, 다수의 의견이 극단으로 치우칠 수 있다. 이러한 영향력을 배제하고 개인별 독립성을 확보하기 위해 각각의 의견을 동시에 제시하도록 한다.

- **분산화와 통합의 조건**

  독립된 여러 사람이 동일한 문제를 분산된 방식으로 해결방안을 제시하도록 하고, 이를 통합하여 얻어진 집단적 해법이 다른 어떤 해법보다 나을 가능성이 크다고 보았으며, 서로위키는 이를 '독립적인 개인과 현명한 군중'이라는 표현으로 압축하였다.

이와 함께 다양성과 독립성, 분산화와 통합을 담보할 수 있는 조건으로 '먼저 프로젝트 참여자들이 열정을 쏟아부을 만큼 프로젝트가 흥미로워야 하며, 지나친 다양성에 따른 혼란을 방지하기 위한 최소한의 자격 조건의 제한과 함께 개인들의 지식재산권이 충분히 보장되어야 한다고 말한다. 조직적인 면에 있어서는 다양성과 독립성을 적절히 통제할 수 있는 작은 그룹으로 핵심 조직이 구성되어야 하며, 단순하면서 효율적인 도구를 갖추어 저렴하면서도 신속하게 피드백이 이루어져야 한다'라고 말하고 있다.

그러면서 이처럼 다소 비현실적으로 보이는 까다로운 조건을 만족하지 못한다면 결과적으로 집단지성은 집단의사결정이나, 정보수집의 수준으로 끝날 수 있다고 경고한다.

2.1.4 집단지성의 현실

집단지성은 기존의 지식관에 대한 허구를 비판하는 시각을 가지고 있다. 보편성을 특이성과 동등하게 취급하며, 논리를 진리로 간주하지 않으며, 권위 있는 지식은 물론 권위자 또한 없다. 수동적이며 위계적인 상의하달 방식의 지성을 거부하며, 성찰을 통한 지식의 창조를 강조하고 있다.

그러나 집단지성의 실현을 이타적이고 이성적이며 공동체의 번영을 위해 자발적으로 노력하는 인간의 품성에 기댈 수 없다. 인간은 공동체를 위해 이성적이며, 이타적으로 행동하도록 진화하지 않았다. 게다가 특이함을 수용할 만큼 넉넉하지 않으며, 보편적 인식을 벗어난 생각은 쉽사리 용납하지 않는다. 그럴듯한 논리를 진리처럼 떠들어 대는 소리에 귀가 막혀 다른 소리는 들리지 않는다. 게다가 오랜 기간 지식에 직위를 부여하고, 어떤 지식을 유통하고 보관할 것인지를 결정하고 있는 전문가들의 독점적 지위는 견고하다. 이러한 현실에서 집단지성은 실현하기 어려운 유토피아적 담론으로 간주되어진다.

 게다가 집단지성의 성공조건이라는 다양성, 독립성, 분산화와 통합의 명확한 기준을 제시하기도 어렵다. 다양성을 인정하는 범위는 어디까지인지? 범위는 정할 수 있는 것인지? 다양한 의견을 수렴하다 보면 의사결정이 너무 늦어지게 되는 아닌지? 분산화와 통합의 수준은 어느 정도인지? 자질은 또 어떻게 판단할 것인지? 독립적인 개인이 모여 현명한 군중이 될 수 있는지? 어느 것 하나 쉽게 대답할 수 없다.

 그렇다고 집단지성을 회의적으로 바라보고 지레 포기할 필요는 없다. 비록 가는 길이 너무 멀고 걸음이 지독히 느리더라도 가야만 하는 길이기 때문이다.

 지나치게 까다로운 전제조건에 지레 겁먹을 필요도 없다. 완벽은 어디에도 없으며 모든 것에는 양면이 있다. 이면의 문제 때문에 시도조차 하지 않는다면 할 수 있는 것은 아무것도 없다. 집단지성이 궁극적으로 추구하는 것은 지식의 위계를 없애고 타인과의 상호작용을 통해 지식을 주체적으로 생성하는 것이다. 이러한 집단지성의 목적에 완벽하지는 않더라도 시도해 볼 가치 있는 아이디어들은 충분히 얻을 수 있다.

 정책이나 의사결정 과정에서 다양성을 확보하는 방안으로 제삼자나 다른 시각에서 현상을 바라볼 수 있는 다양한 분야의 사람들을 어느 수준 이상으로 포함하도록 하는 것부터 시작할 수 있다. 관심 있는 일반시민들을 참여시키는 공청회를 통한 정책 결정도 적용할 수 있다. 비록 그 효과를 정확히 예측할 수 없지만, 지금처럼 소수(관료나 전문가, 이익집단)의 의사결정에 따른 그동안의 폐해(정책의 오류나 이익집단의 로비에 의한 입법 등)를 생각한다면 최소한 그 수준 이하의 의사결정은 되지 않는다고 본다. 설령 의사결정에 문제가 있다 하더라도 주체적으로 결정한 문제이기 때문에 소외로 인한 절망감은 없을 것이다.

다음으로 모든 지성에는 필연적으로 오류가 있다는 것을 인정하는 것이다. 집단지성 또한 그럴 수 있음을 받아들여야 한다. 집단지성으로 도출한 결과의 실효성이 실시간으로 확인되고, 분석된 결과에 따라 또 다른 지성으로 대체되거나 상호작용으로 새로운 대안을 창출하는게 당연시 되어야 한다. 그럴 수 있는 프로세스와 시스템을 구축하려는 노력은 당장 시작할 일이다.

다른 모든 것처럼 집단지성 또한 완성된 형태로 존재하지 않으며 완성되어 가는 과정으로서 의미가 있다. 누군가 집단지성의 완벽함을 요구한다면, 이는 집단지성을 가로막는 교묘한 술책이다.

2.2 PDCA(Plan-Do-Check-Action) Cycle

> 어찌하여 그대는 타인의 보고만 믿고 자기 눈으로 관찰하거나 보려고 하지 않는가?
> -갈릴레오 갈릴레이(Galileo Galilei)-
>
> 진리는 결국 자신의 원인을 드러내기 마련이다. 그리고 무언가의 원인을 밝히는 것에만 관심을 쏟는 사람들은 그 이외의 일에는 관심을 두지 않는다. 진리를 찾는 것은 지난한 일이고 그것에 도달하는 길은 거칠기 짝이 없다.
> -갈릴레오 갈릴레이(Galileo Galilei)-

인류는 시행착오로 얻은 교훈을 잊지 않고 발전시키면서 살아남았다. 같은 실수를 두 번 하지 않으면서 조금씩 진보하는 것, 그것을 우리는 PDCA Cycle 혁명이라 부른다.

2.2.1 PDCA Cycle 출현의 철학적 배경

플라톤은 영원불변하고, 초역사적이고, 절대적이며 비물질적인 실제 또는 원형인 이데아가 객관적으로 실재한다고 믿었다. 반면에 이 세상에 있는 모든 것들은 물질적이고, 감각적이며, 상대적이고, 경험적인 존재들로 이데아의 그림자요 허상에 지나지 않는다고 보았다. 이처럼 플라톤은 비물질적이며 항구적인 속성을 지니는 이데아가 참된 실재라고 하면서 물질적 세계를 초월하는 절대적인 가치판단의 기준과 진리가 존재한다고 주장하였다. 이러한 참된 지식(이데아)은 인간의 영혼에 선험적으로 존재한다고 믿었다. 따라서 참된 진리(이데아)를 구하는 것은 인간의 영혼 속에 존재하는 이데아를 상기하는 것이었다. 이데아는 허상에 지나지 않는 현실 세계에서 도출되지 않으며, 오로지 정신을 통해서만 인식할 수 있다고 보았다. 이는 의식이 물질에 선행한다는 관념론[20]을 발달시켰으며, 질의응답으로 지식을 탐구하는 변증법 이 말은 그리스어의 dialektikē에서 유래하고, 원래는 대화술·문답법이라는 뜻이었다. 일반적으로 변증법의 창시자라고 하는 엘레아학파의 제논은 상대방의 입장에 어떤 자기모순이 있는가를 논증함으로써 자기 입장의 올바름을 입증하려고 하였다. 이와 같은 문답법은 소크라테스에 의해 훌륭하게 전개되고, 그것을 이어받은 플라톤에 의해 변증법[21]을 발전시켰다.

플라톤[22]의 영향으로 이후 대부분의 철학은 변증법의 한계에 제한받을 수밖에 없었다. 논쟁의 대상이 사실이 아니라 논리와 관련된 경우라면, 토론이 바로 진리를 끌어내는 좋은 방법이지만 경험과학을 변증법으로 다루기에는 분명히 적합하지 않았다. 버트런드 러셀[23]은 변증법의 한계를 다음과 같이 언급하였다.

'내 생각에 논리적 오류를 분별하는 능력은 일반 사람들이 생각하는 수준보다 실제 생활에서 훨씬 중요하다. 왜냐하면 논리적 오류는 오류를 저지르는 사람들이 주제를 다룰 때마다 단지 자기 마음에 드는 편한 의견만을 주장하도록 조장하기 때문이다. 논리적으로 일관된 이론 체계라도 얼마간 현재 통용되는 편견을 포함하면서 기존의 편견에 반대하게 되어 있다. 변증법, 혹은 일반인이 더 잘 이해하기 쉽도록 표현하자면 자유

---

20) 실체 혹은 우리가 알 수 있는 실체는 근본적으로 정신적으로 구성되었거나 비물질적이라고 주장하는 철학적 입장. 관념론은 마음, 정신, 의식이 물질세계를 형성하는 기초 또는 근원이라 주장한다.
21) 이 말은 그리스어의 dialektikē에서 유래하고, 원래는 대화술·문답법이라는 뜻이었다. 일반적으로 변증법의 창시자라고 하는 엘레아학파의 제논은 상대방의 입장에 어떤 자기모순이 있는가를 논증함으로써 자기 입장의 올바름을 입증하려고 하였다. 이와 같은 문답법은 소크라테스에 의해 훌륭하게 전개되고, 그것을 이어받은 플라톤에 의해 변증법은 진리를 인식하는 방법으로서 중시되었다.
22) 고대나 중세, 근대에 속한 모든 철학자에게 가장 큰 영향을 끼친 그리스 철학자. 버트런드 러셀은 플라톤을 '경외감을 거의 품지 않고 전체주의를 지지하는 사람'처럼 다룬다. 나심 탈레브는 그의 저서 '블랙스완'에서 회의론적 경험주의자와 대비시켜 이론을 중요시하고 신념에 따르며 진리를 알고 있다고 믿는 사람들을 '플라톤주의자'로 지칭한다.
23) Bertrand Russell (1872~1970) 철학자, 수학자, 사회운동가. 1950년 서양철학사, 인간 지식, 결혼과 도덕 등으로 노벨 문학상을 수상하였다.

로운 토론 습관은 논리적 일관성을 증진하기 때문에 유용하다. 그러나 새로운 사실의 발견이 목적이라면 소용없다.'

플라톤의 제자인 아리스토텔레스[24]는 관념론을 발전시키면서 연역법[25]을 지식의 원천으로 중요하게 생각하였지만, 동시에 자연현상을 경험하고 관찰함으로써 새로운 지식을 제공하는 귀납법[26]의 중요한 가치도 인정했다.[27] 그러나 신이 모든 것을 지배하던 중세에 와서 고대 그리스 철학과 학문은 기독교 신앙을 지키는데 부분적으로 선택되어 사용되었다. (신학 체계를 세우는데 연역적 방법을 활용하였고, 유물론적 색채가 있는 귀납적 방법은 배척되었다). 특히 신의 창조행위와 영원불멸, 행해진 기적을 부정할 수 있는 모든 철학과 학문을 받아들이는 것은 금기였다. 오직 진리는 신의 말씀을 전제로 출발하며, 전제를 검증하는 것은 용납되지 않았다. 따라서 진리는 보편원리인 대전제(신의 말씀)에서 연역적으로 추론이 가능할 때만 인정되었으며, 자연의 관찰과 경험으로 진리를 도출하는 귀납적 연구는 금기시되었다. 결과적으로 신의 말씀을 이해하는 것 외에 새로운 지식이 창조되지 못하였으며, 천 년 동안 지성의 암흑기가 이

---

[24] BC 384~ BC322 고대 그리스 철학자로 플라톤의 제자. 플라톤 이데아의 견해를 비판하고 변증법에 대한 부정적인 태도를 보이는 등 독자적인 입장을 취하였지만, 플라톤의 관념론에서 완전히 벗어나지 못하고 관념론과 유물론 사이에서 동요하였다.

[25] 일반원리에서 논리적인 방법으로 필연적인 결론을 유도해 내는 방법. 아리스토텔레스의 삼단논법 a=b, b=c, 그러므로 a=c로 대표되며, 불확실성을 회피하려는 경향이 강함. 논리가 진리다. 보편명제에서 특수 명제를 끌어낸다.

[26] 개별적인 특수한 사실이나 현상에서 그러한 사례들이 포함되는 일반적인 결론을 끌어내는 또는 역으로 보편성에서 구체성을 유도하는 추론 형식·추리 방법이다. 즉, 전제가 결론을 개연적으로 뒷받침하는 경우로 확률적 설명이라고도 한다. 귀납적 논증은 미괄식이라고도 하며 중심 내용, 주제 또는 결론이 뒤에 온다. 귀납이라는 말은 '이끌려가다'라는 뜻을 지닌 라틴어 'inductio, inducere'에서 비롯되었다. 곧 귀납은 개개의 구체적인 사실이나 현상에 대한 관찰로서 얻어진 인식을 그 유(類) 전체에 대한 일반적인 인식으로 이끌어가는 절차이며, 인간의 다양한 경험, 실천, 실험 등의 결과를 일반화하는 사고방식이다. 논리학에 있어서 연역법과는 달리 사실적 지식을 확장해 준다는 특징이 있지만, 전제가 결론의 필연성을 논리적으로 확립해 주지 못한다는 한계가 있다.

[27] 버트런드 러셀 '서양철학사 (2009)' 서성복 역 을유문화사

어졌다.[28]

　반면에 이슬람 세계에서는 종교와 민족의 구분 없이 우수한 과학자들을 우대하였으며, 고대 그리스 철학과 학문 또한 적극적으로 받아들이고 번역하는 등 활발한 연구가 아바스 왕조[29]에 의해 진행되어 이슬람 문화의 황금기를 이룩하였다.

　이와 같은 이슬람 세계의 개방적 분위기에서 이론적인 가설과 귀납적 추론을 증명하기 위한 실험이라는 검증 방법의 사용이 자유로웠다. 자연에서 관찰된 현상을 실험이라는 방법으로 확인하고, 반복적 검증을 통해 자연의 질서에 대한 지식을 객관적으로 정립할 수 있었다. 이슬람 세계의 과학자 중 실험물리학의 아버지로 불리는 이븐 알 하이삼[30]은 최초로 과학적 방법[31]을 사용하여 빛이 직진한다는 것을 추측이 아닌 관찰과 실험을 통해 증명하고 자연현상을 기록한 학자로 인정받고 있다. 그는 많은 저서

---

28) 아리스토텔레스의 권위는 교회의 권위만큼이나 이의를 제기하기 어려운 무소불위의 지위를 누렸기 때문에, 철학뿐만 아니라 과학에서도 진보를 가로막는 심각한 장애 요소였다. 17세기가 시작된 이래 지성사에 중요한 획을 그은 거의 모든 사상이 아리스토텔레스의 학설을 공격하면서 시작되었다. -버트런드 러셀-

29) AD 750년부터 1258년까지 존재한 이슬람 왕조. 여러모로 이슬람 문화의 눈부신 발전을 이룩한 업적을 남긴 왕조로 유명하다. 칼리파 알 마문에 의해 세워진 지혜의 집은 지식 탐구에 관심이 많아 종교나 민족과 관계없이 수많은 학자를 받아들이고 전폭적으로 지원하여 이슬람 황금기의 원동력이 되었다. 그 덕분에 바그다드는 무슬림, 기독교도, 유대인 등이 공존하는 인구 200만의 세계 최대 규모의 도시라는 영예를 누렸으며, 서유럽이 중세와 종교의 암흑기에 잠들어 있을 때 아바스 왕조 치하의 이슬람은 관용적이고 다채로운 문화를 향유했다. 게다가 아바스 왕조의 학자들이 고대 그리스, 로마 제국의 고서들을 죄다 모아 보존해둔 덕분에 유럽에서 사라질 뻔한 헬레니즘 문명의 지식이 그대로 보존될 수 있었다. 아바스 왕조가 고이 모아둔 고대의 지식은 훗날 다시 유럽으로 건너가 찬란한 르네상스의 바탕이 된다. 1258년에 훌라구가 이끄는 몽골군에 멸망하였다.

30) (965~1040) 아바스 왕조시대 학자. 초기에는 종교연구가였으나 교리에 대한 실망으로 종교에서 진리를 찾겠다는 희망을 버리게 되었다. 실생활에 도움이 되는 도구 설계에 지대한 관심이 있었고 광학, 천체 물리학, 과학적 방법론에 많은 업적을 남겼으며, 실험물리학의 아버지로 불린다.

31) 현상을 연구하고 새로운 지식을 구축하거나 이전의 지식을 모아 통합할 때 사용되는 기법으로, 경험과 측정에 근거한 증거를 사용하여 현상의 원리를 밝히는 과정이다. 과학적 방법을 사용하여 얻은 진리는 일반적으로 알려진 믿음이나, 종교, 신화 등의 진리와 다른 개념이다. 과학적 방법을 통하여 얻은 진리는 경험적이며 귀납적인 것으로, 여기에는 반증 가능성이 언제나 존재한다. 즉, 과학의 발전에 따라 과학 지식은 그 의미와 내용이 변할 수 있다.

에서 과학은 반드시 측정과 관찰을 통한 경험적 방법에 기초해야 함을 강조[32]하였으며, 다양한 분야에서 과학적 방법을 활용하여 많은 업적을 남겼다. 이러한 노력으로 그는 경험주의의 원리를 적용한 최초의 학자로 과학적 연구를 창조했다는 평가를 받는다.

이처럼 중세 이슬람에 의해 연구, 발전되어진 '과학적 방법'은 12~13세기 유럽으로 역수입되었고, 수많은 학자에게 영향을 미치며 르네상스로 이어지게 된다.

이븐 알 하이삼의 과학적 방법은 프랜시스 베이컨[33]에게 큰 영향을 끼쳤다. 베이컨은 관찰이나 실험에 바탕을 두지 않는 일반적인 명제를 '우상'[34]이라 하면서, 참된 지식에 접근하는 길을 가로막고 있는 편견이자 선입견이라 하였다. 프랜시스 베이컨은 연역적 논리에 의존하여 자연을 관찰하던[35] 당시의 과학 풍조를 비판하며, 진리에 이르기 위해서 거쳐야 할 세 가지 단계를 제시하였다.

첫 번째는 기존의 편견을 제거하는 것이고, 두 번째는 실험과 관찰로 얻어진 일반적인 사실로부터 일반적인 원리를 찾는 귀납적 방법을 사용하여 가설을 획득하는 단계다. 세 번째 단계는 가설로부터 새로운 관찰, 실험 결과들을 연역적으로 이끌어낸 뒤, 실제 경험 자료와 비교해서 가설을 정당화한다. 연역적 연구과 귀납적 연구의 복합적 활용으로 가설을 검증하는 방식은 20세기 PDCA Cycle 이론의 원형이라 할 수 있다.

---

[32] 이븐 알 하이삼은 과학에서 신념에 따른 어떠한 진술도 받아들이지 않았으며, 시험에 의해 증명될 때까지 모든 과학적 가정에 의문을 제기한다는 것을 분명히 하였다.

[33] Francis Bacon (1561~1626) 근대를 이전 시대와 단절된 새로운 세기로 만든 근대 과학혁명에 중요한 기여를 한 철학자. '아는 것이 힘이다'라는 말로 유명하며, 경험을 통해서, 직접 관찰하고 실험하면서 지식은 축적된다는 사상을 강조한 '경험주의' 철학자. 근대 귀납법의 창시자로 불리며 과학에 대한 철학으로 지식이 발달하는 방식에 관해 깊이 연구한 철학자로 평가되고 있다.

[34] 귀납 추론을 방해하는 네 가지 우상.
 1. 종족의 우상 : 사물들을 있는 그대로 보지 않고 선입견을 품고 보려는 인간의 경향
 2. 동굴의 우상 : 개인의 성격 때문에 오류를 범하는 것
 3. 시장의 우상 : 언어와 용법을 잘못 써서 생기는 혼동
 4. 극장의 우상 : 전통이나 권위에 대한 맹목적인 신뢰에서 생기는 문제

[35] 아리스토텔레스는 자연을 논하는 경우 유물론적 색채가 농후하였으나 중세암흑기에 철저하게 배척되었다.

갈릴레오 갈릴레이[36]는 관찰과 실험이라는 과학적 방법을 자신의 연구에 활용하여 당시 지배적이었던 프톨레마이오스와 아리스토텔레스의 이론인 지구중심설(천동설)에 반대하는 코페르니쿠스의 이론(지동설)을 지지하였으며, 피사의 사탑에서의 낙하 실험을 통해 '무거운 물체가 가벼운 물체보다 더 빨리 떨어진다'라는 통설이 오류임을 증명하는 등 기존의 과학 발전을 가로막던 편견들을 제거하였다.

이처럼 유럽의 많은 나라가 16세기 이후 나타난 과학혁명으로 급작스러운 기술의 발전과 함께 강력한 힘을 가지게 되었다. 그 바탕은 스스로 무지를 인정하고, 기존의 진리를 비판적 시각으로 검증할 수 있었던 용기로부터 시작되었다. (반대로 유럽 제국주의에 희생된 아스텍인과 마야인들은 스스로 세상을 다 알고 있고, 세상 대부분을 자신들이 지배하고 있다고 믿었으며, 이러한 신념은 그들이 멸망할 때까지 변하지 않았다.)

> 모든 것은 경험으로부터 시작하지만, 경험만으로 끝나지 않는다.
> -임마누엘 칸트-

신의 그늘에서 벗어난 르네상스 시대의 과학혁명은 모든 분야에서 지식을 생성하는데 새로운 패러다임을 제공하였으며, 프랜시스 베이컨으로 대표되는 경험주의 철학이 나타나게 되었다. 그러나 지나친 경험주의는 회의주의로 흐를 수 있다는 비판이 일었다. 임마

---

36) Galileo Galilei (1564~1642) 이탈리아의 철학자, 과학자, 물리학자, 천문학자이다. 그의 최대 공적은 과학적 연구 방법으로써 보편적 수학적 법칙과 경험적 사실의 수량적 분석을 확립한 점에 있다고 평가되며, '근대 관측천문학의 아버지', '근대 물리학의 아버지', 또는 '근대 과학의 아버지'라 불린다.
37) Immanuel Kant (1724~1804) 근대 계몽주의를 정점에 올려놓고 독일 관념 철학의 기반을 확립한 프로이센의 철학자이다. 계몽주의란 중세적 질서에서 벗어나 합리적으로 생각하고 행동하자는 사회운동을 말한다.
38) 이성을 지식 제일의 근원으로 보는 견해를 말한다. 합리론에서 진리의 기준은 감각적인 것이 아니라 이성적이고 연역적인 방법론이나 이론으로 정의된다.
39) 감각의 경험을 통해 얻은 증거들로부터 비롯된 지식을 강조하는 이론이다. 합리론(합리주의)이 인식의 원천을 오직 이성에서만 추구하는 것과 대립한다.

누엘 칸트[37]는 전통적인 합리론[38]과 경험론[39] 모두를 비판하였다. '경험에 바탕을 두지 않는 사유는 내용이 없어 공허하고, 지성의 능동적 활동에 따른 개념이 없는 경험은 틀과 형식이 없어 맹목적이라며, 이 둘을 종합하여 인간은 경험(내용)을 바탕으로, 경험과는 상관없는 타고난 인식 능력(형식)의 능동적이고 자발적인 활동을 통해 보편적 진리에 도달할 수 있다'[40] 라는 계몽주의 계몽주의[41] 철학을 발전시켰다. 칸트는 그의 저서 '순수이성비판'에서 사람은 대상을 있는 대로 인식하지 않고 아는 대로 인식하면서 믿어버린다며, 인식을 객관적일 수 없는 개인의 특성에 따른 주관적 산물로 설명하였다. 따라서 경험으로 확인되었다거나, 사유로 깨달았다고 해서 진리일 수 없으며, 경험과 이를 냉정히 통찰할 수 있는 사유라는 이성적 검증과정을 통해서만이 진리를 찾아갈 수 있다고 주장하였다.

칸트의 계몽주의 철학은 미국의 철학가 찰스 샌더슨 퍼스(C.S. Peirce)[42], 윌리엄 제임스(William James)[43]에 영향을 미치며, 실험, 실천, 그리고 행위를 의미하는 그리스어 프라그마(pragma)에서 가져온 프래그머티즘(pragmatism)이라는 미국의 실용주의 철학[44]

---

40) 공자는 논어에서 '質勝文則野 文勝質則史 文質彬彬 然後 君子'라며, 내용과 형식의 조화를 말하고 있다. 이는 경험과 사유의 조화를 강조하는 칸트의 철학과 일맥상통하고 있다. 공자와 칸트는 2000년이 넘는 시간의 차이가 있지만, 인간의 사유는 계속해서 맴돌고 있다.

41) 계몽주의(啓蒙主義, Enlightenment)는 이성을 통해 사회의 무지를 타파하고 현실을 개혁하자는 일종의 사상운동이다. 이 운동에 관여한 구성원들은 자신을 스스로 진보주의적 엘리트로 생각하는 경향이 있었다. 이들은 이전 세기의 비합리성, 독단성, 불분명성, 미신에 맞서 싸웠고, 그로 인해 종교적, 정치적 박해를 받았다. 이러한 노력은 18세기 말에 발생한 미국 독립 전쟁과 프랑스 혁명에 큰 영향을 미쳤다. 시간이 흐른 오늘날에도 현대인들의 기본적인 세계관에는 계몽주의적 사고가 상당 부분 내재되어 있다.

42) Charles Sanders Peirce (1839년~1914년)은 미국의 철학자이다. 현대 분석철학 및 기호논리학의 뛰어난 선구자 중 한 사람이며 프래그머티즘 창시자. 세계를 진화하는 것으로 파악한 퍼스는 확고부동한 진리를 찾으려는 시도 자체를 비판하였다. 진화하는 세계의 속성에서 확고부동한 진리의 가능성을 부정하였다.

43) William James (1842년 ~ 1910년) 미국의 철학자, 심리학자이다. 프래그머티즘 철학의 확립 자이며 미국 심리학의 아버지로 불린다. 진리는 선의 한 종류이며 좋은 결과를 가져오는 거라고 설명한다.

44) 행위의 실제적인 효과-효용을 중요시하는 사상. 의사결정에서 과정의 도덕성보다는 결과의 이로움을 선택한다. 프래그머티즘과 실용주의는 같은 의미다.

을 태동시켰고, 미국적 사고방식과 행동양식의 원천이 되었다.[45]

프래그머티즘 사상의 근본적인 가치는 관용이었다. 미국의 종교적 편협에 반대하는 관용이라는 가치를 실용주의적 사고방식으로 대체하고자 했던 것으로 이는 어떤 독단적인 학설에 인간의 정신을 예속하는 것을 적극 반대하며, 자유롭고 개방된 마음으로 세계를 대하면서 앞길을 개척해 나가도록 고무한다. 또한 어떠한 과학적 결론도 최종적인 진리로 보려 하지 않고, 확실한 증거를 바탕으로 검증된 결론은 그 어느 것을 막론하고 받아들이는데 인색하지 않았지만, 복잡한 세계에서 여러 가지 다른 결론을 내릴 수 있다는 것 또한 인정하였다.[46]

한발 더 나아가 우리는 누구나 과거에 누적된 진리에 의지하여 살아가지만, 앞으로 나아가면서 새로운 진리를 추구하려는 노력이 없다면 과거의 진리는 오히려 새로움을 바라볼 수 없게 만드는 가림막이 될 수 있음을 말하고 있다. 마찬가지로 경험에 대해서도 경험의 끊임없는 검증을 강조하며, 경험의 모방과 재현에서 벗어날 때 경험의 의미가 있다는 말은 시사하는 바가 크다.

C. 루이스 실용주의 아이디어는 월터 슈하트(Walter A. Shewhart)[47]와 에드워즈 데밍(W. Edwards Deming)[48]에게 많은 영향을 미치게 되며, 추후 PDCA Cycle의 이론적 기초가 된다.

---

[45] 실용주의 철학은 시간 공간을 초월한 절대적 진리는 없으며, 진리의 기준은 오로지 우리의 실생활에서의 유용성에 두어야 한다는 것이다. 따라서 진리는 상대적이며 변화하는 것으로 인식한다.

[46] 노자의 도덕경에 '무위 무불위(無爲 無不爲) 억지스럽지 않다면 이루지 못할 것이 없다.'라고 말한다. 실용주의 철학은 도덕경의 미국판 해설서가 같다.

[47] Walter A. Shewhart(1891년 – 1967) 미국의 물리학자, 엔지니어 및 통계학자, 통계 품질 관리의 아버지로 불린다.

[48] Dr. W. Edwards Deming(1900~1993) PDCA Cycle의 골격을 정립한 품질관리의 권위자.

2.2.2 PDCA Cycle의 진화 [49]

> 매일 하던 일도 어떤 날은 수월하고 어떤 날은 어렵다. 그 무수한 감정과 상황의 변화를 겪으면서 사람은 조금씩 성숙해진다. 결국 한 인간을 성숙하게 만드는 힘은 대단하고 특별한 체험이 아니라 일상을 꾸준하게 살아내는 반복 학습에서 나온다.
> -조르조 모란디 [50]-

실용주의 철학의 영향을 받은 슈하트는 품질관리에 적용할 슈하트 Cycle(Shewhart Cycle)의 첫 번째 버전을 1939년에 발표한다. 슈하트는 제품의 사양을 설정하고 생산하며 생산된 제품의 품질 적합성을 확인하는 당시의 직선적 관리로는 정해준 품질기준의 적합성만 확인될 뿐 품질의 수준을 높이는 개선을 가져올 수 없음을 간파하였다. 이에 사양을 결정하고 생산하고 검사하는 과정에 각각의 가설을 만들고, 수행하는 과정에서 가설을 검증하는 행위를 반복적으로 수행하며, 시행착오를 통해 품질을 향상시키는 슈하트 Cycle을 제시하였다(그림 III-1). 이는 기존에 발전되어오던 귀납적 과학연구를 산업에 적용하는 체계를 이론적으로 정립하였다고 할 수 있다.

그림 III-1 Shewhart Cycle

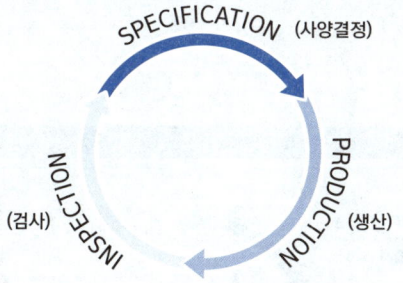

---

49) Ronald Moen, Clifford Norman "Evolution of the PDCA Cycle" (2006)에서 편집하여 인용함.
50) Giorgio Morandi (1890~1964) 이탈리아의 화가. 외부의 운동이나 유행으로부터 영향을 받지 않고, 자신만의 개인적인 양식을 고수하였으며 20세기 회화에 많은 영향을 끼침.

슈하트의 영향을 받은 Deming은 1950년 Shewhart Cycle을 수정하여 생산품 설계 (Design of the product) → 제조(Make it) → 시장출하(Put it on the market) → 시장을 통한 연구 실험 Test it through market research → 시장조사를 통한 재설계(Then redesign the product) 라는 4단계 Cycle(그림 Ⅲ-2)을 제시하였다. 데밍Cycle은 소비자가 만족할 정도의 제품 품질과 서비스의 달성은 4단계 Cycle의 지속적인 상호작용과 끊임없는 반복 수행에 있음을 말하고 있다.

> 생산품 설계, 재설계
> 적절한 시험을 통한 생산설계(pilot test), 재설계
> ↓
> 제조
> 생산라인과 실험실에서 지속적인 검사를 병행
> ↓
> 시장출하
> 시장출시
> ↓
> 시장조사
> 사용자의 추가적인 요구사항과 비사용자의 원인 확인

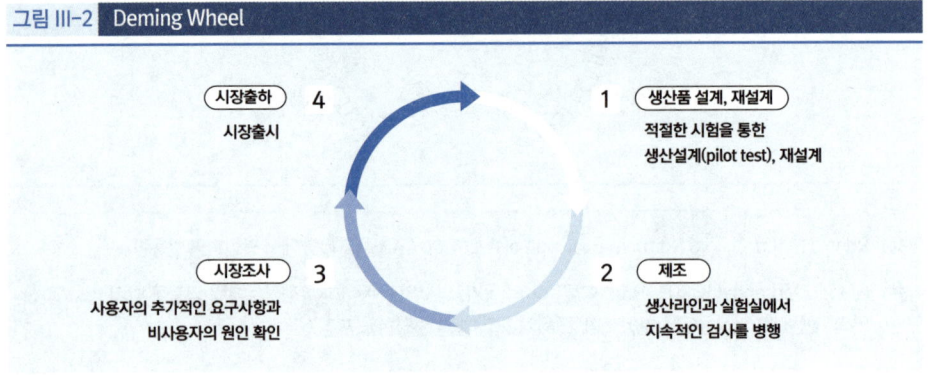

그림 Ⅲ-2 Deming Wheel

데밍 휠(Deming Wheel)은 1951년 일본인들에 의해 생산품 설계는 계획(Plan)으로, 제조 및 시장 출하는 시행(Do)으로, 시장을 통한 연구 실험은 검토(Check)로, 재설계는 개선(Action)으로 변경하여 (그림 III-3) 이를 PDCA Cycle로 규정하였다.

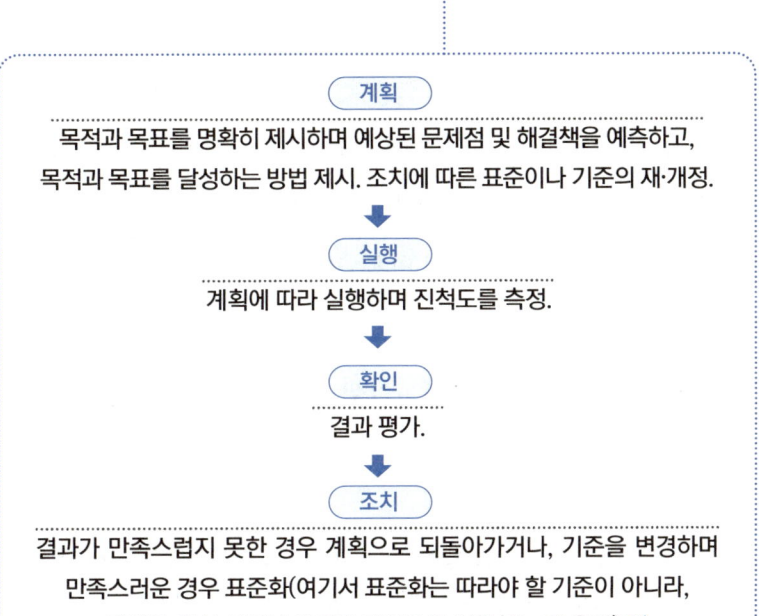

그림 III-3 | Japanese PDCA Cycle

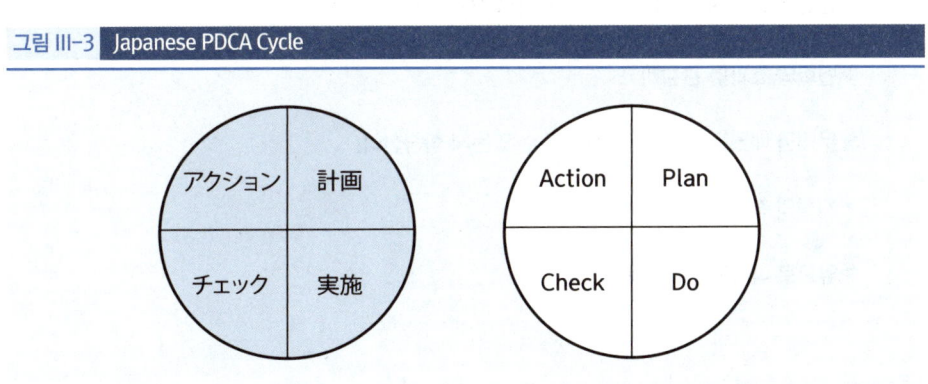

51) '기준과 표준이 6개월 이내에 개정되지 않았다면, 그것은 누구도 진지하게 표준과 기준을 활용하지 않았다는 증거다'라는 이시카와의 언급처럼 일본의 PDCA Cycle은 무엇이든 굳어지는 것을 극도로 경계하였다.

1960년대까지 일본의 PDCA Cycle은 다양한 품질개선 방법들과 연결되면서 품질개선의 토대가 된다. 이후 PDCA Cycle이 다양한 산업 분야에 활용되고 서구에서도 과학적 개선의 도구로 인식되어 널리 퍼지게 되었다. 그러나 이 과정에서 Check 단계에 대한 인식의 오류가 발생하게 된다. 즉 Check라는 의미가 실행 결과의 단순 평가, 즉 계획대로 시행되었는지 확인하며 차이가 있으면 분석을 위한 대기(hold back)의 기능으로 잘못 활용되고 있었다. 그러나 Check 단계는 깊이 있는 관찰과 분석으로 지속적 개선을 위한 지식을 축적하는 단계이다. 따라서 관찰의 결과를 지나치게 확대해석하지 말고, 반복적으로 수행하면서 새롭게 분석하고 개선한다는 PDCA Cycle의 근본 철학에 반하는 것이었다. 이런 문제점을 간파한 데밍은 1986년 Check 단계가 변화와 효과를 관찰하며 개선을 위한 공동의 노력이라는 의미를 명확히 한 수정된 <u>슈하트 Cycle</u>(그림 III-4)을 발표하였다.

- 가장 중요한 목표가 무엇인가? 어떤 변화가 요구되는가? 어떤 데이터가 활용될 수 있는지? 새로운 관찰이 필요한지? 계획이나 테스트 방법의 변경이 필요한지? 관찰의 결과를 어떻게 사용할지를 확인한다.
- 결정된 변경 혹은 테스트 수행(가급적 작은 규모로 수행)
- 변화와 효과를 관찰하고
- 무엇을 배웠는지, 무엇을 예측할 수 있는지 학습한다.
- 지식의 축적과 함께 반복
- 앞으로 나아가면서 반복

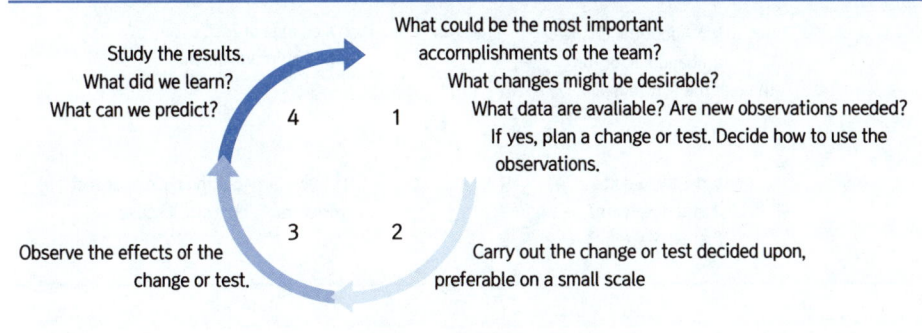

그림 III-4 | Shewhart Cycle : Deming, 1986

데밍은 1993년 슈하트 Cycle을 다시 수정하며 Check를 Study로 변경하는 PDSA Cycle을 발표하였다. PDSA Cycle은 성공 여부와 관계없이 필요한 변화를 구현하며 정해진 진리를 찾아가는 과정이 아니라, 새로운 길을 개척하며 진리를 지속해 창조하는 과정이라 정의하였다.

단계별로 정리하면,

PLAN
개선을 위한 계획 변경과 실험

DO
변경계획과 실험 수행(가능한 작은 규모로)

STUDY
무엇을 배웠고, 무엇을 잘못했는지

ACT
변화를 받아들이거나 잘못된 변화를 포기하거나 다시 Cycle을 수행한다.

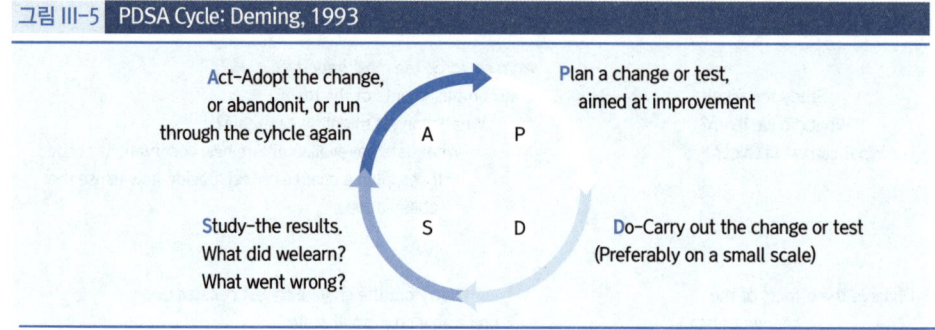

그림 III-5 PDSA Cycle: Deming, 1993

이후 랭글리(Jerry Langley)[52]와 놀란(Thomas William Nolan)[53]은 이전의 PDSA Cycle을 가다듬어 PDSA Cycle 1994(그림 III-6)를 1994년에 제시하였다. 개정 모델에는 기존의 PDSA Cycle을 좀 더 효과적으로 수행하기 위한 구체적인 단계별 내용이 추가되었다. 계획단계에 계획의 근거를 제시하도록 하여 계획의 검증을 쉽게 할 수 있도록 하였고, 수행과정에서 수집해야 할 정보를 구체적으로 인식할 수 있도록 하였다. 또한 'STUDY' 단계에서 분석 결과 또한 검증하기 쉽도록 관찰 결과, 학습 결과를 문서화하도록 하고 있다.

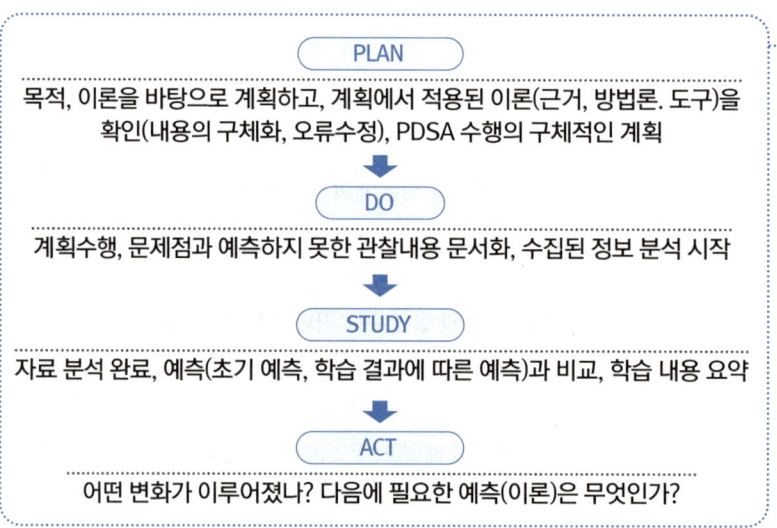

---

52) API(Associates in Process Improvement) 회원
53) API(Associates in Process Improvement) 회원(1947~2019)

그림 III-6　PDSA Cycle 1994

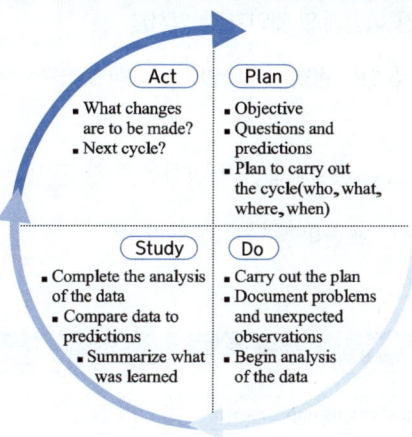

이후 모엔과 놀란은 PDSA Cycle의 본질적인 목적이 개선임을 잊지 않도록 하는 장치를 추가하였다. 즉 우리가 궁극적으로 도달하고자 하는 목적을 잊지 않으며, 현재의 노력이 개선이라는 긍정적인 변화를 가져오고 있는지 실시간으로 확인할 수 있어야 하며, 많은 시도와 노력 모두가 올바른 변화를 가져오고 있는지 확인하는 세 가지 질문을 추가한 모델을 제시하였다(그림 III-7).

그림 III-7　Model for Improvement, 1996, 2009

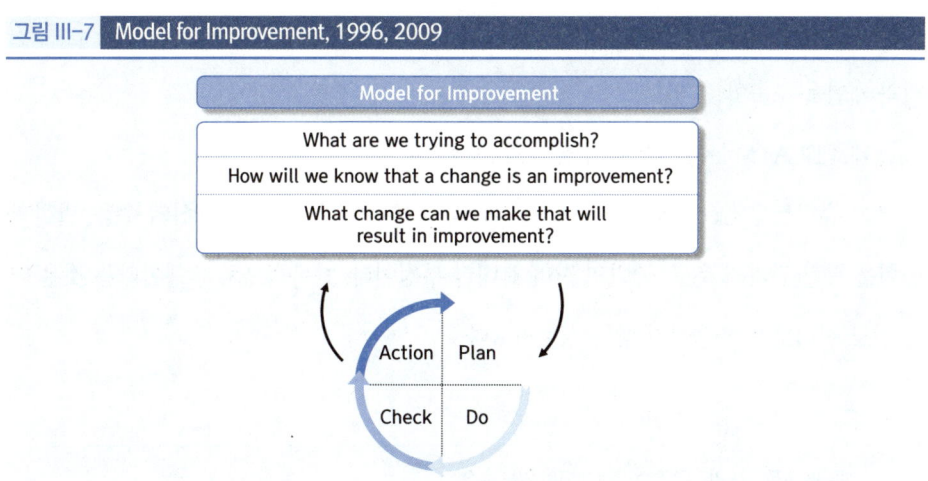

- ☑ 우리가 성취하려고 하는 것은 무엇인가(목적)?
- ☑ 변화가 개선이라는 것을 어떻게 알 것인가(현 위치)?
- ☑ 개선의 결과를 가져올 수 있는 변화는 무엇인가(필요한 노력)?

단순하게 설명하면 PDSA Cycle은 점진적 개선을 위한 끊임없는 노력이다. 이러한 개념을 이해하기 쉽게 그림으로 표현하면 다음과 같다.[54]

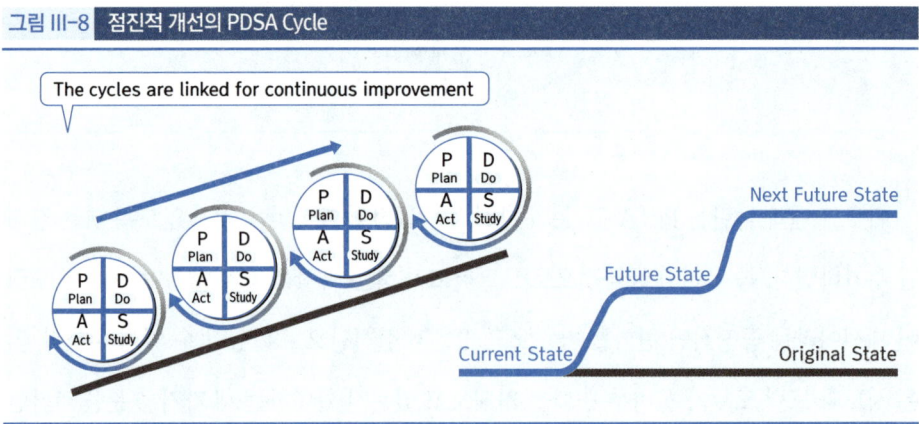

그림 III-8 점진적 개선의 PDSA Cycle

2.2.3 PDCA Cycle 원리 및 개념

지금까지 들여다본 PDCA Cycle의 철학적 배경과 발달과정에서 다음과 같은 근본 원리와 개념을 도출할 수 있다.

첫째, PDCA Cycle은 실용주의 철학을 근간으로 한다.

초기 슈하트 Cycle의 배경이 되었던 철학의 근본 개념은 관용, 다양성의 수용, 관찰과 실험을 통한 진리의 추구, 불변의 진리에 대한 부정이다. 반복적으로 수행한다는 것은 어느 것도 진리로 받아들이지 않는다는 의미다.

---

[54] 영원불변의 진리가 있다면 진보라는 개념이 있을 수 없다.

둘째, PDCA Cycle은 계획과 실천 방식을 끊임없이 업그레이드시키면서 지속적인 개선을 이루어 가는 노력이다. 따라서 언제나 검증할 수 있도록 모든 정보는 문서로 만들어지고 투명하게 공개되어야 한다.

셋째, 과거의 성공과 실패에 지나친 의미를 부여하지 않는다. 상황에 따른 결과로 참조될 뿐이다.

PDCA Cycle에서 도출된 결과는 현상을 바라보는 관점에 따라 다양한 결과가 도출될 수 있으며, 특정한 상황의 결과일 수 있다. 이러한 이유로 도출된 결과는 하나의 경험 지식으로 축적될 뿐이다. 그러한 지식이 진리처럼 의사결정에 활용되어서는 안 된다. 따라서 점검(check)기능이 계획과 수행과정에서 성공과 실패에 대한 평가와 이를 바탕으로 한 통제의 수단이 아닌, 학습을 통한 지식의 축적과 창조의 과정으로 인식되어야 한다.

넷째, PDCA 각각의 단계마다 검증이 수행된다.

계획단계에서 계획의 적정성을 검증한다. 수행단계에서 계획의 현장 적합성을 검증[55]하며, 학습 단계에서 계획과 수행 결과를 검증하고, 조치단계에서 계획, 수행, 학습 단계를 검증[56]하도록 하고 있다. 더욱이 2009년의 Model for Improvement에서는 목적하는 방향으로 올바르게 전진하고 있는지, 잘못된 노력이 없는지 끊임없는 확인을 요구하고 있다.

지금까지의 고찰을 종합하면 PDCA Cycle의 개념을 다음과 같이 정의할 수 있다.

"PDCA Cycle은 절대 진리에 대한 부정에서 시작한다. 진리란 없으며 지식만 있을 뿐이다. 지식 또한 주어지는 것이 아니라, 수행과 관찰의 결과다. 그러나 어떠한 경험과 지

---

[55] 계획의 문제점과 관찰과정에서 예측하지 못한 문제점의 문서화를 수행단계의 주요 내용으로 정의하였다.
[56] ACT(개선) 단계에서 학습된 내용이 어떤 변화를 가져왔는지, 그 변화가 개선과 연결되고 있으며 목표를 향해 가고 있는지 검증하도록 하고 있다.

식도 편견과 편향에서 벗어날 수 없다. 따라서 PDCA Cycle은 기존의 지식과 경험의 검증을 실질적으로 경험할 것을 요구하며, 그러한 이론과 경험의 반복적 검증으로 새로운 지식이 창조되고 축적되도록 한다."

2.2.4 PDCA Cycle의 현실

인류는 수많은 시도와 시행착오의 반복 속에서 축적된 지식으로 과학과 기술의 발전을 가져왔지만 발전의 속도는 지독하게 느렸다. 문명의 시작과 함께 5000년의 시간 동안 미미한 발전만 있었을 뿐이다. 그러다 PDCA Cycle의 근본 철학이 도입된 과학혁명(르네상스) 이후에는 그 이전의 발달에 비해 과히 혁명적이라 평가할 수 있을 만큼 급격하게 과학과 기술이 발전하였으며, 산업혁명 이후에는 가속도가 붙어 발전하고 있다.

그러나 계획을 세우고 실행하며, 현재의 상태를 진단하고 분석하여 개선방안을 찾아 지속해서 성과를 향상시킨다는 것이 생각처럼 쉽지 않다. 개인적으로 잘못된 습관 하나 고치는데도 몇십 년이 걸리며, 몇백 년 동안 수많은 사람의 피땀 어린 노력에도 사회의 모순과 부조리는 여전히 사라지지 않고 우리 곁에 남아있는 게 현실이다. 산업분야의 혁신과 변화 또한 수많은 노력에도 그리 쉽게 변하지 않으며, 진척은 더디기만 하다. 더욱이 리스크관리, 건설사업관리처럼 복잡한 현상들이 상호의존적으로 얽혀있어 겉으로 드러나는 사실과 사실의 배후인 실체적 본질 즉 진실을 쉽게 찾을 수 없는 경우 수많은 개선의 노력이 교묘하게 왜곡되어 개악을 가져오기도 한다. 이처럼 우리가 일상적으로 실행하고 있는 PDCA Cycle이 많은 경우 올바르게 활용되지 못하고 있다.

그렇다면 PDCA Cycle을 실천하는 과정에서 어떤 문제가 있어 그 역할을 다하지 못하거나 오히려 개악을 가져오게 하고 있나?

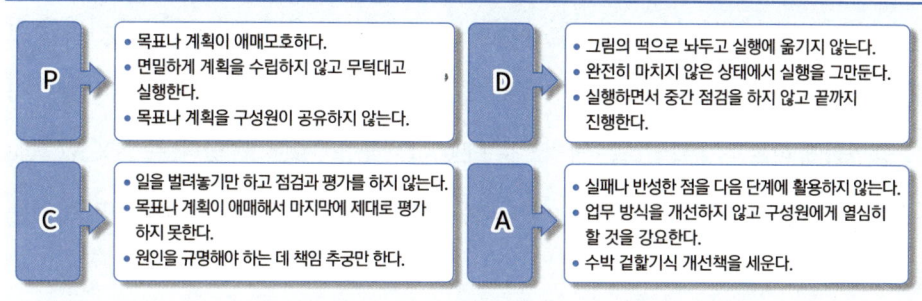

부실한 계획, 지나치게 완벽한 계획에 집착, 느슨하고 모호한 목표, 실행과정에서의 게으름, 점검단계가 원인을 규명하기보다는 책임 추궁에 집중, 피드백 방법의 문제, 부정확한 원인 규명과 부실한 대책, 폐쇄적 활동, 느리게 돌아가는 Cycle 속도, 협업의 부족 등이 주로 언급되고 있는 문제들이다. 이런 문제들이 단독적으로 혹은 복합적으로 작용하며 개선을 위한 활동을 방해하고 있다는 것이다.

나 또한 전적으로 공감한다. 그런데 여기서 왜? 이런 문제가 생길까 하는 본질적인 질문이 필요하다고 본다. 그 질문에 답하려는 과정에서 좀 더 실질적인 해법을 찾을 수 있다고 본다. 이에 내가 생각하는 문제의 본질을 설명해본다.

첫 번째는 PDCA Cycle 근본철학과 개념을 충분히 이해하지 못하면서 껍데기만 활용하고 있는 문제다. PDCA Cycle의 밑바탕에 실용주의 철학이 있다는 사실을 알지 못하고 있는 것이다.

두 번째로 근본 철학을 이해하고 있더라도 현실에서 그 철학을 실천하기 쉽지 않다는 것이다. 즉 '우리는 모른다'라는 인식에서 출발해야 하지만, 누구나 알고 있다고 생각한다. 더욱이 개선하려는 깊이 있는 노력을 지속한다는 것 또한 인간의 본성에 부합하지 않는다. 하던 대로 하는 게 편하고 이러한 편함을 쉽게 선택하는 게 인간의 본능이다.

세 번째로 개혁과 변화를 두려워하는 기득권의 고의적 외면과 무시, 그리고 왜곡에 있다고 본다. '사람은 완벽하게 불완전하다'라는 과학적 사실을 무시하고, 마치 완벽한 전문가와 계획이 있는 것처럼 정해준 기준과 규정을 강요하고 있는 게 현실이다. 더욱이 이를 충실하게 따르는지 확인하는 방법으로 PDCA Cycle을 활용하고 있다. 즉 PDCA Cycle이 개선과 혁신의 도구가 아닌 기존의 지식을 고수하는 도구로 왜곡되어 활용되고 있는 문제다.

마지막으로 PDCA Cycle의 개념과 철학을 수용할 수 있는 사회 시스템의 부재에 있다. 다양성을 수용하고 보편성과 특이성이 모두 조화롭게 공존할 수 있는 제도적 뒷받침이 없다. 다양한 학제 간 연구나 이질적 사고를 받아들여 융합하고 새로움을 창조할 수 있는 열린 광장이 없다. 배타적이고 폐쇄된 그들만의 영역에서 PDCA Cycle을 적용하고 있다.

2.3 넛지(Nudge)

2.3.1 넛지의 출현

국부론의 저자 애덤 스미스(1723~1790)는 인간의 경제활동은 자기 이익을 추구하는 이기심에서 비롯된다고 보았다. 여기서 말하는 이기심은 일반적으로 우리가 이해하고 있는 이기심과 다른 것으로 '체계적인 계획과 합리적인 판단에 기초하여 목표 달성을 위해 최선을 다한다.'라는 의미다. 고전경제학에서는 이러한 인간을 '경제적 인간(homo economicus)'이라 표현하였다. 즉 애덤 스미스는 인간을 합리적인 존재로 전제하고 시장은 이러한 인간의 합리성에 의해 효율적으로 운영된다고 보았다. 또한 '보이지 않는 손'[57]으로 표현한 인간의 이성을 신뢰하였으며, 따라서 시장은 시장의 자유에 맡겨야 한다는

[57) 모든 사람이 사적인 이익을 추구하지만, 양심과 이성, 그리고 동감이라는 '보이지 않는 손'에 의해 공동체 전체의 이익을 위하는 방향으로 움직이게 된다.

주장이었다. 이러한 인간의 합리성 가정은 많은 논란에도[58] 불구하고 고전 경제학 이론의 기본전제가 되었다.

인간의 합리성을 바탕으로 한 시장 자유주의는 1929년 세계 대공황으로 힘을 잃고, 기업가들의 이성에 의지하지 않고 국가가 전적으로 시장에 개입하는 케인스학파[59]의 경제이론이 힘을 얻게 되었다.

그러나 1970년대 오일쇼크 등으로 세계 경제가 휘청거리며 케인스학파의 경제이론은 또다시 시카고학파[60]를 중심으로 하는 신자유주의 경제이론에 의해 밀려나게 된다. 신자유주의의 기본전제는 사람은 자신에게 최대한 이익이 되는 선택을 하거나, 적어도 다른 사람이 대신해 준 선택보다 나은 선택을 한다는 가정을 기반으로, 정부의 개입을 최소화며 시장적 가치를 강조한다. 신자유주의 경제 논리의 중심에 있던 시카고 대학은 세계 경제에 이바지한 공로로 29명의 학자가 노벨경제학상을 수상하게 된다. 그러나 1980년대와 1990년대 세계 경제에 가장 큰 영향을 미쳤던 신자유주의 논리도 2008년 거대 금

[58] '애덤 스미스의 사상 내부에 경제적 자유주의 요소가 포함된 것은 사실이지만 자유주의를 내세운 진정한 본질은 '정의, 자유, 안전, 평등'의 가치를 사회적으로 구현하는 것이었다. 17세기 유럽 국가들이 부국강병을 내세우며 정치권력과 특정 이해관계자들이 결탁하고 국가의 법과 강제력을 활용하여 이권을 도모하는 행위들이 지속되고 있었다. 이처럼 국가권력과 특정 집단의 야합에 의한 수탈에 저항할 목적으로 국가의 개입을 최소화하는 시장 자유주의를 말하였던 거다. 그러나 대체로 텍스트 및 문헌 중심의 환원주의적 해석(다양한 현상을 하나의 원리나 요인으로 설명하려는 경향)으로 본질에서 벗어나 활용되고 있다. - 김광수 '애덤 스미스' (2015)-

[59] 20세기 영국의 경제학자이자 정부 자문역인 존 메이너드 케인스의 이론 및 그 이론을 이어받은 케인스학파의 경제이론을 말한다. 케인스학파는 고전학파 이론의 공급을 중요시하는 친기업적인 정책을 비판하면서 대공황의 타개를 위해 정부가 민간경제에 대하여 보다 적극적으로 간섭하고, 정부지출을 늘려 유효수요를 창출함으로써 대량실업을 없애고 완전고용을 달성할 것을 제창하였다. 케인스의 일반이론은 주로 1930년대의 자본주의 경제의 병폐인 불완전고용, 즉 불황을 주로 분석의 대상으로 삼았다는 데서, '불황의 경제학'이라고 평하는 학자도 있다. 동 이론은 세계의 많은 나라의 경제정책에 이론적 기초를 제공하여 새로운 경제정책을 수립하게 하였다. [네이버 지식백과] 케인스 경제학

케인스학파는 자본가들의 투자는 그들의 감각을 따르지, 임금이 낮아지고, 인플레이션이 낮아진다고 투자하지 않는다고 주장한다.

[60] 시카고대를 중심으로 발생한 경제학파. 정부의 개입보다 민간의 자유로운 경제활동을 지지함[네이버 지식백과]

융위기 이후 거대기업의 도덕적 해이, 자본 권력의 국가정책에 대한 영향력 강화, 부의 불평등과 시장의 한계를 드러내면서 세계학계와 지식인 사회에서 강력한 비판과 재검토의 대상이 되었다.[61]

이처럼 다양한 경제학 이론들은 사람에 대한 가정을 완벽하게 설명하지 못했고, 이로 인해 정치적인 논리나 이해관계에 따라 그들의 주장을 논리적으로 뒷받침하려는 경향이 있었다. 그러나 그들은 자신만의 주장을 지탱할 그럴듯한 논리만을 제시했다.

일단의 심리학자와 경제학자들은 경제이론과 현실의 부조화는 사람이 가지고 있는 사회적, 인지적, 감정적 이유와 편향 때문에 일어나는 심리적 현상과 관련이 있다고 보았다.[62] 하나의 특질로 설명할 수 없는 복잡한 인간 심리가 작용하고 있다고 본 것이다.

1970년대 실험 심리학 분야의 발전으로 사람의 비합리적인 의사결정에 대한 증거는 다양한 실험을 통하여 확인되었다. 아모스 트버스키, 대니얼 커너먼으로 대표되는 심리학자들은 다양한 실험과 연구를 통해 사람의 비합리적 의사결정을 설명하는 전망이론[63]

---

[61] 아이러니하게 시카고학파의 이론을 정면으로 비판하고 나선 학자도 시카고 대학의 리처드 탈러 교수다. 더욱 아이러니한 것은 2013년 시카고 학파 출신의 유진파마 교수의 노벨경제학상 수상 이론에 반하는 이론으로 리처드 탈러 교수가 2017년 노벨경제학상을 수상하였다는 사실이다.

[62] 그러나 이러한 사실은 전혀 새로운 것이 아니었다. 이미 오랫동안 인간이 살아가면서 인지하고 있었지만, 과학적 근거가 미약하여 논리적으로 제시하지 못하고 있었을 뿐이었다.

[63] 전망이론(prospect theory)은 위험을 수반하는 대안 간에 의사결정을 어떻게 내리는지를 설명하고자 하는 이론이다. 행동경제학이 주목받게 된 계기가 된 이론으로, '합리적 인간'이라는 바탕 위에 세워졌던 주류경제학의 여러 이론, 특히 기대효용이론을 무너뜨린(당시로서는 획기적인 사건) 이론으로 대니얼 커너먼과 아모스 트버스키는 노벨경제학상을 수상한다. 기존의 기대효용이론에서는 기대 수익과 위험이 존재하는 상황에서 인간의 의사결정은 기댓값이 큰 쪽을 선택하지만, 위험이 클수록 위험을 회피하는 쪽으로 움직인다고 보지만, 전망이론은 여러 가지 요소에 따라서 일관되지 않고 편향된 결정을 내린다고 주장한다. 실제로 기대효용이론으로는 설명되지 않는 여러 가지 현상들이 전망이론으로는 설명된다. 전망이론 안에는 여러 가지 내용들이 들어 있지만, 가장 크게 주목받는 것은, 인간의 의사결정을 내릴 때, 이익을 보는 쪽이라면 위험이 적은 방향을 추구하지만, 손실을 보는 쪽이라면 상대적으로 위험을 더 많이 감수하는 성향을 보인다는 것이다.

을 발표하고, 다양한 편향[64]과 휴리스틱[65]을 소개하며 인간은 언제나 합리적인 선택을 하지 않는다는 사실을 과학적으로 밝혀냈다. 이러한 인지심리학 이론은 인간의 실제적 행동과 경제를 연구하는 행동경제학[66]의 발전에 지대한 영향을 미쳤으며, 의사결정과정의 비합리성을 과학적으로 증명하면서 경제학 분야에서의 이론적 한계를 해결하는 새로운 대안을 제시하게 되었다. 특히 데니얼 카너먼은 2002년 심리학 실험방법을 이용하여 경제학의 새로운 지평을 연 공로로 심리학자로서 최초의 노벨경제학상을 수상하였다. 이후 인지심리학[67]과 행동경제학의 학제 간 연구로 자유주의적 개입주의를 표방하는 '넛지(Nudge)'[68] 이론이 탄생하였다. 넛지(Nudge)'는 시카고학파의 시장 자유주의와 케인스학파의 개입주의를 적절하게 혼합하여 정부가 개입하되 강요하지 않으면서 대중들의 합리적인 선택을 돕는다는 논리다.

---

64) 편향: 인지적 함정이라고 할 수 있는데, 정상적인 사고의 과정을 거쳐서 건전한 결론이 도출되지 못하도록 왜곡시키는 요인을 말한다. 종류는 70여 가지가 넘는다.

65) 휴리스틱: 불충분한 시간이나 정보로 인하여 합리적인 판단을 할 수 없거나, 체계적이면서 합리적인 판단이 굳이 필요하지 않은 상황에서 사람들이 빠르게 사용할 수 있게 보다 쉽게 구성된 간편 추론의 방법이다.

66) 이성적이며 이상적인 경제적 인간을 전제로 한 경제학이 아닌 실제적 인간의 행동을 연구하여 어떻게 행동하고 어떤 결과가 발생하는지를 규명하기 위한 경제학.

67) 인지심리학이란 감각 정보를 변형하고 단순화하며, 정교화하고 저장하며, 인출하고 활용하는 등의 모든 정신 과정을 연구하는 학문이다. 이 정의에는 여러 가지 중요한 의미가 들어 있다. '감각 정보'라는 말속에는 사람과 환경과의 접촉에서 인지가 시작된다는 의미가 포함되어 있다. 감각 정보가 변형된다는 것은 바깥세상에 대한 표상이 수동적 기록만으로 구성되지 않고, 단순화나 정교화 같은 능동적 과정을 거쳐 구성되기도 한다는 의미가 있다. 말하자면 인지심리학은 인간의 뇌에 의하여 이루어지는 주의, 지각, 기억, 언어 및 사고 등의 정보처리 과정을 탐구하고 그 결과를 응용하는 학문이라 할 수 있다. [네이버 지식백과] 인지심리학/언어심리학 [Cognitive Psychology/Psychology of Language] (학문명백과 : 사회과학, 이종건)

68) 강압하지 않고 부드러운 개입으로 사람들이 더 좋은 선택을 할 수 있도록 유도하는 방법을 뜻한다.

2.3.2 넛지란?

인간의 올바른 행동을 유도하는 방법으로 사회에서 쉽게 적용하는 것이 보상과 처벌이다. 여기에는 인간은 보상이 있으면 보상을 받을 수 있는 선택을 하고, 처벌받는 행위는 하지 않을 거라는 믿음과 함께 정해진 올바름이 있다는 전제가 있다. 그런데 올바름이라는 것을 명확하게 정의하기란 쉽지 않다. 같은 사실일지라도 받아들여 해석하는 사람에 따라 옳고 그름의 판단이 달라질 수 있으며, 정확하게 올바르다고 객관화할 수 없는 것들이 너무 많다. 또한 옳고 그름도 시간의 흐름, 처한 상황에 따라 변한다. 따라서 보상과 처벌로 정해진 올바름을 수용하도록 강요하는(물론 사회를 유지하는 데 필요한 경우는 예외다) 것은 옳지 않다.

그렇다고 언제나 이성적이며 합리적인 판단을 할 수 있는 누군가를 찾아 그에게 기대한다는 것 또한 어리석다. 누군가도 인간의 범주에서 벗어날 수 없기 때문이다.

20세기 이후 이처럼 다양한 인간의 인지적, 심리적, 유전적 특성에 반하는 인간개조의 노력은 결코 쉽지 않다는 것을 받아들이게 되었다. 일단의 경제학자와 심리학자들은 호모 사피엔스의 비이성적인 인지 특성을 역으로 활용하여 '인지적 저항'을 최소화하도록 하면서 '합리적 선택'을 할 수 있게 하는 방법을 제시하게 된다.

아모스 트버스키와 대니얼 카너먼으로 대표되는 인지심리학자들이 학문적 연구를 통해 밝혀낸 인간의 비합리적 의사결정 이론을 발판으로 행동경제학자인 리처드 탈러와 캐스 선스타인이 '부드러운 개입', 또는 '자유주의적 개입주의'라는 다소 모순된 개념을 도입한 '넛지(Nudge)' 이론을 제시하였다.

넛지는 인지심리학자들이 밝혀낸 인간의 비합리적 의사결정 특성(게으른 뇌, 낙관주의, 손실 기피, 현상 유지, 프레이밍 효과, 집단동조, 휴리스틱 등)을 역으로 활용한다. 여기에 개인 선택의 자유를 침해하지 않으면서도 정보의 부족으로 인해 잘못된 선택을 예방하기 위해 선별된 '선한 선택설계자'들이 충분한 정보와 다양한 대안을 포함하는 선

설계를 제공함으로써 정부가 국민의 올바른 선택을 돕는다는 것이 핵심 내용이다. 넛지는 인간의 합리성을 신뢰하지 않지만 그렇다고 통제 대상으로 보지도 않는다. 따라서 어떤 선택을 금지하거나 강요하지 않는다.

리처드 탈러는 그의 저서 '넛지'에서 인간이 가지고 있는 편향과 이를 역이용하여 최상의 선택 환경을 설계하는 방법을 다음과 같이 제시하였다.

- 사람은 손실 기피 편향이 있다. 따라서 비용이나 벌칙을 앞세우게 되면, 기피 하려 한다. 어떤 이익이 있는지를 우선하여 설명하는 방법으로 설계해라.
- 사람은 복잡하고 깊은 사고를 필요로 하는 상황을 피하려 한다. 쉽고 단순하게 설계해라. 까다로운 선택도 쉽게 이해하고 판단할 수 있도록 단순하고 쉽게 설계해야 한다.
- 사람은 정량화된 명확한 사실을 볼 때 편향에서 벗어날 수 있다. 다양한 선택에 대해 반복 연습이 가능하며(다양한 시나리오로 시뮬레이션을 할 수 있도록 설계), 연습에 대한 분명한 피드백이 주어질 때 최선의 선택을 할 확률이 높아진다.

더불어 다음과 같은 선택설계의 기본원칙을 제시하였다.

- **최소 저항 경로를 따르는 디폴트(default)를 지정하라.**
  사람들은 최소한의 노력이 필요한 방안(최소 저항 경로)을 선택할 것이며, 타성과 현상 유지 경향이 있어 디폴트(초기설정) 값을 따르는 경향이 강하다. 특히 디폴트 옵션이 권고되거나 표준처럼 보인다면 이를 택할 가능성이 무척 높다. 이 두 가지가 결합한 디폴트의 지정은 강력한 넛지의 역할을 하게 된다.

- **오류 예상**
  사람들은 오류가 있다는 가정하에 발생할 수 있는 오류를 수용하거나 인지할 수 있도록 설계한다. 사용에 적합하되, 단순화하고 오류가 발생하면 자동으로 인지할 수 있도록 한다.

- **피드백**
  사람들이 성과를 개선하도록 돕는 최선의 방법은 피드백을 제공하는 것이다. 일이 잘되고 있는지, 잘못되고 있는지 신호를 보낼 수 있는 시스템을 구축한다. 정책을 수립하기 이전에 신중한 분석을 하고, 사후적으로 어떤 것이 작동하고 어떤 것이 작동하지 않는지 돌이켜 보면서 정책을 평가하고 피드백 함으로써, 정책들이 강력한 실증적 기반을 갖도록 보장하는 것이 중요하다. 즉 각종 정책이 피드백을 바탕으로 추진될 수 있도록 보장할 필요가 있다.

- **매핑(대입)**
  선택설계는 다양한 대안들을 대입하고 비교할 수 있는 시스템을 구축함으로써 사람들에게 이해하는 능력을 향상시켜 올바른 선택을 하도록 돕는다. 이것을 수행하는 한 가지 방법은 수치로 이뤄진 정보를 보다 쉽게 사용할 수 있는 단위로 환산함으로써 다양한 옵션들을 보다 이해하기 쉽게 만드는 것이다. 또한 모호하며 복잡한 정량화에 대해서는 기록·평가하고, 대안 간의 비용 비교(RECAP record, evaluate, compare alternative prices)를 공유함으로써 사람들의 선택 능력을 향상 시킨다.

- **복잡함에서 단순화 조직화로**
  의사결정에 영향을 줄 수 있는 수많은 고려대상을 조직화하고 우선순위를 정하여 복잡한 상황을 단순화시킨다.

- **인센티브의 부각**
  훌륭한 선택설계자라면 사람들이 인센티브로 주의를 돌리도록 조처한다.

2.3.3 넛지의 어려움

위의 모든 내용에 공감할 수 있지만, 한 가지 본질적인 문제에 부딪히게 된다. 과연 선택설계가 선하며, 선택설계자가 유능하고 도덕적이라고 확신할 수 있느냐는 문제다. 선택설계자 또한 불완전한 인간이며, 선한 선택설계였는지 는 결과로밖에 확인할 수 없다. 그동안 정부가 국민의 삶을 향상시키려는 목표를 가지고 국민의 선택에 영향을 미치려는 시도가, 결과적으로는 공무원 관료들 자신만의 이익을 우선시하거나, 소수의 이익에 집중하는 결과를 가져오는 경우는 수도 없이 많았다. 더욱이 이처럼 공평하지 않고 편향된 선택설계에 너무 과도한 힘을 행사하여 위험이 심각한 수준에 이르게 한 사례도 충분하다.

다행히 넛지 주창자들은 이런 문제를 충분히 공감하고 있다. 따라서 이들은 선택설계(다양한 대안과 정보)는 경험과 실증을 바탕으로 제시되어야 하며, 상투적인 논리로 제시되는 선택설계는 받아들이지 않는다. 또한 현실에서 선택설계가 애초의 선한 의도에 맞게 잘 작동되고 있는지, 신속하며 신뢰할 수 있는 피드백을 중요하게 생각한다. 이처럼 모든 게 확실하지 않기 때문에 선택설계 또한 상황변화에 따라 수정할 것을 강조한다.

우리에게 어떤 상황에서도 완벽하게 자유로운 선택이란 없다. 우리가 원하지 않더라도 설계된 선택설계의 선택지 내에서 선택하게 된다. 따라서 우리는 '선한 의도를 가진 그러나 자신의 설계를 확신하지 않는 선한 선택설계자와 좋은 의도만큼이나 현실에서 좋은 결과를 가져오는 다행스러운 선택설계'를 만나는 행운을 기대할 수밖에 없는 한계가 분명히 있다. 그러나 어떠한 선택도 강요하지 않으며, 차이와 다름을 받아들이는 관용, 피드백을 통한 지속적 개선이라는 넛지의 철학이 던지는 메시지는 크다.

2.4 피드백[69] (Feedback)
2.4.1 피드백이란?

인류는 다양한 네트워크를 활용한 활발한 의사소통으로 합리적인 의사결정을 할 수 있게 되었으며, 이러한 능력으로 지금껏 살아남았다.[70] 의사결정 과정에서 가장 중요하게 반영된 것은 과거의 실패로부터 얻는 교훈이었다. 즉 과거의 경험에서 무엇이 문제였고 무엇이 잘한 것이며 어떤 노력을 추가해야 하는지 등을 다양한 관점에서 파악하고, 파악된 정보를 지도, 조언, 충고, 제안 등의 형식으로 제공하면서 발전할 수 있었다. 또한 누군가 경험과 관찰로 습득한 정보를 주면, 받은 사람은 주어진 정보의 효용을 확인하고 그 결과를 되돌려 주는 행위를 반복하면서 올바른 지식을 축적해왔다. 이처럼 올바른 지식이 축적될 수 있도록 학습의 결과를 주고받는 행위가 피드백이다.

피드백은 '개인이나 집단에게 수행의 양과 질에 대한 정보를 제공하는 것', '행동 변화를 위해 개인에게 제공되는 수행에 대한 정보', '과업 수행의 특정 측면에 대한 정보를 제공하는 것' 등, 분야에 따라 조금씩 다르게 언급되어 있지만, 공통으로 어떤 시스템이나 과정에서 발생한 결과물이나 정보를 다시 그 시스템이나 과정으로 돌아가게 하는 반응을 의미한다.

피드백은 요청한 쪽과 받은 쪽이 피드백을 주고받는 과정을 통해 개선할 점은 개선하

---

[69] 피드백은 2차 세계대전 당시에 미국 공군이 적을 효과적으로 제압하기 위해 사용했던 전술 용어에서 시작되었다. 적군의 위치에 폭탄을 투하하려면 조종사에게 이동 경로에 대한 정보를 정확하게 주어야 하는데, 이때 서로 주고받으면서 경로를 조정하는 단어가 바로 피드백이었다.

[70] 인류는 인지 혁명으로 지구별 생명체 중에서 최상의 위치를 차지할 수 있게 되었다. 인지 혁명의 핵심은 보이지 않는 것을 상상하는 능력과 함께 언어의 발달로 인한 원활한 정보의 유통에 있었다. 원활한 정보의 유통이라는 측면에서 가장 크게 기여한 것은 부족원의 장단점을 정확히 파악하여 적재적소에 활용할 수 있는 뒷담화(피드백)가 가능했기 때문이었다. 부족원 개개인의 성장 과정을 지켜보고 이를 분석하여 부족의 지도자에게 그 정보를 제공하여 정확한 파악이 가능하게 한 것이다. - 사피엔스 -

고 보완할 점은 보완해서 최선의 결과를 찾아가는 과정이다. 이렇듯 피드백은 단순한 평가, 충고에서 벗어나 발전과 개선을 위해 꼭 필요한 필수적이고 건설적인 행위이다. 이러한 관점에서 보면 피드백은 '과거나 현재의 분석을 통하여 미래의 향상과 개선을 위한 정보를 주고받는 것'이라 정의할 수 있다.

이러한 피드백은 인센티브, 교육 등 다른 기법에 비해 비용-효과적이며, 그동안 교육, 서비스 행동, 품질관리, 생산성 등의 다양한 분야에서 효과적으로 성과를 향상시켰다고 평가되고 있다.[71]

2.4.2 피드백의 어려움

인간은 다른 생각이나 지식을 쉽게 받아들이지 못하는 단점이 있다. 자신의 신념에 매몰되기 쉬우며, 이에 반하는 것은 거부하려는 본성을 지니고 있다.

그래서 올바른 정보를 신속 정확하게 정보를 전달한다 해도, 자칫하면 발전이나 개선 없는 갈등과 불화만 있을 수 있다.

더욱이 부정적 피드백은 종종 자신의 문제점을 지적당했다는 수치심과 이로 인한 거부감과 분노를 유발하기도 한다. 이로 인해 30% 정도의 피드백만이 수용되며, 교사들의 피드백 중 1/3은 부정적인 영향을 미친다.

Stone. D. & Hean. S.는 피드백이 주어졌을 때 불편한 반응을 초래하여 결과적으로 피드백의 효과를 제한하는 원인을 진실 자극(truth trigger), 관계 자극(relationship trigger), 정체성 자극(identity trigger)이라는 세 가지 자극으로 분류하여 설명하였다.[72]

---

[71] 임성준(2020) '피드백의 정확도가 개인의 업무 수행에 미치는 영향' 중앙대학교 박사학위 논문
[72] Stone. D. & Hean. S. (2015). Thanks for the feedback : The science and art of receiving feedback well. Kindle Edition.

- **진실 자극**
  피드백을 받는 사람이 피드백에 오류가 있거나 그 내용이 도움이 되지 않을 것이라고 느낄 때 생기는 자극이다.

- **관계 자극**
  피드백을 주는 사람으로 인해 생겨나는 것으로, 피드백을 주는 사람이 피드백 받는 사람을 존중하지 않는다는 느낌에서 시작한다.

- **정체성 자극**
  피드백 내용의 옳고 그름이나 피드백을 주는 사람의 태도에 상관없이 피드백의 내용 중 일부가 피드백을 받는 사람의 정체성을 무너뜨려 위협을 느끼게 하거나 평정심을 잃게 하는 자극이다.

문제는 이러한 자극은 자신에게 도움이 될 수 있는 피드백까지 무시하게 만들며, 결과적으로 피드백은 아무런 개선의 변화를 가져오지 못한다.

조 허시는 일상적으로 행해지고 있는 피드백의 문제점을 다음과 같이 설명하고 있다.

첫째, 너무 많은 시간과 생산성이 낭비된다.

과거의 실적에 얽매이는 평가, 평가자 개인적 편향(그의 저서 피드 포워드에서는 평가자 특이효과(idiosyncratic rater effect)[73]로 설명)의 문제 등을 안고 있는 피드백 방식에 우리가 생각하는 것 이상의 많은 시간을 소비한다.[74] 결과적으로 생산성 향상에 사용되

---

[73] 평가자 특이효과는 특정한 상황에서 평가자 자신의 편견, 선입견 또는 개인적인 경험 등으로 인해 평가되는 대상에 대한 평가가 실제로 그 대상의 능력이나 특성을 반영하지 못하는 현상을 가리킨다. 이러한 효과는 평가자의 주관적인 요인이 평가에 영향을 미치는 경우 발생한다. 예를 들어, 선호하는 특정한 스타일이나 성향에 따라서 특정한 행동이나 특성을 높게 평가하거나, 반대로 선호하지 않는 특성에 대해서는 낮게 평가하는 경향이 생길 수 있다. 이는 개인의 경험이나 선호도, 선입견 등이 평가에 영향을 주어서 발생하는 현상으로, 평가 결과가 대상의 실제 능력이나 성과를 정확하게 반영하지 못할 수 있다. 평가자 특이효과는 다양한 상황에서 발생할 수 있으며, 이를 줄이기 위해서는 평가자들 간의 일관된 기준과 평가 방법을 사용하거나, 개인의 주관적인 편향을 최소화하기 위한 교육 및 훈련 등이 필요하다.

[74] 미국의 딜로이트라는 연 매출 150억 달러의 회사에서 매년 200만 시간을 의미 없는 피드백에 소비하고 있다고 추정했다.

어야 할 시간이 낭비되고 있으며, 생산성도 개선하지 못한다.

둘째, 바꿀 수 없는 과거에 집중한다.

통제할 수 없는 과거의 실적에 집중한 평가 방식의 피드백으로는 미래를 개선하지 못한다.

셋째, 피드백을 나에 대한 비판으로 생각한다.

과거의 실적을 바탕으로 제공되는 피드백은 비난이 되기 쉽다. 전통적인 피드백은 언제나 나를 통제할 수 있는 사람에 의해 제공되며, 이로 인해 피드백을 듣는 사람은 방어적인 태도를 보인다. 법정에서 듣는 재판선고처럼 치욕스럽게 받아들여지기도 한다.

넷째, 부정적인 행동과 믿음을 만들어 낸다.

사람은 자신의 실수나 단점을 듣게 되면 무기력해진다. 이러한 피드백이 지속되면 마치 무기력증을 학습하는 것과 같으며, 모든 사고와 행동이 멈춰 버리고 도전과 열정적인 창의적 사고를 할 수 없게 된다.

다섯째, 성장 가능성을 줄인다. 전통적인 피드백 방식은 피드백을 받는 사람의 자신감을 떨어뜨리며, 결과적으로 개인의 지능과 능력을 제한해 버린다.

임성준 박사는 인간의 심리적인 관점에서 분석한 피드백의 어려움과 이에 대처하는 현실적인 피드백 기술을 다음과 같이 언급하였다.

첫째, 과소평가된 피드백은 직무능력 향상에 효과적이지 못했다. 오히려 과대평가된 피드백이 직무능력을 높였다. 즉 질책보다 칭찬의 피드백이 더 효과적이다.

둘째, 피드백의 정확도를 실시간으로 확인할 수 없는 경우 과대, 과소, 정확한 피드백 모두 업무능력의 향상에 의미 있는 차이가 없었다.

셋째, 피드백의 정확도를 실시간으로 확인할 수 없는 경우 부정확한 피드백은 직무능력에 해로운 영향을 끼칠 수 있다. 반대로 피드백의 정확도를 실시간으로 확인할 수 있는 경우 부정확한 피드백이 영향력을 발휘하지 못하였다.

넷째, 앞선 3가지 결과가 항상 같은 효과가 있다고 담보하지 못한다. 피드백이 본인의 업무와 관계없다고 인식한다면 피드백 효과는 없다.

다섯째, 피드백의 횟수가 증가하면 개선 효과는 점점 줄어든다.

여섯째, 확증편향으로 피드백을 선택적으로 수용하거나 거부한다. 사람들은 자신들의 자기개념(self-knowledge)[75]을 유지하기 위해 행동하며, 자기와 일치하는 정보를 적극적으로 수용하고 추구하는 경향이 있다. 반면 자기와 일치 하지 않는 정보를 무시함으로써 일관된 자기(consistent self)를 유지한다. 이에 자기 모순적(self-discrepant) 피드백이 제공된다면, 그 정보가 기능을 잃을 때까지 정보를 왜곡하거나, 그 정보를 신뢰하지 않을 수 있다.

부정적 피드백, 느린 피드백, 개인적 편견이 개입된 피드백, 확증편향 등이 공통으로 올바른 피드백을 방해하는 원인으로 언급되고 있다. 여기에 내가 생각하는 의견을 더해 본다.

그 첫 번째는 피드백은 부지런히 주고받는 행위인데 인간의 게으름으로 피드백을 주기만 하고 받으려 하지 않는다는 것이다. 주기만 하면 그걸로 끝나는데 주고받게 되면 계속해서 부지런히 움직여야 하는데 그게 싫은 것이다. 그래서 피드백을 일방적인 평가로 만들어 버린다. 피드백이 과거를 분석하고, 현재를 관찰하면서 무엇이 잘못되어 있는지 확인하고 그 원인을 밝혀내는 과정만으로 잘못 활용되고 있다.

두 번째는 과거의 평가는 과거의 사실을 바라보는 관점에 따라 다양한 피드백이 있듯이, 마찬가지로 피드백을 받는 처지에서도 피드백 내용을 다르게 해석할 수 있다는 것을

---

[75] 자신과 자신의 속성에 대한 지식과 그 개념이 결함이 있더라도 자기개념의 발전을 이끄는 그러한 지식을 추구하는 욕망을 의미한다.

고려하지 않는다. 충분히 함께하지 않았다면 피드백을 받는 사람의 경험이나 처한 상황에 따라 피드백의 내용을 다르게 받아들일 수 있어 정확하게 피드백을 주었다 하더라도 잘못 이해될 수 있다.

세 번째는 모든 피드백은 '현재의 시점에 합당한 피드백' 일 뿐이라는 상식을 수용하지 못한다는 것이다. 즉 어떠한 피드백도 시간의 흐름에 따른 상황변화를 고려할 수 없으며, 따라서 완벽할 수 없다는 것을 충분히 이해하지 못하고 있다.

네 번째는 성과향상과 개선에 도움이 되는 피드백을 위해서는 필연적으로 성과를 떨어뜨리는 요인을 찾고, 개선이 필요한 요소들을 확인하는 관찰과 분석이 필요하다. 이 과정에서 비록 주관적이며 오류가 있을 수 있는 판단이지만 평가는 수행될 수밖에 없다. 이처럼 평가라는 개념이 도입되게 도면 피드백을 주는 사람은 조심스러울 수밖에 없으며,[76] 피드백을 받는 사람은 불편하다. 이러한 상황을 회피하기 위해 서로 간에 불편한 본질에 접근하지 않고 적당히 타협하는 것을 상대방에 대한 예의나 배려로 인식하고 있는 게 현실이다. 결과적으로 불편함을 피하는 적당한 피드백은 아무런 효용가치가 없게 된다.

피드백의 본질은 과거에 대한 분석내용을 일방적으로 지시하거나 전달하는 수단이 아니며, 일방적인 가르침은 더더욱 아니다. 미래를 개선하기 위해 모두가 배워가는 과정에서 필요한 소통의 수단이다.

---

[76] 물론 자신의 의견이 마치 진리인 것처럼 떠들어 대는 사람들도 있다.

2.4.3 피드백에서 피드 포워드로

피드백의 문제를 간파한 마셜 골드스미스[77]는 피드백이 과거에 매몰되지 않고, 미래를 지향한다는 의미가 있는 '피드 포워드'[78]라는 개념을 만들었다. 피드 포워드는 피드백의 바라보는 시점을 과거가 아닌 미래로 바꾼 것이다. 피드백의 관점이 미래의 개선에 초점이 맞추어지면, 과거의 실수에 얽매이지 않게 된다. 또한 수동적으로 주는 정보만 받지 않고 필요한 정보를 요구하는 능동적인 태도를 보이게 되며, 복잡한 격식과 따라야 할 의무 또한 없게 된다.

표 III-1 피드백과 피드 포워드 차이

피드백	피드 포워드
과거의 일을 기반으로 함	미래에 일어날 일을 기반으로 함
피드백을 주는 사람이 주체가 됨	피드백을 구하는 사람이 주체가 됨
격식을 따짐	격식에 얽매이지 않음
피드백은 가끔씩 일어남	피드 포워드는 항상 진행됨

자료 : 조 허시의 유튜브 동영상 'Feedforward: The New Mindset For Performance Management'

---

[77] '세계 최고의 리더십 전문가' '리더십의 그루'로 알려진 골드스미스는 리더들의 발전과 변화를 돕는, 전 세계에서 가장 유명한 경영 컨설턴트 전문가로 구글과 보잉, 골드만삭스 등 120여 개의 세계적인 기업 CEO와 임원들이 그에게 컨설팅 받았다.

최근 미국 경영연구 협회(American Management Association)는 골드스미스를 지난 80년간 경영계에 영향력을 발휘한 50인의 위대한 사상가 중 한 명이라 칭송했으며, 경제잡지인 「비즈니스(BUSINESS)」는 리더십의 발전 역사에 가장 큰 영향을 끼친 인물이라고 극찬했다.

[78] 피드 포워드(Feedforward)는 미국의 저명한 기업 임원 코치인 마셜 골드스미스가 처음 만든 개념이다. 피드 포워드의 요지는 간단하다. 개인의 문제를 다른 사람들과 이야기하고, 타인의 조언을 구하며, 조언을 준 것에 대한 감사를 표하고, 자신이 갈 길을 가는 것(move on)이다(골드스미스는 피드백을 주는 사람과 받는 사람 모두 피드백을 나누는 경험을 부담스러워한다는 점을 발견했다. 또 자신감이 넘치는 비즈니스 리더들이 타인으로부터 피드백, 특히 자신의 실패에 관한 피드백을 듣는 것을 매우 힘들어한다는 점을 봤다. 이를 지켜본 결과, 그는 과거 성과를 바탕으로 하는 전통적 피드백을 대체하는 전략을 세웠다. 바로 미래에 어떤 일을 더 잘할 수 있는지에 대한 다른 사람의 의견을 구하는 '피드 포워드'다).

그렇다면 피드백이 피드 포워드로 전환하기 위한 전략은 무엇인가?

우선 피드백을 받는 대상의 수준을 알아야 한다. 피드백은 현재 이해하고 있는 것과 이해해야 하는 목표 사이의 차이를 줄일 수 있는 정보를 주고받는 행위다. 따라서 현 수준을 파악하고, 파악된 수준에 맞게 목표와의 차이를 줄일 수 있는 맞춤형 정보가 제공되어야 효과적인 피드백이 가능하다.

수준이 분석되었다면 적합한 피드백이 적합한 방식으로 제공되어야 한다.
적합한 피드백은 기술적(descriptive)이고 구체적(specific)이며, 개선(improvement)을 위한 정보를 담고 있어야 한다.
기술적(descriptive) 피드백은 분석된 정보를 필요한 시점에 정확하게 제공하는 것을 말하며, 수행 수준을 판단하는 평가적 피드백에 대한 근거를 제시하는 것이라 할 수 있다.
구체적(specific) 피드백은 실천이 가능하도록 피드백 정보가 미시적인 관점과 거시적 관점을 모두 통찰하는 수준에서 제시되어야 함[79]을 뜻한다.
개선(improvement)을 위한 정보란, 현상을 밀도 있게 관찰한 내용을 정량적으로 표현할 수 있는 정보를 말한다. 측정할 수 없으면 개선할 수 없다는 분명한 사실을 강조한다.

다음으로 피드백의 내용은 간결하고 단순하며 솔직해야 한다. 내용이 너무 많거나 산만하면, 분석과 활용에 많은 시간이 소비되거나, 분석 방법을 익히는 데 치중되어 핵심에서 벗어날 수 있다. 피드백을 받는 입장에서도 너무 많은 피드백, 복잡한 피드백은 수용하기 어렵다.

---

[79] 피드백 할 때 미시적인 시각에서만 바라보면서 접근하게 되면 큰 흐름에 문제를 가져올 수 있다. 따라서 항상 단편적인 개선이 전체 흐름에 어떤 영향을 주는지 확인할 수 있어야 한다.

마지막으로 피드백이 우리가 가고자 하는 궁극적인 목적에 올바른 방향을 설정하고 있는지, 현재 우리의 위치와 수준은 어디인지, 개선을 가져오고 있는지를 쉼 없이 확인하는 피드백의 피드백이 필요한 것이다.

2.4.4 피드 포워드를 위한 전제조건

과거지향적 피드백의 문제를 해결하고자 제시된 피드 포워드는 만족해야 할 5가지 전제 조건이 있다.

첫 번째는 피드백이 순위를 매기거나, 잘잘못을 확인하는 평가가 아니라 함께 학습하고 노력하며 개선을 위한 의사소통의 방식이라는 인식이 우선되어야 한다. 명백하게 밝혀진 범죄행위가 아닌 한 피드백이 상벌과 연계되어서는 안 된다.[80]

두 번째는 피드백 자체도 오류가 있을 수 있다는 사실을 당연하게 받아들여야 한다. 과거의 문제를 정확하게 설명할 수 있다고 해서 미래의 문제를 해결할 수 있다고 볼 수 없다. 어떤 변수가 언제 나타날지는 아무도 예측할 수 없기 때문이다. 따라서 과거의 분석을 통한 미래에 대한 예측은 강요하거나 강제해서는 안 된다.

세 번째, 정확하게 문제를 파악하고 개선안을 제시한 피드백이라 할지라도 현장의 공감 없이는 불가능하다는 사실을 인식해야 한다. 따라서 피드백을 받는 사람과 충분한 공감을 가지고 소통하여야 한다. 아무리 뛰어난 피드백을 주었다 하더라도 현장에서 실행되지 못하는 핑계는 얼마든지 만들 수 있다. 설령 피드백의 내용을 따른다고 하더라도 의지가 없다면 껍데기만 사용되어 아무런 도움이 되지 않는다. 그러나 이러한 태도 또한 인

---

[80] 어떠한 문제가 있었다면 그 원인에는 수많은 인과관계가 얽혀 있어서 한두 명의 책임 추궁으로 본질적인 문제가 해결될 수 없으며, 오히려 문제의 본질을 덮어버릴 수 있다. 예를 들어 현장에 문제가 발생하였다고 가정하자. 수많은 점검조직이 구성되어 활발히 활동하고 있는 현실에서, 관여하지 않았다면 직무유기이며, 수많은 점검과 피드백에도 문제가 발생했다면 점검조직의 무능도 한몫한 것이다.

간의 본성이다. 누군가 이러한 본성에 반해 열린 마음으로 최선을 다하여 개선하고자 노력하였다면, 이는 기술자로서뿐만 아니라 인간으로서도 본받을 만한 성숙함을 가진 사람이다. 따라서 피드백이 현장에서 의미 있는 성과가 있었다면, 피드백을 주는 사람의 뛰어난 통찰력보다는 피드백을 적극적으로 수용하며 노력한 현장 기술자들의 초인적인 노력에 더 많은 갈채를 보내야 한다. 잘되면 내 탓 잘못되면 현장 탓이 아니라, 잘되면 현장 덕분이고 개선하지 못했다면 내 탓이다.

네 번째, 점검이나 평가의 구체적인 내용의 정당한 사유 즉, 왜? 그 내용을 점검하고 평가하는지 상세하면서 이해하기 쉽도록 제시하여 피드백을 받는 사람들이 충분히 그 본질을 알도록 해야 한다. 더불어 내용에 대한 이의는 언제든 수용될 수 있어야 한다. 정해진 규정이나 기준의 적합성을 확인하고 따르기를 강요하거나, 효과적으로 수용하는 방안만을 제시하는 피드백으로는 미래를 개선시킬 수 없다.

다섯 번째, 피드백을 주는 사람이 객관적이어야 한다. 객관적일 수 있다는 것은 개인적 이해관계를 벗어나서 공정하다는 의미만으로 해석해서는 안 된다. 자신의 사회적, 환경적 배경에서 오는 한계에서 벗어날 수 있어야 함을 말한다.

위에서 제시한 5가지 조건은 피드백을 주는 사람의 처지에서는 무척이나 까다로울 뿐만 아니라 기존의 통념, 상식을 깨뜨리는 것이다. 따라서 조건을 만족하기 쉽지 않다는 것 또한 알고 있다. 그렇다 하더라도 그 길을 가야 한다.

2.5 시사점

인류에게 드리워진 농업혁명과 산업혁명의 어두운 그림자는 인류 생존을 위협하고 있으며, 이젠 생존을 위해 해결되어야 할 중요한 과제가 되었다. 여기에는 인간의 탐욕과 어리석음, 이를 부추겼던 자본과 권력, 그리고 그 모든 것의 합작으로 이루어진 잘못된 의사결정의 결과였음을 부정할 수 없다.

이러한 거대한 흐름에 맞선 우리의 미약한 노력을 선택적으로 훑어보았다. 대중지성의 우월성과 지성의 다양성을 수용하는 집단지성, 추상적 이론을 허용하지 않으며, 관찰과 경험의 결과로부터 사실을 확인하고 다양성을 인정하는 관용의 PDCA Cycle, 강제지도 강요하지도 않지만 올바른 선택을 돕는 넛지, 미래의 발전을 함께하려는 피드포워드.

나는 이 모든 노력이 "사람은 불완전한 존재이기 때문에 언제든 오류가 있을 수 있음을 인정해야 한다. 따라서 규정된 진리, 이념, 사상, 지식의 기득권을 내려놓고, 수평적 관계에서 다양성을 받아들이고 배려와 존중을 바탕으로 소통할 때, 인류의 미래를 보장할 수 있다. 그러나 이러한 목표를 호모 사피엔스의 자유의지에 맡겨서는 안 된다."라는 뜻으로 받아들였다.

CHAPTER IV

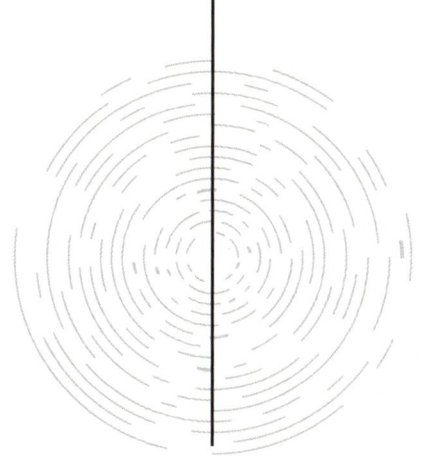

어떻게

바뀌어야 하는가?

> 개개인이 공동의 이익을 위해 관대하게 이타적으로 협력하는 사회를 만들기를 원한다면 생물학적 본성으로부터 기대할 것은 거의 없다는 것을 경고로 받아들이길 바란다.
> -리처드 도킨스 -

진보[1] 해야 한다

E.H.카는 '역사란 무엇인가'에서 '과거를 보는 눈이 새로워지지 않는 한, 현대의 새로움은 당연히 파악할 수 없다.'라고 말한다. 과거의 해석을 고정불변의 판단기준에 의존하지 않고, 시간의 흐름과 함께 부단히 해석의 시각을 넓혀가지 않는다면 진보할 수 없다는 의미다.

그런 관점에서 건설산업은 분명히 진보하지 못하고 있다. 여전히 같은 시각에서 과거를 반성할 뿐, 넓어지고 깊어지는 새로운 관점에서의 통찰은 없다. 몇십 년 동안 우려먹은 똑같은 관점과 감성팔이 명분들이 더욱 단단하게 굳어지고 있을 뿐이다. 꼰대질[2] 중의 상 꼰대질 산업이 되었다. 이젠 생존하는 데 급급할 뿐이다. 건설산업에 대한 부정적 인식과 한없이 떨어진 기술자들의 자존감, 감시와 통제의 대상으로 전락해버린 우리의 모습에서 우리가 원하는 미래는 요원해 보인다. 그렇다고 계속 이렇게 살아갈 수는 없다. 비록 신기루처럼 보인다 해도 우리는 진보를 위한 시도를 포기해서는 안 된다.

나는 진보를 위한 노력에 앞서 진보한다는 게 무엇인지 그 개념을 정립할 필요가 있다고 본다. 이에 내가 생각하는 건설산업에서 진보의 의미를 정리해 본다.

첫째, 진보한다는 것은 PDCA의 반복 속에서 앞으로 나아감을 의미한다.

둘째, 진보한다는 것은 연속의 중단이라는 조건을 받아들여야 한다. 즉 새로운 길을 받아

---
1) 여기서 진보는 좌파를 의미하지 않으며, 더욱이 분배를 우선한다거나, 어떤 이데올로기를 추종하는 것이 아니다. 올바른 목적을 향해 구분과 경계가 없이 끊임없이 변화하며 나아감을 의미한다.
2) 자기의 경험을 일반화해서 남에게 일방적으로 강요하는 것.

들이고 다름을 인정하고 수용하며, 기존의 관습적 관성적 태도를 언제든 버릴 수 있어야 한다. 여기에서 연속의 중단은 자연스럽다.

셋째, 우리가 확신할 수 있는 것은 모든 것은 변한다는 것을 이해하는 것이다. 과거의 해석은 끊임없이 수정되고 새로워져야 진보할 수 있다.

넷째, 진보는 객관성을 확보해 나가는 과정이다. 객관성은 넓은 시야와 관용, 포용의 능력을 전제하며, 이는 자신의 완벽한 불완전성을 이해하는 데서 시작된다.

다섯째, 진보한다는 것은 기술적 과학적 진보만을 뜻하지 않는다. 여기에는 건설산업 종사자 모두가 직업으로서의 자부심과 행복, 그리고 일을 통한 성장이 포함될 때 진정한 진보가 이루어지는 것이다.

다른 관점

새로운 미래는 익숙한 패러다임과 결별하는 용기가 필요하다. 따라서 가장 시급하게 바뀌어야 할 필요가 있다고 보는 잘못된 통념을 조심스럽지 않고 과감하게 언급할 것이다. 다음으로 현시점에서 건설산업의 혁신적인 변화에 반드시 필요한 패러다임의 전환에 대해 거침없이 말하고자 한다.

바뀌어야 할 통념들, 시대에 뒤처져 우리의 발목을 잡는 패러다임이 바뀌어야 한다는 생각은 나뿐만이 아니라 많은 동료 기술자들의 속내라고 생각한다. 그렇다고 결코 옳다고 떠들어 대는 것은 아니다. 이런 생각도 있다고 떠들어 대는 것임을 다시 한번 언급한다.

1.
안전 제일! 품질 제일! 의
장벽을 넘어
설계 제일! 공정 제일!

건설기술자들에게 건설공사를 성공적으로 완료하기 위한 핵심적인 관리 요소가 무엇이냐고 물어본다면, 안전관리와 품질관리라는 대답이 일반적일 것이다. 각종 사고로부터 인간의 생명과 신체를 보호하려는 노력은 그 무엇과도 바꿀 수 없으며, 건설공사의 목적물을 사용에 적합하게 생산하지 못한다면 기업으로 존재가치가 없다. 대부분의 건설사 또한 사활을 걸다시피 이 부분에 집중하고 있다. 현장 입구마다 안전, 품질과 관련된 수많은 현수막이 붙어있으며, 조회 때마다 외치는 구호 또한 안전제일, 품질 제일이다. 나 또한 품질, 안전이 중요하다는 사실에는 전적으로 공감한다. 그러나 안전과 품질을 확보하는 방법론에 있어서는 기존의 관점이나 방법에 동의하지 않는다. 즉 안전과 품질을 확보하기 위해서는 안전관리와 품질관리에만 집중해야 한다는 편협한 관점과, 감시와 통제의 강화만을 외치는 방식에는 동의하지 않는다는 것이다. 오히려 편협한 관점과 지나친 감시와 통제가 대형 사고의 원인이 될 수 있다는데 주저 없이 동의한다.

그렇다면 실질적인 문제는 무엇이며, 그 해법은 어디에 있다고 보는가?

그 첫 번째는 설계 문제다. 현장 여건에 적합하지 않은 설계, 투철한 장인정신이 있어야만 품질을 확보할 수 있는 설계, 지나친 기우가 불러온 과다 설계 등 엉터리 설계가 본질적인 문제라 생각한다. 많은 연구에서도 품질 불량의 가장 큰 원인으로 설계 문제를 지적하고 있다.3) 연구 결과는 없지만, 설계 문제로 인한 안전사고도 적지 않다고 본다. 쉽고 편하게 작업할 수 있는 설계가 좋은 품질을 확보할 수 있을 것이며, 사고가 발생할 수 있는 요인 자체를 제거하는 게 안전사고를 줄이는 가장 확실한 방법이라는 것은 상식이다.

물론 합리적인 설계의 중요성은 충분히 인식하고 있어, 설계 과정에서 '설계 경제성 검토'와 '설계 안전성 검토'를 의무적으로 시행토록 하고 있다. 시공단계 설계검토 또한 의무는 아니지만, 대부분의 현장에서 시행하고 있다.

그런데 문제는 설계검토가 작업자의 안전을 확보하고 품질 하자를 줄이는 방안을 찾는 검토가 아니라는 것이다. 경제성 검토는 현장 전반의 흐름 속에서 합리적이며 경제적인 설계인가를 검토하기보다는, 단순히 예산 절감만을 목적으로 적은 비용의 공법이나 방안을 찾는 검토가 수행되고 있다. 안전성 검토 또한 쉽고 편하게 작업할 수 있는 설계를 찾기보다는, 현장을 어렵게 만들더라도 안전율을 좀 더 확보하는 검토에 치중하고 있다. 보강에 보강을 더하면 안전하다는 인식이다. 그러다 보니 불필요한 보강을 삭제해서 안전을 확보한다는 인식은 없다.

더욱 아쉬운 것은 무엇을 어떻게 설계검토 해야 하는지, 참조할 만한 다양한 가이드가 없다 보니 개인 역량에 의해 설계검토의 수준이 결정된다. 이러한 현실은 설계검토가 현장의 어려움을 덜기보다는 더하는 경우가 발생하며, 가끔은 요식행위로 전락하거나, 책임회피를 위한 방안으로 활용되기도 한다.

---

3) 여러 국가의 수많은 연구에서 현장에서 측정한 품질 불량 (비 준수) 비용은 총 프로젝트 비용의 10~20%로 나타났다. (Cnudde 1991)
이러한 품질 문제의 원인으로 Burati & al.(1992)는 설계 문제 78%, 시공과정에서의 문제 17%, Hammarlund & Josephson (1991)은 설계 23%, 시공 55%, 벨기에 Cnudde (1991)은 설계 46%, 시공 22%라는 연구 결과를 발표하였다.

더불어 비록 설계에 명백한 오류가 없다 하더라도, 현장 상황에서 안전과 품질을 확보할 수 있다면, 쉽게 수용될 수 있어야 하는데 그렇지 못하다. 아무리 경험 많은 설계자, 현장 기술자들이 설계에 관여했다 하더라도, 단번에 최적의 설계를 할 수 없다. 따라서 누군가 최선을 다해 설계도를 완성했다면, 이를 보완하여 완성도를 높이려는 검토는 당연히 있어야 한다. 그런데도 설계변경에 대한 왜곡된 시각, 책임에 대한 막연한 두려움, 설계변경을 누군가의 무능으로 인식하는 현실에서 합리적인 변경이라 하더라도 쉽지 않다. 오히려 아무런 변경이 없다면 검토자의 진정성이나 역량을 의심해야 하는데도 말이다.

기술자들이 설계문제점을 거침없이 논의하고, 합리적인 방안이라면 쉽게 설계 변경할 수 있어야 한다. 그럴 수 있을 때 사고 없는 현장, 좋은 품질의 현장, 결과적으로 경쟁력 있는 산업으로 발전할 수 있다고 본다.

현장에서 느끼는 두 번째 중요한 원인은 공정관리 역량 부족이다. 공정관리 목적은 '프로젝트 수행 시 빈번하게 발생하는 간섭사항에 대하여 정확하고 객관적인 분석 자료를 제공하여 그 대안을 마련토록 함으로써, 재작업과 공기 지연을 최소화하여 프로젝트 관리에 대한 신뢰성을 제공하는 것'이다.

현장을 정확히 분석한 합리적인 공정표가 작성되면 자원투입이 최적화되고 작업 간섭이 최소화된다. 그만큼 원가는 절감되며, 공사 기간을 단축하거나, 지연을 미리 예방할 수 있게 된다. 이처럼 공정관리가 잘 수행되어 원가와 공기가 확보된다면, 안전관리의 품질관리에 실효성 있는 집중이 가능해진다. 그와 반대로 어설픈 공정관리로 현장이 꼬이게 되면, 당연히 공기는 지연되고 원가는 상승한다. 이런 상황에서는 지연된 공기를 만회하고, 손실을 줄이려는 노력에 집중하게 되며, 안전관리와 품질관리는 형식적인 요식행위가 되고 만다. 이처럼 미숙한 공정관리는 현장에서 발생하는 문제의 시작이라 해도 과언이 아니다.

그런데도 안전과 품질을 확보하려는 시스템과 프로세스에서 공정관리와 관계된 내용은 어디에도 없다. 그러다 보니 공정관리 역량을 키우려는 노력 또한 보이지 않는다. 현장에서 행해지는 수많은 공정관리 점검에서도 겨우 계획 대비 실적을 확인하는 정도이며, 공정계획의 적정성, 신뢰성 등을 점검하지 않는다. 이러한 공정관리에 대한 홀대를 보면서 건설 관련 정책을 수립하는 전문가들이 공정관리에 대해 무지하다는 의심을 떨쳐버릴 수가 없다.

공정관리에 대한 이해 부족은 사고조사 결과에서도 드러나고 있다. 사회적으로 논쟁거리가 되는 안전, 품질 사고가 발생하게 되면 주요 사고원인으로 빠지지 않고 나오는 내용이 '빠르게 일하려다 안전사고, 품질 사고가 발생했다'라는 것이다. 시공을 천천히 했다면 발생하지 않았을 사고였다는 것이다. 여기에 더 많은 이익을 내려는 욕심에 공기를 단축하려고 무리하게 일을 했다는 내용이 덧붙여진다. 이러한 사고원인 발표는 시공 속도와 안전한 현장, 좋은 품질은 반비례한다는 인식을 심어주고 있다.

그런데 여기에서 '시공 속도가 빠르다'라는 분석은 옳지 못하다. 도로별 자동차 속도 제한처럼 기준이 있는 것도 아니다 보니, 적정한 공사 기간이라는 기준은 모호하며, 개인적 경험이나 역량에 따라 차이가 크다. 똑같은 공사라 해도 누군가에게는 일 년의 공기는 충분한 기간이 될 수 있지만, 다른 누군가에게는 버거운 공기일 수 있다. 따라서 사고의 본질은 두서없이 서두르다 보니 문제가 발생했다고 표현하는 게 정확한 표현이며, 결과적으로 공정관리의 미숙함을 사고원인으로 보는 게 올바른 분석이다. 따라서 빠르게 시공하다 보니 문제가 발생했다는 결론은 현장을 정확하게 간파하지 못한 허구다.

여기에 더해 사고의 인과관계의 설정에도 문제가 있다. 공기를 단축하고 원가를 절감하느라 안전사고, 품질 사고가 발생한 것이 아니라, 공기가 지연되고 적자가 발생하여 무리하게 작업을 할 수밖에 없는 상황으로 되어버린 게 사고원인일 수 있다는 것이다. 나의 현장 점검 경험에서 보면 문제 대부분이 후자의 경우였다.

건설 공사관리의 핵심은 적기에 적합한 품질을 안전하게 완성하고, 적정한 이윤을 확보하는 것이라 할 수 있으며, 여기서 반드시 이해해야 할 부분이 있다. 이윤·공기는 품질·안전과 반비례하지 않는다는 것이다. 오히려 비례한다고 볼 수 있으며, 상호 간에 강한 의존관계가 형성된다. 특히 시공 속도가 다른 모든 것에 가장 큰 영향을 미친다. 치밀한 공정계획으로 최적의 시공 속도를 유지 할 수 있다면, 안전도 품질도 원가도 확보할 수 있는 것이다. 따라서 엉터리 공정계획이 개선되지 않고 안전관리, 품질관리를 강화한다 한들 효과적인 방안이 나올 수 없고, 오히려 혼란만 가중된다. 공기와 원가를 무시하고 안전과 품질을 확보하라는 것은 건설산업에 대한 몰지각한 이해. 공정관리도 못하는 기술자가 실효성 있는 안전관리 품질관리를 할 수 없다.

공정관리 프로그램을 능숙하게 다룬다고 해서 공정관리 전문가가 될 수는 없다. 공정표는 충분한 경험과 현장을 통찰할 수 있는 넓은 시야, 공정관리에 대한 지식이 있는 기술자에 의해 관리되어야 의미가 있다. 이처럼 까다로운 조건을 만족하는 기술자가 부족하다면 공정관리 역량을 키우려는 노력에 집중해야 한다. 더불어 지금부터라도 공정관리가 본연의 목적에 맞게 활용될 수 있도록 심도 있는 대책이 조속히 마련되어야 한다. 다시 한번 강조하지만, 공정관리는 반드시 공사관리의 핵심으로 다루어져야 한다.

이젠 안전제일! 품질제일! 의 구호가 설계제일! 공정제일! 로 바뀌어야 한다.

2.
새로운 인식 (핵심 철학) [4]

"현존하는 기업은 10년 이내에 40%가 망할 것이다. 4차 산업혁명 시대를 맞아 디지털로 변신한 기업만 살아남는다." 존 챔버스 전 시스코 회장의 예언이다. 건설기업들도 살아남기 위해 BIM을 활용한 설계 및 유지관리, 드론측량, 사물인터넷과 빅데이터를 활용한 구매조달, 스마트 안전 등 거세게 불고 있는 4차 산업혁명의 기술들을 도입하며 변신을 도모하고 있다. 물론 여기에는 이 모든 노력이 획기적으로 생산성을 향상하면서도 산업재해를 줄이고 품질을 향상 시킬 거라는 믿음이 깔려 있다.

그러나 3차 산업혁명의 정보통신 기술이 협력의 시대를 도래시키고, 전통적인 계급조직이 사라지고, 사회 전반에 걸쳐 교점 중심으로 조직된 수평적 권력이 그 자리를 대신할 거라는 제러미 리프킨(Jeremy Rifkin)의 예측은 최소한 건설산업에서는 맞지 않았다. 정보통신기술은 단지 통제와 지시의 도구로 활용되었으며, 수평적 협력보다는 기존의 수직적 권력구조를 강화하는 데 활용되었다. 가끔은 엉터리 전문가들과 야합한 기업들의 돈벌이 수단으로 활용되기도 했다.[5] 4차 산업혁명의 기술도입 또한 지금까지 건설산업의 실태를 본다면 얼마든지 그럴 소지가 있어 항상 경계해야 한다.

많은 역사학자는 혁명이 성공하지 못하는 원인으로, 혁명 주체가 혁명 되지 않고 수단으로 혁명을 활용하였기 때문이라고 말한다. 건설산업에서의 3차 산업혁명의 혁신기술을 받아들이고 주도했던 기술자, 학자, 관료들의 생각이 혁신되지 않고, 똑같은 방식에 혁명적 기술만 도입한 결과다.

---

[4] 건설사업관리의 원리를 탐구한다는 의미에서 철학이라 하였다.
[5] OECD 통계에 따르면 1989년~2009년 사이 기타 산업의 생산성은 63% 올랐는데, 건설산업의 생산성은 22%나 감소한 것으로 나타났다.

따라서 새로운 기술의 도입이 성공적으로 되기 위해서는 건설산업의 혁신을 이끌어가는 주체들이 혁신되어야 한다. 그 혁신의 시작은 관습적 사고의 타파(打破)에서 시작된다.

2.1 무경계(無境界)

블랙스완의 저자 나심 탈레브는, 누구도 리스크를 완벽하게 피할 수 있는 항구적이며 영속성 있는 방법을 제시할 수 없다고 보았다. 어느 상황에서 일정한 성과를 가져온 방법이라 해도 다른 환경에서 같은 성과를 보장하지 못한다는 것이다. 따라서 이를 인식하지 못하고 누군가의 이론에 매몰되어 관찰하고 생각하는 노력을 게을리한다면, 시간의 흐름 속에서 리스크는 점점 덩치를 키우게 되고, 종국에는 감당할 수 없는 거대한 리스크 즉 블랙스완이 출몰하게 된다고 경고한다. 또한 블랙스완을 만들어 내는 주범으로, 모든 병을 해결할 수 있는 만병통치약이 있다고 떠들어대는 약장수 같은 전문가들과, 그들이 만들어 낸 그럴듯한 논리와 이론을 자신의 이익에 교묘하게 활용하는 추종 세력들을 지목하며 강하게 비판하고 있다.

나심 탈레브는 다양한 시도와 이러한 시도가 현상에 미치는 영향을 관찰하면서 또 다른 문제에 대비하려는 끈질긴 노력[6]만이 블랙스완의 출현을 막을 수 있는 유일한 방법이라 말하고 있다. 여기서 '다양한 시도'라는 의미는 같은 관점에서 여러 도구를 변경하며 사용하는 방법과 함께 전혀 다른 관점에서 현상을 해석하려는 노력이다. 나심 탈레브는 관점을 바꾸려는 노력이 더욱 중요하다고 말한다.

몇십 년 동안 변하지 않는 문제 인식, 권위 있다는 전문가의 이론을 그 본질에 대한 이해 없이 받아들이고 추종하는 권위와 권위자에 대한 복종, 모든 문제를 자체적(건설산업 문제의 해답을 건설 분야의 학문과 경험 및 연구에서만 찾으려는 노력)으로 해결하려는 폐쇄

---

[6] 엘리스 폴 토렌스(Torrance)는 '곤란한 문제를 인식하고 그것을 해결하기 위해 아이디어를 내고 가설을 세우고 검증하며 그 결과를 전달하는 과정'으로 정의함.

성, 다름을 받아들이지 못하는 보수적이며 위계가 강한 조직문화 등 건설산업의 현실은 내일 당장 블랙스완이 나타난다 해도 전혀 이상하지 않다.

관점을 바꾸려는 노력이 필요하며, 이는 건설산업을 둘러싸고 있던 견고한 성벽을 허물어 다른 사고와 다른 관점이 밀려 들어와 새롭게 조합하고 융합할 수 있을 때 가능하다. 측정과 평가는 그 분야 전문가들이 포함되고, 인문학이 전공필수가 되며, 건전한 일반인들이 시공업체를 선정하는 등 경계를 없애는 것이다.

사업관리에서도 기존의 이론과 방법론을 비판적인 시각에서 검증하며, 다양한 이론을 새롭게 조합하는 하이브리드(Hybrid) 사고[7], 다른 분야의 이론과 연구 경험을 접목하는 융복합 등 다양한 시도가 당연시되어야 한다.

나는 이러한 노력을 '무경계'란 한 단어로 함축한다. '무경계'는 건설산업의 생산성 혁명[8]과 산업재해를 줄이기 위한 건설산업 혁신의 첫 번째 핵심 개념이라고 본다.

2.2 단순화

분석할 정보가 많으면 많을수록 신뢰성이 높을 거라는 생각이 일반적이다. 그래

---

[7] 그동안 건설산업에는 6시그마, 칸반, LPS(Last Planner System), Tact공정관리, Scrum, PMBOK, PRINCE2, P6, PMIS 등 다양한 이름과 형태의 방법론, 프로세스, 시스템, 모델 등을 제시하고 부분적으로 도입되어 활용되었다. 많은 연구자와 기술자들이 자신이 알고 있는 이론이나 방법론이 마치 모든 문제를 해결할 수 있는 전가의 보도(傳家의 寶刀)인 것처럼 선전하였지만 결과적으로 건설산업의 생산성은 개선되지 않았다. 여기서 한 가지 주목할 진실은 린 건설, 애자일 건설을 주창한 학자들이든, PMBOK, PRINCE 2와 같은 프로세스를 제시한 그 누구도 프로젝트 성공을 위해 자신들의 이론이나 방법론을 따르라고 하지 않았다는 것이다. 더욱이 엄밀한 제약이나 경계를 말하지 않았다. 따라서 다양하게 제시되고 있는 이론들은 하나의 방법으로 인정하기보다는 수많은 조합이 가능한 레고의 조각들도 인식하고, 상황에 맞게 적절한 조각을 찾아 새롭게 조합하는 게 하이브리드 사고다.

[8] 내가 말하는 생산성 혁명은 더 많은 생산이 목적이 아닌 더 적은 자원의 소비를 목적으로 하는 생산성 혁명을 의미한다.

서 가능한 많은 정보를 수집하려 한다. 그러나 수집되는 데이터의 양에 치중하다 보면 정보수집과 분석에 많은 시간이 소요되고, 과다한 정보로 인한 혼란과 의사결정 지연을 초래할 수 있다. 더욱이 많은 수의 의미 없는 정보들로 인해 가치 있는 소수의 정보가 쓰레기 더미에 묻혀버릴 수 있다. 그렇다고 선별된 소수의 정보 또한 쓰레기가 아니라는 확신도 없다. 선별하는 개인의 편견이나 편향에 따라 가치 없는 정보를 가치 있는 정보로 오판할 수도 있다. 이러한 문제들은 늘 있었고, 그래서 문제를 해결하려는 수많은 시도가 아무런 성과 없이 끝났다. 가끔은 엉터리 정보와 분석으로 상황을 더욱 어렵게 만들기도 한다.

할 수만 있다면 가치 있는 정보만 꼭 집어서 수집할 수 있다면 최선이다. 그러나 전체의 흐름 속에서 가치 있는 핵심 정보를 찾아낼 수 있는 능력은 결코 쉽게 얻어지지 않으며, 노력한다고 모두가 그런 능력을 얻을 수 있는 것도 아니다. 복잡한 현상을 이해하고 중요한 핵심을 파악하여 단순화할 수 있는 역량은 상당한 정도의 올바른 경험과 지식 그리고 인지적 편견이나 편향에서 벗어날 수 있는 정신적 능력이 있을 때 가능하다. 그런 능력이 없다해도 프로젝트에 진심이라면 다른 사람의 능력을 충분히 이용할 수 있다.

건설 현장의 단순화는 우선 설계검토에서 시작한다. 시공 전반에 가장 크게 영향을 미칠 수 있는 설계 요소를 도출하고, 이를 쉽게 시공할 수 있는 단순한 설계로 변경하는 것이다.

다음으로 시공중 측정과 분석을 단순하게 할 수 있어야 한다. 이는 공정관리에 해당된다. 공정관리는 공정표 작성 → 수행 → 측정 및 분석 → 개선안 도출 및 적용 의 반복 속에서 점진적으로 지연된 공기를 만회하거나 공사 기간을 단축한다. 현장에서도 공정표를 작성하고 작성된 공정표를 주기적으로 분석하며 개선을 위한 노력을 게을리하지 않는다. 그런데 문제는 많은 현장에서 이러한 노력에도 의미 있는 성과가 없다는 것이다.

수많은 원인이 있겠지만 가장 큰 원인은 공정표가 지나치게 단순하여 분석할 수 없는 수준으로 작성되어 있거나, 반대로 너무 많은 Activity로 작성되어 있어 실효성 있게 활용되지 못하고 있기 때문이다. 즉 복잡하지 않으면서도 신속 정확한 분석이 가능한 수준으로 단순하게 공정표가 작성되어야 하지만 그러지 못하고 있다.

복잡하게 얽혀있는 설계를 단순화 하여 시공성을 높이고, 공정의 흐름을 통찰하여 누구나 이해하기 쉬우면서도 측정과 분석이 용이하도록 단순한 공정표가 작성되었다면, 그 프로젝트는 편안하면서도 쉽게 성공할 수 있다. 반대로 단순화하지 못했다면 어렵고 힘들면서도 실패할 확률이 높다.

2.3 검증강화

사람은 조상으로부터 물려받은 생존의 지혜와 학습하고 경험하며 습득된 지식, 자신을 스스로 통제할 수 있는 자유의지를 가지고 올바른 판단과 의사결정을 할 수 있다고 믿었다.

그러나 인간에 관한 연구가 지속될수록 이러한 믿음은 점점 약해지고 있다. 인간의 뇌는 모든 정보를 정확하게 처리하기에는 너무 바쁘며, 엄청난 에너지를 필요로 한다. 따라서 인간의 뇌는 이를 단순화시켜 편하게 처리하는 방식에 익숙해져 있으며, 직감적으로 받아들여지는 정보를 우선하여 처리하고, 나머지는 무시해 버린다. 이처럼 우리가 내리는 의사결정과 판단의 상당 부분은 직관이나 무의식 상태에서 일어나며, 이에 따라 때로는 심각한 오류와 엄청난 재앙을 가져오기도 한다.

건설 현장에서 부딪히는 수많은 문제 또한 이러한 인간의 선천적 결함에서 기인한다. 경험산업이라는 잘못된 인식으로 경험자의 의견은 객관적인 검증 없이 받아들여지기도 한다. 흔히 하는 말로 '해봐서 안다'라는 말에는 쉽게 수긍한다. 마찬가지로 어떤 성과가 있었는지 알 수 없는 전문가라는 타이틀을 가진 사람들의 의견 또한 근거 없이 비중 있게 다뤄진다. 현장의 수많은 문제가 맹목적인 신뢰가 원인인 경우가 많으며, 손실 또한 적지 않다. 이러한 경험에서 항상 후배들에게 하는 말이 있다. '선배의 경험이나 지식을 믿지 말라. 설령 그들의 배경이 훌륭하더라도, 자신이 직접 관찰하고 확인하고 판단해라'.

그러나 이러한 나의 충고 또한 인간의 본성을 이해하지 못하고 하는 말이다. 뇌과학자나 심리학자들은 개인의 자유의지로 언제나 올바른 판단을 할 수 있다는 생각에 호의적이지 않다. 따라서 올바른 판단을 위한 다양한 검증방식[9]이 개발되어 활용되고 있으며, 모든 방식의 본질은 가장 합리적인 의사결정을 찾아가는 노력이라 할 수 있다.[10]

제조업은 사회 기반 시설(도로, 상·하수도, 전력 등)이 완료된 부지에 공장을 짓고 생산한다. 생산시설은 정해져 있고, 생산방법 또한 일정하다. 누가 생산하던 큰 차이가 없다.

이에 반해 건설산업은 시공을 위한 기반 시설(작업로, 전기, 물, 배수시설, 배처플랜트, 오·폐수 처리시설, 편의 시설 등) 구축부터 시작하여 생산을 위한 작업장의 위치, 생산방법(장비, 설비, 작업자), 완성된 생산품의 품질 수준까지 저마다 다르다. 제조업과 비교할 수 없을 정도로 복잡하며 그만큼 생산관리가 어렵다. 이러한 건설산업의 특성으로 인해 생산성 또한 제각각이며, 예측의 정확성, 준비 능력, 수행단계에서의 관리역량에 따라 많은 차이가 발생한다.

건설산업은 예측하기 어려운 다양한 원인과 환경의 영향을 많이 받기 때문에 계획보다는 실행에 치중해야 한다고 말하는 사람도 있지만, 개인적으로는 계획 55%, 수행 45%

---

[9] 집단지성, 넛지, PDCA Cycle, 피드 포워드 등의 노력이 있었다.
[10] 개인이나 소수 집단의 오류를 검증하는 방식으로 집단지성을 역설한 것이며, PDCA Cycle은 그 자체가 반복적 검증이며, 넛지 또한 선택설계자의 오류의 가능성을 인정하며 시행과정에서 검증을 강조하고 있다.

의 비중으로 계획에 좀 더 무게를 둔다. 계획에 좀 더 비중을 주는 이유는 계획을 잘 세우게 되면 수행과정에서 손실이 적기도 하지만, 그만큼 역량 있는 기술자가 있다고 보기 때문이기도 하다. 반대로 계획이 서투른 현장은 수행도 서툴지만, 그만큼 역량이 부족한 기술자들이 있다고 보는 개인적 생각이다. 그런데 우리는 결과로 확인하기 전까지는 기술자의 역량을 평가할 기준이 모호하다는 문제가 있다. 개인적으로 뛰어난 기술 역량을 가지고 있다는 것도 그 기준이 모호하고, 충분한 경험이라는 것 또한 경험의 질을 알 수 없고, 스펙이 생산성과 상관관계가 있다는 근거도 없다. 그렇다면 역량을 어떻게 추정하는 게 합당할까? 나는 역량을 다양성과 다름을 수용할 수 있는 자신감이라고 본다. 현장에서 다양한 시도에 거부감이 없고, 어떠한 의견이든 자신의 고정관념에 얽매이지 않고 받아들여 이를 검증하고자 하는 기술자, 이런 기술자를 역량 있는 기술자라고 생각한다.

따라서 신뢰성 있는 계획을 세울 수 있는 역량이란, 개인적인 기술 능력을 넘어 다양한 의견들을 수용하여 논의하고 철저히 검증하는 자세라 할 수 있다. 수행과정에서도 마찬가지다.

검증은 주관적 편향, 직관의 오류, 경험의 오류, 지식의 부족, 증명되지 않은 과거 자료 및 정보의 인용 오류, 기준·규정·법규의 자의적 해석 등을 찾아내려는 노력이라 할 수 있다. 그렇다고 검증에 너무 많은 시간을 소비할 수 없다. 신속하면서도 효과 있는 검증이 가능해야 하며 그렇게 할 수 있는 방법에 대한 내 생각을 정리해 본다.

검증은 시공 전 계획의 적정성 검증과 Pilot 시공을 통한 시공 초기 검증, 시공 중 지속적인 검증으로 구분하여 설명한다.

계획의 검증은 계획서나 도면이 누가 봐도 합당하다고 인정될 수준인지 확인하는 것이다. 검증은 계획을 수립하고 설계하는 과정에서 판단이나 예측의 근거가 되었던 기준, 가정, 가설, 규정 등을 누구나 이해할 수 있도록 쉽고 구체적으로 작성된 문서에서 시작한다. 이러한 문서는 다양한 검증과 토의가 신속하게 수행될 수 있는 기반이 됨과 동시에 계획을 세웠던 기술자 자신을 스스로 검증하는 효과도 있다.

문서화가 되었다면 다음으로 다양한 관점에서 검증하려는 노력이 필요하다. 이는 검증자의 다양성에서 나온다. 같은 회사 직원, 동료, 위계적 관계가 있는 관계자들의 검토만으로는 효과를 보기 쉽지 않다. 따라서 수평적 관계에서 자유롭게 의견을 개진할 수 있는 역량 있는 제삼자의 참여가 필수적이다. 이 과정에서 중요한 것은 검증에 대한 거부감을 없애는 것이다. 즉 설계나 계획의 변경은 오류의 문제가 아니라, 필연적으로 발생하는 지극히 당연한 것으로 받아들여야 한다. 오히려 검증 결과 아무런 변경이 없었다면 형식적인 검증이 아니었는지 의심해야 한다.

일차적으로 계획이 검증되었다면 Pilot 시공을 통한 현장검증이다.

건설공사는 너무 많은 요인이 영향을 미치기 때문에 모든 변화를 예측하여 계획을 수립한다는 것은 불가능하다. 시공을 해봐야 알 수 있는 게 많다는 의미다. 따라서 신속한 Pilot 시공으로 계획의 문제점을 확인하고 개선해야 한다. 그러나 건설 현장의 특성상 Pilot 시공이라 할지라도 장비, 인원, 자재 투입을 최소한으로 할 수가 없다. 본공사에 투입될 장비와 작업자, 자재가 오롯이 다 투입되어 Pilot 시공이 이루어진다. 그런데 별도 단계로 구분하는 이유는, Pilot 시공에는 계획이나 설계에 관여했던 기술자들이 참여하기 때문이다. 계획이나 설계의 본질적인 의미를 아는 사람이 Pilot 시공에 참여하여 검증한다면 좀 더 나은 개선점을 찾아낼 수 있다고 보기 때문이다.

이후에도 시공과 검증의 일상적 반복은 계속된다. 이 과정에서 검증과 개선이 성과향상을 가져오고 있는지 확인되어야 하며, 객관적인 검증이 가능하도록 외부 전문가의 투입도 지속된다.

다시 한번 강조하지만, 검증은 문제점을 지적하고 변경을 요구하는 수단이 아니다. 검증은 완벽하게 불완전한 기술자들이 함께 학습하면서 서로의 부족함을 채우는 과정임을 잊지 말아야 한다. 따라서 검증은 오류를 찾지만 탓하지 않으며 오히려 오류 없음이 더 큰 오류라는 인식이 상식이 되어야 한다.

계획의 적정성 검증, Pilot 시공을 통한 검증, 지속적 검증 프로세스를 알아보기 쉽게 흐름도로 작성해 보았다(그림 IV-1).

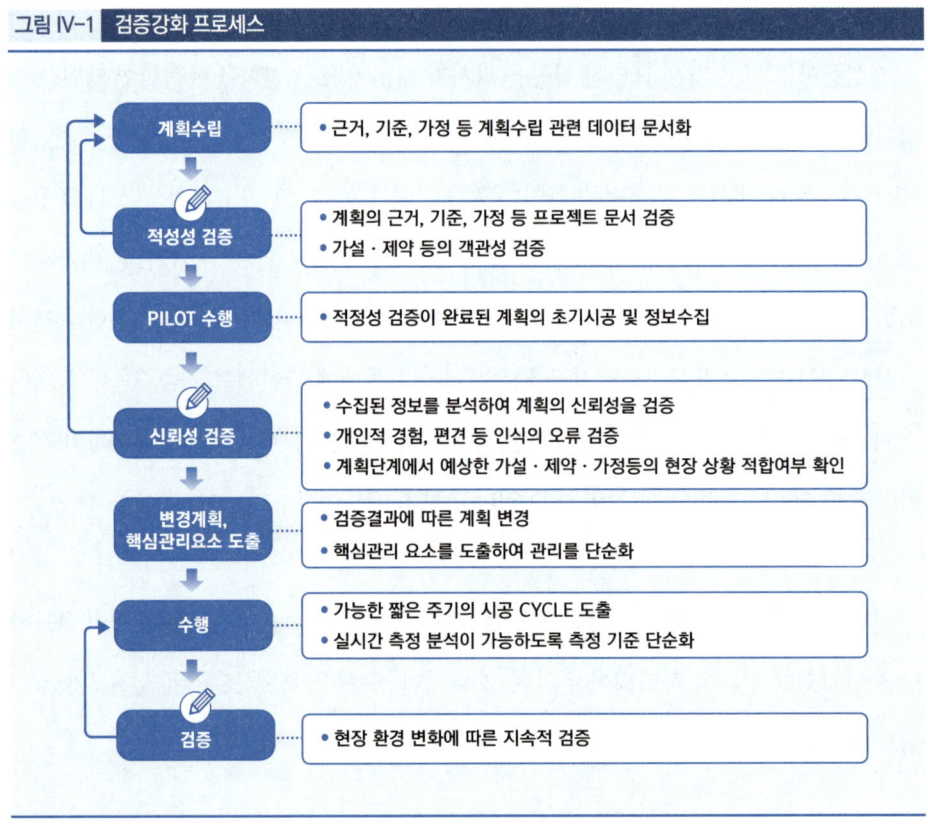

2.4 부드러운 개입과 자율

넛지는 사람의 합리성을 신뢰하지 않는다. 여기에는 전문가 또한 예외일 수 없다. 넛지는 대중이 항상 합리적으로 선택하지 않는다는 것을 인정하지만 더불어 제도와 시스템을 만들어 내는 선택설계자에게도 오류가 있을 수 있다는 사실을 인정한다. 따라서 넛지는 충분한 선택지를 제시하지만, 강제하지 않고 자율을 보장한다.

건설산업에서도 사람의 합리성을 신뢰하지 않는다. 다른 점은 정책을 수립하고 기준과 규정을 만드는 설계자는 예외로 한다는 점이다. 이러한 이유로 건설산업은 기술 관료주의[11]적 관점에서 강력한 개입과 통제를 바탕으로 관리되고 있다. 모든 기준과 규정이 정해져 있으며, 이를 잘 따라 하고 있는지 수시로 점검받는다. 그런데 실효성은 있는지 현실적으로 현장에 적합한 기준이나 규정인지는 점검하지 않는다. 최선을 다해 따라 하도록 강제하는 데 모든 노력을 기울인다. 이러한 현실은 갑의 위치에 있는 사람들과 그러한 갑의 권위에 기댄 사람들, 순응하고 복종적인 성향의 사람들만이 생존에 유리한 환경이다. 반대로 올바른가를 항상 고민하며 새로운 대안을 모색하고자 하는 기술자들이 성장하기 어려운 환경이다. 결과적으로 새로움을 생산하는 창의성을 말살시키고 있다.

이처럼 검증되지 않는 설계자(또는 전문가)들이 만들어 놓은 확정 설계는 실효성에 대한 강한 의문에도 여전히 검증하려는 노력도 없이 건설산업에서 굳건히 자리 잡고 있다.

나는 생산 과정에 대한 통제를 강화한다고 해서 품질이 좋아지고 안전하게 시공된다고 보지 않는다. 오히려 획일적인 통제방식이 하자 있는 제품을 만드는 데 조력할 수 있으며,

---

[11] 과학적 전문적 지식이나 능력을 갖춘 사람이 정부의 정책 입안과 의사결정에 강한 영향력을 행사해야 한다는 의견이나 태도.

안전사고의 빌미가 될 수도 있다. 더욱이 지시를 충실히 이행했다는 변명만으로 모든 책임에서 벗어날 수도 있다.

건설산업에 군림하고 있는 확정 설계와 강압적 관리방식은 바뀌어야 한다. 건설산업 내부의 다양한 목소리들을 수렴한 다양한 선택설계가 제시되어 활용될 수 있어야 한다. 이 과정에서 선택설계를 소수의 사람에게 일임하지 않고, 집단지성이 발휘될 수 있도록 설계시스템과 프로세스 구축이 필요하다. 인간은 누구나 생각보다 어리석지만, 그와 반대로 예상 밖의 뛰어난 생각도 한다.

품질과 안전을 확보하는 것은 다양한 선택설계를 참조하여 상황에 맞는 창조적 해법을 찾을 때 가능하다. 국가는 창의성이 발휘될 수 있는 환경을 제공하고, 검증된 다양한 가이드를 제시하는 것으로 충분하다. 이처럼 창의성을 발휘할 수 있는 환경이 만들어지게 되면 역량과 능력 있는 인재들이 유입되며, 건설산업의 발전을 담보할 수 있다. 지금처럼 복종을 강요하는 산업에 창의적 인재가 유입될 리 없다.

앞서 정부의 과도한 개입주의 정책과 개인의 이성을 믿는 시장 자유주의의 접점으로 넛지를 언급하였다. 건설산업의 현실에서도 나는 넛지(부드러운 개입)의 도입을 검토해야 한다고 본다. 소수의 선택설계자가 만들어 놓은 다양한 가이드(선택설계)를 제시하지만 강요하지 않으며, 현장 기술자들은 이러한 가이드를 참고하여 현장 상황에 맞게 수정하여 적용하도록 하는 것이다. 선택설계자들에게 절대적인 권위를 부여하지도 않으며, 현장 기술자들에서 너무 많은 심사숙고를 요구하지도 않을 수 있는 적정한 타협점을 찾는 것이다.

참조로 제시한다고 하더라고 제공되는 선택설계는 중요한 기준점 작용을 할 수 있다. 따라서 쉽게 검증할 수 있도록 선택설계는 충분한 정보가 이해하기 쉽게 제공되어야 한다. 더불어 폭넓은 선택설계가 제시될 수 있도록 기존의 통념이나 관습의 틀을 깰 수 있는 회의론적 경험주의 자질을 갖춘 사람이 선택설계자에 포함되어야 한다.

다음은 회의론적 경험주의를 이해하기 쉽게, 이에 반하는 플라톤주의와 비교하여 설명한 도표[12]다.

표 IV-1 회의론적 경험주의와 플라톤주의적 접근법

회의론적 경험주의 접근법	플라톤주의적[13] 접근법
폭넓은 현상을 대체로 옳게 설명하는 쪽을 추구한다.	정밀함을 추구하나 오류가 있다.
이론을 최소화한다. 이론적 경향을 경계해야 할 병으로 여긴다.	거대하고 일반적인 사회경제 설명체계와 엄밀한 경제이론에 모든 것이 들어맞아야 한다. 설명적인 것은 성에 차지 않는다.
확률이란 손쉽게 계산할 수 없다고 믿는다.	모든 연구 도구는 확률계산이 가능하다는 전제 위에 움직인다.
실행에 근거하여 직관을 개발하고 관찰에 근거하여 책을 서술한다.	과학논문에 의존한다. 책에 근거하여 실행한다.
'나는 모른다'라고 용기 있게 말하는 사람을 존경한다.	'아까부터 우리의 설명 틀을 비판하지만, 이 설명 틀 이야말로 우리가 가진 전부가 아니오?'
상향식	하향식
회의주의, 읽지 않는 책들에 기반하여 사고한다.	신념, 즉 자신들이 알고 있다고 믿는 바에 기초하여 사고한다.
이론보다는 그 이론이 전제하는 것에 주목한다.	이론에 주목한다.
극단의 왕국[14]을 출발점으로 삼는다.	평범의 왕국[15]을 출발점으로 삼는다.
눈에 보이는 것으로부터 쉽게 예측할 수 있고, 그것을 눈에 보이지 않는 것으로까지 확대할 수 있다고 생각한다.	과거의 정보로부터 예측할 수 없다고 생각한다.
어떤 과학에도 기반해 있지 않으며, 뒤죽박죽 수학과 수치 해석 기법을 사용한다.	물리적, 추상적 수학을 대단하게 여긴다.
전문가의 전문성을 검증한다.	전문가의 의견을 적극적으로 받아들인다.

[12] 나심 탈레브의 '블랙스완' 참조.
[13] 관념론, 스파르타식 귀족정치 지향, 절대 진리는 현실에 있지 않고 저 너머(이데아)에 있다. 영원한 영혼의 천국이 있다(현실 감내). 지식이란 깨우치는 게 아니라 본래 있던 것(절대 진리)을 알아내는 것이다. 최선의 국가는 완벽하여서 변화가 없다. 정의란 자신의 본분에 충실한 것이다. 이러한 플라톤 철학은 그리스도교의 신학과 근세의 철학까지 지대한 영향을 미쳤다.
[14] 예측이 어렵고 불확실성을 포함하고 있는 세상.
[15] 예측할 수 있고 불확실성이 없는 세상.

(사례) 부드러운 개입과 선택설계가 필요하다

1990년대 ○○도로 현장에 근무할 때다. 도로는 계획된 도로 높이보다 높은 곳의 토사는 깎아서 낮은 곳에 쌓은 성토작업으로 노체(路體)를 완성한다. 이때 흙을 쌓는 작업의 품질관리 기준은 다음과 같다. 1회 쌓는 높이는 30cm 이내이며 다음 층을 쌓기를 위해서는 다짐도 90%라는 시방서의 기준을 만족해야 한다. 그런데 당시 현장의 문제는 깎아낸 흙에 많은 수분과 실트나 점토처럼 다짐이 어려운 흙이 포함되어 시방기준을 준수하며 시공하기 어렵다는 것이었다. 2,000m³/일 이상을 쌓아야 일정에 맞게 작업이 수행될 수 있었지만, 300m³/일 성토도 어려운 상황이었다. 더욱이 비라도 오고 나면 젖은 흙을 말리느라 3~4일간 작업이 중단되기 일쑤였다. 수로나 통로용 구조물, 교량 공사는 흙쌓기가 선행되어 진입로가 확보되어야 진행이 가능한 상황이었기 때문에 흙쌓기 작업의 지연은 현장의 공기 전체에 영향을 주고 있었다. 고민 끝에 감리단에 가서 흙쌓기 작업의 품질기준을 맞추면서 공사를 수행 할 수 없으니, 교량과 박스 구조물을 시공할 수 있도록 임시 흙쌓기 작업을 수행하겠다는 의견을 제시하였다. 당장은 상황이 여의찮으니 임시 흙쌓기로 작업로를 만들어 구조물 작업을 수행하고, 구조물 완료 후 작업로 구간은 재성토해서 검측을 받겠다는 내용이었다. 사정을 아는 감리단에서 이를 받아들였고, 성토작업을 진행할 수 있었다. 그 과정까지 많은 시간이 낭비되었지만 그나마 용인된 것이 고마웠다. 감리단이나 감독기관에서 이를 용인하지 않는다고 하여도 성토작업의 시방기준과 검측 기준이 명확하게 정해져 있어서 이의를 제기할 수 없었다. 더욱이 갑작스러운 외부기관의 품질점검이 나오면 충분히 문제 삼을 수 있었으며, 아무리 설명한다고 하더라도 당시에는 점검자가 이를 받아들이지 않는다면, 여지없이 벌점이나 재시공 지시를 받을 수 있는 상황이었다. 여하튼 현장의 의견이 수용되고 묵시적으로 용인된 상황에서 시방기준과 관계없이 흙쌓기 작업이 원활하게 진행되었다. 수많은 장비가 성토지반 위를 운행하였고 중간중간 문제가 되는 곳은 다양한 방식으로 보수하면서 작업로로 활용하였다. 덕분에 연관된 구조물 공사는 적기에 완료할 수 있었다. 구조물 공사가 마무리되고 작업로로 활용되었던 성토 구간을 파서 재시공하려 했지만, 그동안 덤프트럭을 비롯한 중장비의 이동으로 단단하게 다짐이 되어 있어 굴삭기로 쉽게 굴착이 되지 않을 정도였다.

이 과정에서 본선 성토에 임시성토라는 기준이 없다는 이유로, 성토 다짐의 시방기준 준수만을 고집하고 대안을 용인하지 않았다면, 작업로 확보는 건기인 가을이 되어야 가능했을 것이며, 이에 따라 구조물 공사는 겨울철에 시행되었을 게 뻔하다. 추운 날씨에 생산성은 형편없이 낮아지고, 콘크리트 양생 등의 문제로 품질 하자 위험도 커졌을 것이며, 콘크리트 동해(凍害)를 방지하기 위한 양생 비용이 발생하고 양생 시설 설치에 따른 사고위험에 가슴 졸였을 것이다.

만약에 다양한 상황에 대비하는 융통성 있는 대안들(선택설계)이 제시되어 있었다면, 지난한 설득의 시간이 필요하지 않았을 것이고, 훨씬 더 경제적이면서도 안전하고 좋은 품질을 확보할 수 있었을 것이라고 본다.

건설 현장의 생산성은 상황변화를 예측하고 이에 대비하는 다양한 대안을 선제적으로 제시할 수 있는 역량에 달려 있다. 여기에서 한 발 더 나아가 제시된 다양한 설계를 발판으로 창의적이고 혁신적인 방안을 창조하고 마음껏 활용할 수 있다면, 건설산업의 생산성은 상상하지 못할 기적을 가져올 수 있다고 믿는다.

3.
PDCA Cycle의 재정립

> 복잡하고 굴절작용이 많은 지식일수록 눈을 뜨게 해주기보다는 오히려 멀게 한다.
> 그것은 직관의 시야를 가리고 창의력을 묻어 버리기 때문이다.
> 그래서 몸소 체험하지 않은 공허한 회색 이론에는 선뜻 믿음이 가지 않는다.
> -미상-

PDCA Cycle은 공허한 회색 이론이 아니다. 몸소 체험하면서 끊임없는 관찰과 분석으로 새로운 변화를 끌어내는 방식이다. 그러나 건설산업에서 만큼은 복잡한 생산구조, 변화보다는 유지를 위한 수단으로의 오용, 인식과 철학의 부족 등 다양한 원인으로 본래의 역할을 하지 못하고 있다.

3.1 2020년 이천 물류창고 화재 사고에 대한 PDCA Cycle 관점에서의 분석

사고개요 및 발표된 원인

2020년 4월 29일 78명의 작업자가 투입되었던 경기도 이천시 모가면의 물류창고 신축공사 현장 지하 2층에서 오후 1시 30분경 화재가 발생하였으며, 이로 인해 38명이 사망하고 10명이 부상하는 대형 참사가 발생하였다.

'사고 당시 지하 공사 현장에서는 우레탄 폼 작업과 화물 엘리베이터 설치를 위한 용접작업을 동시에 진행하고 있었다. 이 과정에서 용접불꽃이 우레탄 폼에 발포제를 첨가할 때 나온 유증기에 튀어 화재가 발생하였으며, 인근 가연성 소재에 옮겨붙어 폭발적 연소와 다량의 유독가스가 발생하였다. 또한 화재가 발생하자 현장에서 작업 중이던 작업자들이 탈출하기 위해 입구로 한꺼번에 몰려 탈출이 어려웠으며, 아직 시공 중인 건물이라 스프링클러와 같은 소방 시설이 작동되지 않아서 대규모 피해가 발생하였다'는 게 경찰과 소방당국의 사고조사 발표였다.

이와 함께 언론에 발표된 주요 규정 위반사항은 다음과 같다.

1. 산업안전보건법에 따라 근로자는 용접작업을 할 때 방화포와 불꽃·불티 비산방지 덮개 설치 등의 조치를 하고 2인 1조로 작업해야 함에도 이러한 규정은 지켜지지 않았고,
2. 화재 감시인은 당시 작업 현장을 벗어나 불을 빨리 발견하지 못하였으며,
3. 관리·감독자들은 화재위험 작업 전 안전 관련 정보를 공유하지 않았고 화재 예방·피난 교육도 하지 않는 등의 안전관리 소홀이 확인되었다.

그 외에도 불법적인 재하도급, 이러한 구조 하에서 발생하는 저가 낙찰, 열악한 근로환경 및 근로자 고령화, 화재에 취약한 공사 자재의 사용, 충분하지 못한 공사 기간으로 인한 병행작업, 솜방망이식 안전사고 처벌로 인한 경영진의 적극적인 안전 경영 미시행, 안전관리 전문성 부족 등 총체적인 부실이 지적되었다.

이러한 사고원인 조사 결과에 분노한 전문가들의 의견이 언론에 보도되었다. 인간의 생명을 등한시하며 무리하게 이윤만을 추구하는 건설사와 사업주의 비도덕성, 후진적인 관리행태를 벗어나지 못하는 현장 관리자들의 무능, 오랫동안 답습되어온 잘못된 인식과 관행 등 시공회사와 현장관리자들에 대한 질타가 이어졌다. 더욱이 유해·위험방지계획서 승인과정에서 2차례에 걸쳐 우레탄 폼 작업에 대한 화재·폭발 방지대책 보완을 요구받았고, 유해·위험방지계획서 이행 실태 점검에서도 화재·폭발 위험에 대해 충분히 경고(표 IV-2)하였음에도 불구하고 예방조치를 하지 않아 발생한 사고라는데 더욱 많은 비난과 분노가 쏟아졌다.

표 IV-2 산업안전공단 이천 물류창고 공사 유해위험방지계획서 심사 및 확인 사항

번호	확인일	확인자	공정률	지적건수	확인결과	특이사항
1	2019.05.17		14 %	2	조건부 적정	향후 용접작업 등 불꽃비산에 의한 화재발생 주의
2	2019.09.20		26 %	14	행정조치 요청	행정조치 요청
3	2020.01.29		60 %	6	조건부 적정	향후 우레탄폼 판넬 작업 시 화재폭발 위험 주의
4	2020.03.16		75 %	4	조건부 적정	향후 불티비산 등으로 인한 화재위험 주의

-현재 유해위험방지계획서 1등급(2개월 주기), 작년(2019년) 유해방지계획서 B등급*(4개월 주기)
*공사금액 800억 미만 기타건축(물류창고)공사의 등급

이천 물류창고 공사 '유해·위험방지계획서 심사 및 확인 사항', 더불어민주당 한정애 의원실 제공

    이와 같은 사고조사 결과와 쏟아지는 비난에 국토부 장관은 "이번 물류창고 화재 사고는 2008년에 발생한 냉동창고 화재 사고와 판박이라는 점에서 매우 유감이고, 참담한 심정"이라면서 "비용이 안전보다 우선하는 관행을 혁파하고, 후진국형 사고가 재발하지 않도록 뿌리를 뽑겠다"라며 비장한 각오를 보여주었다. 더불어 즉각적으로 '예방 차원에서의 점검 활동 강화, 규정이나 법규 위반에 대한 처벌 강화, 화재에 취약한 재료의 사용 금지' 방안을 골자로 하는 대책 마련을 지시하였다.

    전문가들의 신랄한 비판과 정부의 강력한 의지가 반영된 다양한 대책들이 발표되었다. 기존의 한국시설안전공단을 확대 개편하여 건설과정의 안전관리 업무를 포괄하는 국토안전관리원이 출범하였으며, 2022년 1월부터는 안전조치 의무를 이행하지 않아 발생하는 중대 재해에 대해서는 경영책임자와 기업을 처벌하는 중대재해 처벌 등에 관한 법률이 수많은 논란에도 불구하고 시행되기에 이르렀다. 게다가 책임을 강화하여 건설 부문의 산재를 줄인다는 목적으로 계획단계부터 시공과정까지 주체별 안전관리 권한·역할·책임·처벌 등에 대한 사항을 총괄해 규정하는 건설안전 특별법 제정도 추진하고 있다.

국토부 장관의 말처럼 2020년 이천 물류창고 화재는 2008년 이천 냉동창고 화재 원인과 차이가 없다. 그런데 정부의 대책 또한 수위와 정도에서 차이가 있을 뿐 기조와 방향에서 큰 차이가 없다. 모든 문제는 시공과정에 있다고 보는 시각과 규정과 기준을 강화하고, 이를 따르도록 강제할 수 있는 시스템과 프로세스를 구축하고, 처벌 수위를 높이는 대책으로 일관하는 기조에 변함이 없다는 것이다.

나는 정부나 전문가들이 바라보고 있는 건설산업의 문제점이 틀렸다고 보지 않는다. 시공사의 안전불감증에 대한 지적도 당연히 그렇다고 인정한다. 일상적인 반복 속에서 '지금까지 문제없었는데 괜찮겠지' 하면서 규정을 위반할 소지가 있으며, 실제로도 그러하다. 나는 경험하지 못했지만, 일부 부도덕한 사업주들이 인간의 생명을 경시하고, 현장에 무리한 요구를 할 수도 있다고 본다. 부족한 공사 기간을 단축하거나 적자를 만회하려는 욕심에 무리한 작업을 하기도 한다. 기술자들의 전문성과 역량 부족의 문제는 어제오늘의 일이 아니며, 알고도 고치지 못하고 있는 현실에 나 또한 답답하다. 그동안 건설산업의 성장 과정에서 있었던 부조리한 문제가 개선되었다고는 하지만 아직 사회적 신뢰를 획득하기에는 미흡하다는 것도 충분히 수긍한다.

그렇다고 감시와 처벌의 강화만이 사고를 줄일 수 있을까? 감시와 처벌이 약해서 산업재해가 늘어나고 있다고 볼 수 있을까? 모든 문제는 시공사에만 있는 것일까? 나는 단호히 그것만의 문제는 아니라고 말할 수 있다.

사고원인에 대한 다른 시각

국가는 국민을 보호할 의무가 있다. 따라서 건설 현장 작업자가 안전하게 작업을 할 수 있도록 필요한 정책을 수립하고, 이를 수행할 조직이 만들어지고 예산이 배정된다. 이때 실효성 있는 정책을 수립하는 것이 가장 우선적이어야 함은 지극히 당연하며, 실효성 있는 정책은 문제점을 정확하게 찾아낼 때 가능하다.

건설 현장의 수많은 사고는 시공사와 현장 기술자도 문제지만 그들만의 문제만은 아니다. 엉터리 전문가들이 수립한 정책의 문제일 수도 있으며, 개인이나 집단의 이해관계에 따라 교묘하게 위장된 정책과 제도의 문제일 수도 있으며, 건설 현장의 안전을 바라보는 관점이 왜곡되어 발생한 문제일 수도 있다. 또한 엉터리 점검과 실효성 없는 대책이 사고의 원인일 수도 있는 것이다.

따라서 사고원인 조사의 범위를 특정한 부분으로 한정해서는 안 된다. 그런데도 마치 제도, 정책, 시스템, 프로세스는 엄격한 도덕성과 뛰어난 역량과 열정을 갖춘 사람들이 모든 상황을 고려하여 만들었으며, 점검하는 전문가의 전문성은 의심할 여지가 없다고 믿어 의심치 않는 것처럼 검증하지 않는다.

세상의 모든 문제는 인간은 누구도 완벽하게 완벽하지 못하다는 인간의 한계에서 시작한다. 이점이 간과된다면 해결하려는 노력이 헛될 수 있다. 건설산업의 산업재해를 줄이려는 수많은 노력이 이점을 간과하고 있으며, 진짜 문제는 여기에 있다고 본다.

누군가 '안전모 착용이 일상화되는 데 30년이 걸렸다'라며, 안전관리의 정착이 멀고도 험한 길이라 말한다. 그런데 역으로 생각하면 안전모 착용이 정책입안자들과 전문가, 현장 기술자들의 지난한 노력의 결과라 하기에는 너무 한심스럽다. 더욱이 떨어질 아무것도 없는 공간에서 홀로 측량하는 기술자에게 안전모 착용을 강제하는 행태를 볼 때면 화가 치밀어 오르기도 한다. 안전은 인간 존중이 바탕인데 오히려 인간을 감시와 통제의 대상으로 보는 무례함과, 상황과 관계없이 정해준 규정과 기준만 강요하며 최선을 다했다고 생각하는 무사유, 그러한 행태를 부추기는 모습에서는 절망감마저 든다.

안전모 착용에 30년이 걸리고, 수많은 점검과 제도의 강화와 강력한 처벌에도 안전사고가 줄지 않는 현실에서 문제를 해결하는 방법은 자명하다. 지금껏 비판에서 자유로웠던 대상들도 포함하여 다양한 시각에서 근본부터 비판적이며 회의적인 시각으로 바라보며 검증하는 것이다. 즉 누구도 완벽하지 않다는 사실을 바탕으로 검증하자는 것이다.

이러한 관점에서 나는 이천 물류창고 화재 사고원인을 PDCA Cycle의 철학과 본질에 입각하여 분석하고 대안을 말하고자 한다.

PDCA Cycle 관점에서 사고원인 분석

우리는 안전사고를 예방하기 위해서 다양한 정보를 바탕으로 계획(PLAN)을 수립하고, 수립된 계획에 맞춰 실행하며, 실행과정에서의 수집되는 정보를 분석한다. 분석을 바탕으로 대책이 수립되며, 필요에 따라 계획을 변경하고 또다시 실행하는 프로세스를 반복적으로 수행한다. 즉 PDCA Cycle을 활용하여 안전관리가 시행되고 있다. 따라서 나는 안전사고 예방을 위해 수행하고 있는 PDCA Cycle이 현재 어떠한 형식으로 적용되고 있으며, 어떠한 오류가 있는지 살펴본다. 다음에 이를 바탕으로 안전관리 업무가 실효성 있게 정착되기 위해 개선되어야 할 내용이 무엇인지 내 의견을 피력한다.

계획단계(PLAN)

국내 건설 현장에서는 일정 규모[16] 이상이면 착공 전에 건설 현장 근로자의 안전과 보건을 확보하기 위해 안전보건관리계획, 작업공종별 유해 위험방지계획이 포함된 유해·위험 방지계획서를 작성하고, 안전보건공단에 제출하여 승인을 받게 되어 있다. 즉 안전관리 계획은 유해·위험 방지계획서 작성에서 시작한다.

---

[16] 1. 지상높이가 31m 이상인 건축물 또는 인공구조물, 연면적 30,000㎡ 이상인 건축물 또는 연면적 5,000㎡ 이상의 문화 및 집회시설(전시장 및 동물원·식물원은 제외한다), 판매시설, 운수시설(고속철도의 역사 및 집배송시설은 제외한다), 종교시설, 의료시설 중 종합병원, 숙박시설 중 관광숙박시설, 지하도 상가 또는 냉동·냉장창고 시설의 건설·개조 또는 해체(이하 "건설 등"이라 한다.)
2. 연면적 5,000㎡ 이상의 냉동·냉장창고 시설의 설비공사 및 단열공사
3. 최대 지간 길이가 50m 이상인 교량건설 등 공사
4. 터널 건설 등의 공사
5. 다목적댐, 발전용 댐 및 저수용량 2천만 톤 이상의 용수 전용 댐, 지방상수도 전용 댐 건설 등의 공사
6. 깊이 10m 이상인 굴착공사

2017년 1월에 안전보건공단에서 배포한 건설업 유해·위험 방지계획서 작성지침의 서문에는 '유해·위험 방지계획서가 명실상부한 건설 재해예방의 초석이 되도록 하고자 하도급업체 선정, 공법 변경 등 현장 변화 상황에 상시 부응할 수 있는 실효적이고 체계화된 계획서 작성 기준을 정립하고자 하였다'라며, 지침서의 목적을 명확히 하였다. 또한 '현장에서 시공과 연계된 위험성 평가 P-D-C-A 실행이 가능토록 안전보건 관리조직 구축 계획을 수립하게 하여 계획서의 실행력을 강화함으로써 계획서의 작성이 단순 계획에 그치지 않고, 협력업체 선정 및 공법 등이 결정된 이후의 실행 단계까지 접목되도록 하였습니다.'라며 PDCA Cycle의 엄격한 실행이 안전관리의 핵심임을 강조하고 있다.

이와 함께 제시된 지침서에는 유해·위험 방지계획서 작성 요령과 세부 공종별 안전관리 방안이 구체적이면서도 상세하게 제시하고 있다. 이러한 지침서는 작성자에게 많은 도움이 되고 있으며, 승인자나 점검자 또한 가이드를 참조하여 작성 내용의 적정성을 확인할 수 있어 유용하게 활용되고 있다.

그러나 안전사고에 영향을 미칠 수 있는 유해·위험 요인은 공법 변경이나 작업 방법(장비와 자재 등)의 변경, 업체의 변경 외에도, 공정계획의 변경(공기 지연에 따른 돌관작업, 갑작스러운 일정 변경 등), 예상치 못한 동시 작업, 동시다발적 자재반입, 관리감독자나 작업자의 교체 등 수없이 많고 다양하다. 이 중 어떠한 변화가 안전에 더 큰 영향을 미치는지는 알 수 없을뿐더러 획일적으로 우선순위를 정할 수도 없다. 현장에 따라 각각 처한 상황이 다르기 때문이다. 또한 안전사고를 유발하는 요인은 상호 연관성과 의존성이 복잡하게 얽혀있어, 단편적인 지침만으로는 근본적인 대책이 될 수 없다. 따라서 핵심적인 유해·위험 요인이 단편적인 단위작업만으로 도출될 수 없다.

핵심적인 유해·위험 요인 도출과 PDCA 실행에 따른 개선은 상황변화를 예의주시하며, 신속하게 대처하려는 실질적이지만 힘든 노력이 있을 때 가능하다. 지금처럼 한정된 지침이나 기준에 매몰된다면 현장의 실질적 위험을 보지 못하는 상황이 발생하게 된다.

결과적으로 숲을 보지 못하고 나무만 보게 만들어 더 큰 위험을 초래할 수 있다.

'계획서의 실행력을 높이는 방식으로 조직을 구축하여 PDCA를 차질 없이 실행하도록 한다'라며, PDCA Cycle의 엄격한 실행을 강조하고 있다. 그런데 전체적인 맥락에서 보면 PDCA의 주된 목적이 승인된 계획서의 준수 여부를 확인하고, 계획서의 내용을 지키지 못하면 제재하는 방식, 즉 계획서의 준수를 강제하는 방법론으로 이해할 수 있으며, 실제로 현장에서 대부분 그렇게 이해하고 있다. 그러나 현장의 미래 상황은 정확하게 예측할 수 없다. 이처럼 불확실한 가정을 바탕으로 작성된 계획서는 완벽할 수 없을뿐더러 많은 오류를 필연적으로 내포하게 된다. 따라서 계획서는 PDCA의 반복을 통해 점진적으로 개선해 나가기 위한 최초의 시작일 뿐이다. PDCA Cycle의 본질은 신뢰가 아닌 의심이며, 위계적이며 강압적이지 않고 수평적이며, 관용을 중요시한다. 따라서 계획서의 실행력을 높이기보다는 올바르게 실행될 수 있도록 PDCA가 활용되어야 한다.

'시공과 연계된 유해·위험 핵심 요인을 도출한다'라는 취지 또한 일일 위험성 평가와 연계되면서 시공의 단편적인 조각 하나에 집중하고 있다. ○○현장의 구조물 공사 유해·위험 방지계획서에서 작성된 핵심 위험 요인은 '비계설치 미흡', '비계 승하 강 설비 미설치로 인한 추락위험', '철근 인양 중 낙하'와 같이 현장의 특성을 알지 못하더라도 도출할 수 있는 위험 요소다. 시공의 전반적인 흐름을 알지 못하더라도 일일 위험성 평가와 연계하기에 최적이다. 게다가 대책 또한 안전관리 세부 작업 지침의 단편적인 내용을 찾아 옮겨 적으면 된다. 이미 만들어진 세부 안전 지침만 나눠주면 될 일을 굳이 현장마다 별도로 만드는지 이해할 수 없다. 내 생각에는 시공과 연계된 핵심 유해·위험 요인을 도출하기 위해서는 선·후행 공종간의 상호 의존성과 간섭을 충분히 이해하고, 전체의 흐름 속에서 핵심 위험 요소를 찾아내려는 노력이 반드시 포함되어야 한다고 본다. 이런 관점에서 접근하게 되면, 상황에 따라서는 커다란 위험을 줄이기 위해 수용할 수 있는 위험은 충분한 주의를 기울이며 시행하는 방안도 위험 저감방안으로 채택될 수 있다.

계획서에는 개선의 정도를 지속해서 확인할 수 있는 핵심 성과측정기준이 포함되어야 하지만 그런 내용이 없다. 점검을 진행하는 과정에서 개선의 정도를 파악할 수 없는 단편적 지적과 문제의 해결만으로는 안전사고를 줄일 수 있는 근본적인 해결책이 될 수 없다. 수많은 안전 활동이 개선을 가져오고 있는지 정량적으로 파악할 수 있는 핵심성과지표를 만들고 관리되어야 한다. 이러한 관리의 노력은 현장 기술자를 포함하는 모든 공사 참여자가 올바르게 가고 있는지를 확인하는 이정표가 될 것이다.

이처럼 유해·위험 방지계획서 작성 지침은 본질적인 유해·위험 요인을 찾아내고 이를 선제적으로 해결할 수 있는 가이드 역할보다는, 세부적인 안전 지침을 제시하는 수준에 머물러 있다. 현장은 특성에 맞게 근로자의 안전을 확보하는 방법을 각자 찾아야 한다. 규정된 지침만을 강제한다면 현장의 어려움을 가중하는 요인으로 작동될 수 있다. 따라서 획일적 지침의 적용을 강제한다는 것은 산업재해를 줄이기 위한 근본적인 방안이 될 수 없다. 구체적인 지침은 작성자나 점검자 모두에게 고민 없이 따라 할 수 있게 하는 편리함을 제공할지는 몰라도, 가장 중요한 창의성은 묻혀버린다.

안전이라는 한정된 지식과 안전에 대한 관습적 인식에서 벗어나지 못한 지침서는 교육생이나 초보자들에게 사례나 교육자료로써의 효용성이 있을 수 있을지 모르나, 실전하는 프로들에게 강요한다는 것은 적합하지 않다.

> **건설 현장은 MMA(종합격투기)**룰이 적용되는 경기와 같다. 정해진 패턴보다는 예측하기 어려운 다양한 루트에서 변칙적으로 현장을 공격한다. 따라서 평소 다양한 방어와 공격기술을 익혀 상황에 따라 자유자재로 활용할 수 있어야 한다. 당연히 이를 실행 할 수 있는 기초체력이 밑바탕이 되어야 하며, 이를 위한 노력을 게을리해서는 어떠한 기술도

> 쓸모가 없다. 그러나 지금 안전사고와 일전(一戰)을 벌이고 있는 우리는 누군가 정해준 품세만 익히면 경기에 승리할 수 있다고 믿고 최선을 다해 배우고 있는 형국이다.

실행단계(DO)

유해·위험방지 계획서가 승인되면 착공과 동시에 현장의 안전관리 활동이 시작된다. PDCA Cycle에서 DO 단계의 활동은 계획의 실행과 더불어 필요한 정보의 수집, 계획단계에서 예측하지 못했던 내용을 시공과정에서 수집하고 문서화하며, 수집된 정보로 실시간 분석을 시작하는 단계로 정의하고 있다.

올바른 분석이 가능하도록 올바른 정보를 수집하는 게 수행단계의 핵심 관리 사항이라 할 수 있다. 현재 현장에서 안전사고를 예방하기 위해 수집되는 정보는 계획단계에서 도출한 핵심 유해·위험 요인과 연관되어 있다. 앞서 설명했지만 도출된 핵심 유해·위험 요인이 단편적인 행위에 관한 내용이 대부분이다. 예를 들면 '화기 감시자가 없다.' '환기설비가 부족하다.' '용접작업과 우레탄 폼 작업이 동시에 수행된다.'라는 팩트 위주의 정보들이 수집되고 있다. 언뜻 보면 문제 있는 모든 정보를 수집한 것처럼 보인다. 그러나 너무나 표면적인 문제들이다. 규정을 준수하지 못하는 이면의 본질적인 원인에 대한 정보가 없다.

예를 들어 용접작업과 우레탄 폼 작업이 동시에 이루어지고 있다는 현상보다는 왜? 동시 작업을 하고 있는지를 알아야 한다. 그 본질적인 이유가 '그렇게 해야만 공사 기간을 맞출 수 있다'라는 생각이라면, 동시 작업을 중지시킨다 한들 점검 이후에 눈치껏 또다시 동시 작업을 하게 된다. 그렇지만 동시 작업을 하지 않아도 공사 기간을 맞출 수 있고, 적정한 이윤이 확보될 수 있도록 작업계획을 변경하거나 대안을 제시한다면, 위험한 동시 작업을 하지 않을 것이다. 따라서 수행단계에서 수집되는 정보 또한 공기가 지연되는 원인이 포함되어야 함은 당연하다.

수집되는 정보에는 '지나치게 확대하여 해석한 안전 규정으로 공사의 원활한 흐름을 방해하고 있어 심각한 공기 지연이 발생하고 있다. 더욱이 이러한 손실을 만회하기 위해 보이지 않는 곳에서는 더욱 위험하게 작업하고 있다'라는 정보도 있을 수 있다.

문제의 핵심에 접근하는 정보 수집은 다양한 실천적 경험과 학습을 통해 축적된 지식, 관습(慣習)적, 관행(慣行)적 사고의 틀을 깰 수 있는 열린 사고가 있어야 한다.

> 품세만으로는 상대의 공격에 적절하게 방어하지도, 때에 맞게 공격하지도 못한다. 그런데도 품세의 하나하나 동작이 정확하고 절도 있는지에 집중하고 문제점을 기록한다. 경기에서 이기기 위한 노력이 아니라 품세를 익히는 것이 목적인 것처럼 보인다.

확인단계(CHECK)

Check 단계는 학습(Study)의 단계다. 따라서 수집된 정보를 분석하여 예측과 차이를 확인하고, 예측하지 못한 변화를 관찰하며, 앞으로 어떠한 변화가 필요한지를 학습하는 단계다.

그러나 현실은 단편적인 안전 지침이나 기준의 준수, 수립된 안전 시스템의 가동 이행 여부를 확인한다. 이를 바탕으로 현장의 수준을 평가하며, 평가 결과에 따른 조치를 강요한다. Check 단계가 학습(Study)의 단계라는 인식조차 없다. 그저 감시하고 통제하는 수단일 뿐이다.

화재 위험에 대한 Check 활동은 단순하다. 소화기, 화기 감시자, 환기설비 작동 여부, 인화물질 관리상태 등 정해진 규정을 준수하고 있는지 확인한다. 기준을 충족하지 못하면 '환기설비 보완', '인화물질 분리보관' 등과 같이 단편적인 대책을 제시한다. 그런 행위로 Check 했다고 생각한다.

'공정 지연으로 인하여 돌관공사가 예상되지는 않는지, 이에 따라 안전관리 시스템이 붕괴할 위험은 없는지, 시행되고 있는 안전관리 시스템이 실효성 있는지, 관리자의 역량은 충분한지' 등과 같은 내용은 없다.

우리가 관습적으로 시행하고 있는 Check 단계에 대한 인식의 변화가 없는 한 안전사고를 줄이기 위해 강화하고 있는 점검의 효과는 앞으로도 기대하기 어렵다.

> 항상 코치는 경기에 이기기 위해 적기에 방어하고 타격하라는 원론적인 충고를 한다. 하지만, 경기에 이기기 위한 실전훈련은 품세를 정확하게 익히는 게 전부이다. 경기에서 패배하면 품세를 신속하며 정확하게 하지 않았다며 선수를 탓한다. 품세에도 막기, 지르기, 차기의 모든 동작이 다 들어가 있으니 패배 원인을 꿰맞추면 그럴듯하다. 좀 더 빨리 막고, 좀 더 자세를 낮추고, 힘들지만 좀 더 빠르고 세게 공격했으면 이길 수 있었을 것이라며 아쉬워한다. 그러던 중 어디에선가 다른 품세를 배워온 사람들이 이젠 태권도 품세만으로는 경기에 이길 수 없다며, 다른 종목의 품세까지 익히란다. 결국 또 다른 정해준 품세를 배우는 데 집중한다. 품세만을 고집해서 패배했다고 생각하지 않는다.

조치(ACT)

조치단계는 Check 단계에서 도출된 내용을 바탕으로 개선을 위한 변화를 시도하는 단계다. 지금까지 개선 노력의 평가도 포함되며, 잘못된 노력은 버리고 필요한 새로운 노력을 찾는 과정이다. 그렇다고 해서 프로세스가 끝나는 게 아니다. 새로운 시작의 기준점이 되는 것이다.

그러나 이천 물류창고 현장의 경우 그동안의 점검과 대책이 올바른 변화를 가져왔는지 확인하지 않았으며, 추가로 어떤 노력이 필요한지, 효과가 없어 폐기 처분할 변화는 무엇인지 알지 못한다. 항상 같은 관점에서 지시에 따르지 않고 있다는 질타만 있을 뿐이었다. 화재 예방을 위해 감시자를 추가하고, 화재 예방 교육을 강화하고, 2인 1조 작업을 지시하는 것으로 조치를 다 했다고 할 수 없다.

몇 번의 점검에도 변화가 없다면 계획에서부터 수행, 점검의 단계를 깊이 있게 검증하고 관찰하면서 현장을 변화시킬 수 있는 그 무엇을 찾아서 조치하는 게 마땅한데 그렇지 못했다.

> 경기가 끝난 후 총평을 보자. 앞으로는 태권도 품세와 함께 합기도 품세의 연습에 더욱 많은 시간을 할애하여 야간 훈련, 새벽 훈련을 강도 높게 시행한다. 또한 품세 숙련에 대한 성취도를 월 1회 점검에서 주 1회 점검으로 강화한다. 점검자도 태권도 유단자에서 4단 이상 자격 소유자로 강화한다. 이후부터 품세 훈련을 게을리한다거나, 독단적 훈련을 하는 사람은 즉각 퇴출한다.
> 종합격투기가 무엇인지 아직도 이해하지 못하고 있다.

건설사업관리에 던지는 메시지

PDCA Cycle의 개념과 철학이 안전관리에 던지는 메시지는 명료하다. 다양한 관점에서 현상을 바라볼 수 있을 때 진정한 변화를 가져올 수 있으며, 어떠한 결과도 시간의 흐름에 따라 바뀔 수 있다는 것이 유일한 진리라는 사실, 복잡한 현장에서 여러 가지 다른 결론을 내릴 수 있음을 인정하는 관용, 우리는 아무것도 정확히 알고 있지 않다는 겸손함을 가지라는 것이다.

그렇다면 우리는 PDCA Cycle의 관점에서 무엇을 개선해야 하는지 나의 의견을 제시해 본다.

> ✓ 계획서 작성은 다양한 시각에서 현장 특성에 맞게 작성될 수 있도록 열려 있어야 한다. 따라서 반드시 따라야 할 절대적인 기준은 없으며, 참조용 가이드로 제시되어야 한다. 행정 편의적인 획일적 작성 지침과 이를 기반으로 하는 점검은 사라져야 한다.

- ☑ 핵심 관리 요소는 장비, 사람, 작업 방법과 함께 공정, 원가, 프로세스, 시스템 등이 포함되어야 한다.
- ☑ 마찬가지로 정보수집의 범위도 확대되어야 한다.
- ☑ 점검은 획일적 기준으로 평가하거나 이를 강제하는 수단으로 활용되어서는 안 되며, 마찬가지로 통제와 처벌이 목적이 되어서도 안된다. 다양한 분야의 참여를 바탕으로 밀도 있는 분석이 이루어지고 지식이 축적될 수 있도록 해야 한다.
- ☑ 조치는 개선의 정도를 확인하고 또 다른 개선의 시발점이 되어야 한다.
- ☑ 개선은 창조적 노력이 있을 때 가능하다는 사실을 인식해야 한다. 창조는 꾸준한 관심과 통찰을 통해 얻어낸 노력의 산물이지 어떤 절대적 논리나 이론을 신봉해서 얻을 수 있는 게 아니다. 더불어 창조적 노력을 가로막는 어떠한 제도나 정책이 있어서는 안 된다.

3.2 건설산업의 PDCA Cycle

PLAN

건설 현장은 계획을 수립하기 위한 정보를 수집하는 데서 시작한다. 그러나 수집되는 정보는 관리자의 역량, 작업자 숙련도, 감독자의 성향, 민원의 정도 등 수많은 원인으로 생산성, 안전수준, 품질 수준이 제각각이며 편차 또한 심하다. 따라서 어디에서나 적용될 수 있는 보편적인 정보는 수집하기 어려우며, 수집되는 정보는 사례나 참조 정도로 받아들이는 게 합당하다. 이러한 이유로 계획을 수립할 때 유사 공사 경험이나 기록을 전적으로 신뢰하기보다는 참조하여 현장 상황에 맞게 나만의 계획을 수립하는 게 옳다. 그런데 모방은 쉽지만, 창조는 고통스럽고 힘들며, 게다가 어렵다.

건설 현장 계획단계에서 가장 큰 어려움은 불확실한 미래를 추정하는 가설을 세우는 것이다. 장비, 사람, 자재 어느 것 하나 명확하지 않다. 게다가 복잡한 이해관계에 따라 어떤 변화가 올지 알 수 없는 상황에서 신뢰성 있는 예측을 한다는 것은 쉽지 않다. 불확실한 가정으로 계획을 세우지만, 일단 계획이 수립되면 기반 시설과 주요 설비가 설치되고 생산장비와 기능공들이 배치된다. 더욱이 한번 세팅되면 바꾸는 게 쉽지 않으며, 되돌리는데 비용과 시간의 손실이 크다. 이런 이유로 잘못된 가설과 예측은 프로젝트 실패의 핵심 원인이 된다. 따라서 건설사마다 계획의 신뢰도를 높이려는 다양한 시도와 검증의 노력을 하고 있다. 그러나 계획수립과 검증에 걸리는 시간과 비용의 증가만큼 현장의 생산성은 향상되지 않았으며, 안전사고 또한 줄어들지 않고 있다.

여러 원인이 있겠지만 창조적인 노력이 없다는 게 가장 큰 원인이라고 본다. 정해준 지침에 매몰되어 새로움을 보지 못하고, 고민하고 대안을 찾기 보다는 유사 현장의 계획서를 복사해서 활용하고, 누군가의 경험을 비판 없이 받아들이면서 정작 중요한 핵심은 빠트리고 꾸미는 데만 치중하고 있기 때문이라고 볼 수 있다.

Plan에는 필수적으로 예측과 가설에 대한 구체적인 근거와 자세한 설명이 포함되어 있어야 하며, 개선 여부를 확인할 수 있는 측정기준 또한 포함되어 있어야 한다. 그런데 목표는 있지만 예측과 가설에 대한 자세한 설명이 없다. 측정기준으로 작용할 수 있는 공정표는 측정과 분석으로 개선할 수 있는 수준으로 작성되어 있지 않다.

다음으로 계획서의 주요 내용이 시공 방법의 설명에 치중하고 있다는 것이다. 시공 중 어떤 정보를 수집하고, 어떻게 분석해야 하는가에 대한 내용이 없다. 그러다 보니 분석도 대책도 없이 흘러가는 식의 악순환이 계속되고 있다.

마지막으로 이러한 계획서가 승인받을 수 있는 작성 지침과 기준의 문제다. 제시된 규정과 지침에는 계획수립 시 반드시 포함되어야 할 핵심 내용이 없다. 공법설명이나 시방기준의 나열만이 주를 이루고 있다. 이러한 작성 지침이나 기준이 기술자들의 시야를 제한하고 있지 않은지 돌이켜 보아야 한다.

그렇다면 나의 관점에서 개선을 위한 발판이며, 목표 달성에 유용하게 활용될 계획은 어떻게 만들어져야 하는지 정리해 본다.

- ☑ 목표는 정량적으로 명확하게 설정한다.
- ☑ 목표를 달성하는 모든 활동을 세부적으로 빠짐없이 제시한다.
- ☑ 목표를 달성할 수 있다고 믿는 근거가 되는 예측은 무엇이며, 그렇게 예측한 가정, 전제는 무엇인지 이해하기 쉽게 구체적으로 문서화한다.
- ☑ 예상되는 문제점 및 대책 또한 왜? 문제라고 생각하는지, 해결방안이라 판단한 근거를 구체적이며 이해하기 쉽게 문서화한다.
- ☑ DO 단계에서 수집해야 할 정보 항목과 방법을 명시한다.
- ☑ CHECK 단계의 점검 및 피드백 방식을 정립한다.
- ☑ 지속 개선되고 있는지 확인하는 방안을 제시한다.
- ☑ 다양한 관점이 반영될 수 있도록 외부 전문가들이 계획수립과 검토에 참여토록 한다. 반드시 건설기술자로 한정 지을 필요도 없다.
- ☑ 하나의 결정된 계획보다는 다양한 예측과 시공방안들이 계획서에 포함되어 시공 중 현장 상황에 맞는 방안을 선택적으로 활용하거나, 조합하여 활용할 수 있어야 한다.
- ☑ 계획서에 없는 방법이나 방안이라도 현장 개선에 도움이 된다면 즉시 시도할 수 있는 신속 변경 프로세스를 포함한다.
- ☑ 방법뿐만이 아니라 프로젝트를 움직이는 프로세스, 시스템, 사람의 적합성도 확인할 수 있도록 정보수집의 범위에 포함한다.
- ☑ 이러한 내용들이 포함될 수 있도록 계획서 작성 지침을 보완한다.

그러나 계획은 다양한 생각만큼이나 다양한 방식이 있을 수 있다는 것을 당연하게 인식해야 한다. 마찬가지로 고수해야 할 획일적인 하나의 계획서 작성 지침은 없다.

DO

시공계획서가 승인되면 본격적인 공사가 시작된다. Do 단계에서는 계획의 신뢰성을 확인하고, 치밀한 관찰을 통하여 예측하지 못한 부분을 찾아내는 등 점진적 개선을 위한 정보를 수집하는 게 가장 중요한 업무다.

이때 정보는 신속 정확하게 수집되고 피드백되어야 한다. 그저 정보를 쌓아 놓기만 한다거나, 피드백이 너무 늦으면 수집되는 정보는 아무런 도움이 되지 않는다. 이와 함께 반드시 확인해야 할 중요한 사항이 있다. 그것은 잘 준비된 상태에서 시공하고 있냐는 것이다. 자칫하면 엉성한 준비가 문제의 본질인데 이를 계획의 문제로 오판할 수 있기 때문이다.

이러한 개념을 바탕으로 DO 단계 가이드를 다음과 같이 제시해 본다.

- ☑ 준비가 완벽한 이후에 시공에 들어간다.
- ☑ 단순하면서 핵심적인 정보가 수집되어야 한다.
- ☑ 계획단계에서의 예측은 정확한지, 예측하지 못한 것은 없는지 치밀한 관찰을 통해 확인하고 문서화한다.
- ☑ 일일 목표를 매일 확인하며, 성과를 떨어트리는 원인과 함께 좋은 성과의 원인도 분석한다.
- ☑ 정보수집과 동시에 분석을 시작한다.
- ☑ 상황별 다양한 대안을 시도해서 정보를 수집, 분석하며 그 결과를 문서화한다.
- ☑ 방법 뿐만이 아니라 프로젝트를 움직이는 프로세스, 시스템, 사람의 적합성도 확인할 수 있는 정보도 수집되어야 한다.

CHECK

계획이 엉성하면 시공이 올바르게 될 수 없는 것은 당연하다. 그러나 어떠한 계획도 완벽할 수 없다. 이러한 불완전한 계획을 조금씩 완벽에 가깝게 만드는 게 Check의 목적이다. 따라서 시공 중 수집된 정보를 분석하여 지식으로 축적하고, 축적된 지식으로 새로운 개선방안을 제시하는 Check 단계에서 오류가 발생하게 되면 앞선 모든 노력이 헛수고가 된다. 건설산업의 수많은 문제에 있어 왜곡된 분석과 대책도 분명히 한몫하고 있다.

시공자의 처지에서 본다면, 계획을 잘 수립하고 수행을 올바르게 하는 것은 시공사의 몫이며, 외부의 영향을 크게 받지 않는다. 그러나 점검과 분석은 현장에서 제어할 수 없는 경우가 많다. 특히 대형 사고가 발생하게 되면, 외부의 다양한 전문가들이 저마다 분석 결과를 바탕으로 방향을 설정하고 강제한다. 이 과정에서 비록 잘못된 통념이나 인식에 기초한 엉터리 점검과 대책이 제시된다 해도 반박하기 쉽지 않다. 이처럼 일방적인 점검의 행태에서 점검자체에 대한 검증은 없으며, 실효성 있는 분석과 대책 또한 그리 많지 않다.

그러나 Check 단계가 그 본질적인 기능을 유지하지 못한다면 건설산업의 장래는 더욱 암담할 뿐이다.

지금까지 건설산업에서 점검의 역할에 대한 나의 평가는 회의적이며, 깊은 성찰과 반성이 필요하다는 생각 또한 확고하다. 따라서 Check 단계에 대한 새로운 인식과 혁신적인 방법의 변화가 필요하며, 이에 대한 나의 의견을 말하고자 한다.

✅ Check 기능은 모든 사람은 예외 없이 오류가 있다는 사실을 직시할 때 올바르게 작동할 수 있다. 누군가를 예외로 하는 순간 점검은 갑질이 되기 쉽다.

- ☑ Check 가 한두 번의 수행 결과를 바탕으로 평가하고 결론을 도출하는 게 아니라 반복적 학습으로 지식을 축적하는 단계이며, 누군가를 바꾸기보다는 내가 어떻게 바뀌어야 하는지를 알아내는 단계로 인식해야 한다.
- ☑ 점검은 책임 추궁이나 상벌을 위한 분석이 아니다.
- ☑ 수집된 정보와 관찰 결과를 분석하는 과정은 투명하게 공개하며, 가능한 다양한 시각의 기술자들이 포함되도록 한다. 특히 소수의 공무원이나 발주처 직원, 특정 전문가만으로 점검팀이 구성되지 않도록 인적 구성에 세심한 배려가 필요하다.
- ☑ 분석 결과는 대내외적으로 분석의 근거를 포함하여 공유하도록 하며, 반드시 이전 점검의 효과에 대해서도 함께 공유토록 한다.
- ☑ 변화가 개선과 연결되었는지, 또 다른 어떤 변화가 필요한지 확인한다. 그 과정에서 개선과 연결되지 못한 변화는 중단한다.
- ☑ 수집된 정보 중 가치 있게 활용되고 있는 데이터와 가치 없는 데이터를 구분하여 추후 정보수집 과정에서 참조가 될 수 있도록 한다.
- ☑ 공사관리 프로세스, 시스템, 기술자, 과거 점검의 현장 적합성에 대해서도 분석이 이루어져야 한다.
- ☑ 분석 결과는 성과지수와 연계된 숫자로 나타내어, 개선과 개악을 정량적으로 확인할 수 있도록 한다.
- ☑ 일회성이 아닌 연속성을 가지고 수행하며, 점검분석의 결과들이 자료로 축적되어 활용되어야 한다.
- ☑ 점검에서 나온 의견은 강제성이 없으며, 하나의 참조로 규정되어야 한다.

ACT

Act 단계에서는 정보수집과 분석의 결과에서 도출된 필요한 변화를 시도한다. 새로운 계획을 수립하며, 표준이나 기준도 필요에 따라 재·개정한다. 프로세스나 시스템을 보완하며, 인사 조치 등의 행위를 하게 된다. 더불어 왜? 이런 변화가 필요한지 근거를 명확히 하여 같은 실수가 반복되지 않도록 한다.

그러나 불확실성과 가변성이 보편적인 현장 상황에서 어떠한 것도 확실한 해답이 될 수 없다. 마찬가지로 Act 단계에서 도출된 개선방안이 지속해 적용할 수 있는 표준이나 기준이 될 수 없다.

지속적인 순환과정에서 다양한 상황별 지식이 축적되며, 이렇게 축적된 지식은 계획에 반영된다. 그러나 접하는 상황은 언제나 변한다. 따라서 항상 생각하고 고민하면서 실행할 수 있도록 하는 대책이 확실한 대책이며, 그 사이의 모호함은 집중된 관찰과 분석 그리고 집단지성의 노력으로 메워져야 한다.

건설산업의 구조상 다양한 경우를 대비하는 대책을 수립하여 승인받는다는 것은 아직은 낯설다. 또한 불확실한 계획이 확실한 계획이라는 것을 이해시키기도 쉽지 않다. 그렇다 하더라도 변화를 예측하며, 다양한 대안과 대책이 계획에 포함되어야 한다. 예측할 수 없는 상황에서 새로운 방안을 창조할 수 있어야 진정한 기술자라는 생각에는 변함이 없다.

Act 단계의 가이드는 다음과 같다.

- ☑ 학습된 평가 결과를 문서로 만들어 지식으로 축적한다. 여기에는 채택하지 않은 다른 예측과 기대효과 등도 포함한다.

- ☑ 학습된 결과는 정해진 표준이 아니며 지속적인 검증의 대상으로 인식하고 관리한다.

- ☑ 최상의 결과를 가져온 하나의 정보만 지식으로 축적하는 것이 아니라 앞서 실패한 사례의 정보도 지식으로 축적한다. 여기에는 성공한 사례가 특수한 상황에서 우연한 행운의 결과일 수 있으며, 실패한 사례 또한 작은 실수가 불러온 불운일 수 있으며, 다른 누군가가 수행했다면 전혀 다른 결과일 수 있다고 보는 것이다.

- ☑ 다양한 대안과 대책이 승인받을 수 있도록 각각의 대책과 대안에 대해 설득력 있는 논리를 만든다.

- ☑ 계획, 기준, 표준, 제도, 시스템, 프로세스를 제·개정한다.

CHAPTER V

유토피아
(UTOPIA)

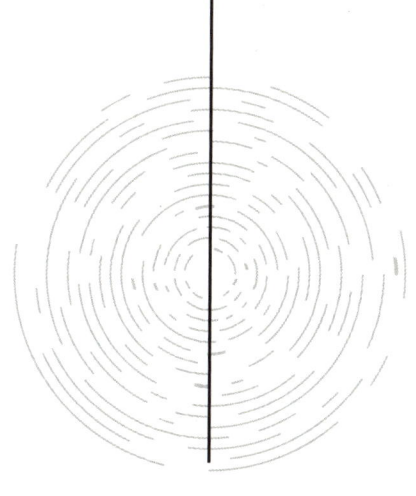

> 유토피아[1] 가 없는 세계지도는 얼핏 볼 가치조차도 없다.
> -오스카 와일드[2] -

호모 사피엔스만이 가지고 있던 뛰어난 능력이 행복으로 귀결되지는 않았다. 농업혁명 이후 등장한 지배층은 그들의 기득권 유지에 집단지성을 왜곡하여 활용하였고, 상상력은 탐욕을 충동질하는 데 이용되었다. 이들에 의해 꾸며진 허구들은 소수의 이익을 위한 대다수 대중의 고통을 정당화시켰다.

결과적으로 오랜 시간 대다수 인간의 삶은 노동력을 제공하는데 필요한 연명적 삶만이 주어졌다. 이생의 고통은 당연한 것으로 체념하거나, 이생의 짧은 고통을 견디고 나면 영생의 행복이 기다리고 있는 저 너머 세상(천국)으로 갈 수 있다는 상상으로 그 고통을 감내하며 살아왔다.

산업혁명이 태동하던 16세기 영국에서의 민중들의 삶 또한 비참했다. '양들이 사람을 잡아먹고 있다'라는 말로 대변되는 인클로저[3] 현상으로 소작할 땅조차 잃어버린 농민들은 도시의 빈민으로 전락하였으며, 이들은 생존을 위해 무엇이든 할 수밖에 없는 지경에 이

---

[1] 유토피아(utopia)는 영국의 사상가 토머스 모어가 1516년에 만들어 낸 말로, 라틴어로 쓰인 그의 저작《유토피아》에서 유래되었다. 그리스어의 ou(없다), topos(장소)를 조합한 말로 "어디에도 없는 장소"라는 뜻으로 의도적으로 사용했다. 즉, 유토피아는 '현실에는 절대 존재하지 않는 이상적인 사회'로 이상향(理想鄕)이라고 부르기도 한다.

[2] Oscar Wilde, (1854년 - 1900년) 아일랜드의 시인이자 극작가

[3] 튜더 왕조 시절에 왕은 모직물 공업이 국가에서 가장 중요한 산업이라고 평가하면서 세계에서 가장 부유하고 가치 있는 제조업이라고 칭했다. 토지 소유자들은 너나 할 것 없이 수익이 높은 양을 기르기 위해 울타리를 치고 경작하던 농민을 내몰았고, 결과적으로 농민의 실업, 이농현상, 빈곤 등이 증가하고, 농경 마을이 해체되었다. 토지를 소유한 계층인 젠트리는 큰 부를 소유하고 의회에 진출하였다. 왕은 사회의 불안을 우려해 법으로 인클로저 금지령을 내렸으나 법을 집행하는 행정 담당자가 시민 계급인 젠트리 계층이었으므로 인클로저 금지법은 1622년 결국 폐지되었다. 토머스 모어는 이러한 현상을 일컬어 "전에는 사람이 양을 먹었지만, 지금은 양이 사람을 잡아먹는다."라고 말하였다.[출처 인클로저 운동|작성자 금별

르렀다. 그러나 영국 정부는 비참함을 개선하려는 노력 없이 오로지 강력한 처벌로 이들을 통제하고 있었다.

이러한 부조리한 현실에 토머스 모어[4]는 '세상 사람 대부분이 학생을 가르치기보다는 때리려고만 드는 못된 교사와 비슷해 보입니다. 우선 훔치고 보자, 죽는 것은 그다음 일이라고 생각할 수밖에 없는, 그런 극심한 곤궁 상태에 빠지지 않도록, 모든 사람에게 생계를 이어 나갈 수 있게 해주는 것이 훨씬 좋은 길인데도, 도둑에 대해서 혹독하고 무서운 형벌을 규정하고 있으니 말입니다.'라는 글로 당시 영국 사회의 법과 제도가 기득권만 보호하고, 소외된 민중들의 삶을 돌보지 않고 있음을 신랄하게 비판하였다.

토머스 모어는 당시의 비참한 민중들의 삶의 원인이 지배층의 부패와 타락한 교회 권력에 있다고 보았으며, 그러한 현실에서 민중들에 대한 애정이 어린 시선으로 진정한 공공성의 실현을 꿈꾼 '유토피아'라는 공상 소설을 출간하였다.

토머스 모어의 유토피아는 중세와 근대의 경계에서 만들어진 개념으로 행복한 세상을 신에게 의지하지 않고, 인간중심으로 바라보며 현실에서의 천국을 묘사하였다. 이는 신에게 구원을 청하고 기다리기보다는 우리 스스로 천국을 만들자는 새로운 발상이었으며, 유토피아는 저 너머에 있는 이상향이나 도달할 수 없는 세상이 아니라, 시대에 필요한 이상향을 인간의 의지와 노력으로 만들어 가고자 하는 새로운 상상이었다.

국내 건설기술자들이 받는 처우 또한 정도의 차이만 있을 뿐 16세기 영국 민중들의 삶과 다를 바가 없어 보인다. 일거수일투족을 감시하는 현장의 수많은 CCTV, 일상화되어 있는 점검, 점점 강화되고 있는 처벌 수위를 보고 있자면 건설기술자들을 잠재적 범죄집단으로 간주하고 있다고 느껴지기까지 한다.

---

[4] 토머스 모어 경(영어: Sir Thomas More, 1478년 2월 7일~1535년 7월 6일), 잉글랜드 왕국의 법률가, 저술가, 사상가, 정치가이자 기독교의 성인이다. 헨리 8세의 폭정에 저항하다 단두대의 이슬로 사라졌다.

갑질을 하기에 최적화된 제도, 시스템, 프로세스와 건설문화, 비현실적인 규정과 규제, 참여자들의 낮은 수준의 지식과 역량, 엉터리 전문가들의 엉뚱한 분석과 대책, 점검자들의 무능, 이익집단의 입법 로비, 건설산업의 폐쇄성, 인간에 대한 이해 부족 등 어떠한 시각에서 보느냐에 따라 문제의 원인 또한 충분히 달라진다. 그런데도 모든 문제의 근본 원인을 오롯이 현장으로 지목하며, 모든 개선의 노력 또한 현장에만 집중되어 있다. 다양한 조직, 새로운 기술이 접목되어도 그 사용 목적은 궁극적으로 현장을 좀 더 철저하게 감시하는데 활용된다. '학생들을 가르치려 하기보다는 때리려고만 드는 못된 교사들만 있다'라는 토머스 모어의 비판이 너무나 공감된다.

물론 설계역량이 뛰어나서 현장에 맞는 최적의 설계를 할 수 있고, 이에 맞게 한 치의 오차도 없이 모든 규정과 기준 관계 법령을 준수하며 시공할 수 있다면, 아무런 문제가 발생하지 않을지도 모른다. 그러나 인간은 그러지 못하다. 그럴 수 있다면 신이다. 따라서 설계역량과 시공관리 역량이 중요한 것은 맞지만 완벽하지 못하다고 해서 이에 대한 감시와 처벌을 강화하는 것은 대책이 될 수 없다. 오히려 인간에 대한 부족한 이해와 건설산업 전반의 문제를 정확하게 진단하지 못하면서 떠들어대는 엉터리 전문가들과 이들이 만든 제도와 정책을 우격다짐 격으로 강제하고 있는 현실에 더 큰 문제가 있다고 볼 수 있다. 더욱이 다른 관점은 허용하지 않겠다는 식의 복종만을 강요하고 있는 현실은 건설산업의 미래를 더욱 암담하게 하고 있다고 본다.

이러한 현실에서 모두가 생존을 위한 책임회피 기술 습득에 전력하고 있으며, 기술자로의 자부심은 저 멀리 사라져 버렸다.

나는 가혹하리만치 감시와 처벌을 강화하는 현실, 대안 없는 비판과 엉터리 정책을 남발하면서도 부끄러운 줄 모르는 엉터리 전문가, 건설산업의 발전보다는 자신들의 이윤 추구를 위해 그럴듯한 논리로 떠들어대는 이익집단과 이를 뒷받침하며 기생하는 사이비 전문가들이 사라질 때 진정한 건설산업의 밝은 미래가 있다고 본다. 이러한 미래를 상상하며 '건설 유토피아'를 말하고자 한다.

토머스 모어는 "유토피아"를 말하기에 앞서 '말하는 사람의 오만, 이를 받아들이는 사람의 경솔한 판단, 그리고 또 다른 예상할 수 없는 부작용'이 있을 수 있음을 경계하고 있다. 나 또한 독선과 기만에 빠지지 않으려고 노력하였지만 자유롭지 못하다. 내가 꿈꾸는 유토피아는 동조와 함께 수많은 반대도 있다고 보며, 그 또한 당연하다고 본다. 게다가 얕은 지식으로 잘못된 생각도 분명히 있을 것이다. 그러나 독자분들의 현명함을 믿고 눈치 없이 마음껏 써본다.

유토피아의 시작

언제부터인가 건설기술자들 사이에서 건설산업에서 그동안 옳다고 믿어왔던 통념들과 방식, 건설 현장 전반에 배어있던 관습이나 관례들이 옳지 않았으며, 오히려 건설산업의 발전을 저해하는 가장 심각한 문제였다는 인식이 확산되기 시작했다. 얼마 지나지 않아 대부분 그렇게 인식하게 되었다. 이러한 인식의 변화는 개혁을 요구하는 기술자들의 거대한 흐름을 만들었다.

그것은 다른 이론을 요구하는 것이 아니라 다른 관점을 요구하는 시작이었다. 관점의 변화를 요구하는 외침은 기득권의 저항과 점진적 개선이라는 속임수에 의해 주춤거렸지만, 멈추게 하지는 못했다. 누구라도 마음만 먹으로 옭아맬 수 있는 수많은 규정과 법규에 더 이상 견딜 수 없었기 때문이다. 더불어 그동안 현장을 지배하던 그럴듯한 이론이 과학적이라는 허울을 덮어쓴 허구임이 밝혀지면서, 주어진 이론을 신뢰하기보다는 직접 관찰하고 분석한 결과를 더욱 신뢰하게 되었다. 권위는 사라졌으며 동시에 권위자도 없어졌다.

인문학이 된 건설사업관리

얼마 전까지 건설사업관리 전문가는 수학적 확실성을 갖추어야 한다고 보았다. 즉 자연과학의 범주로 인식하고 있었다. 그러나 정확해 보이는 숫자들은 얼마든지 조작될 수 있다는 사실과 정보의 수집 분석과정에서 개인적 편견이나 편향이 심각하게 작동되는 인간의 한계를 이젠 누구나 당연하게 받아들이고 있다. 또한 일정한 틀 안에 담을 수 없는 복잡한 환경이 건설사업관리 전반에 영향을 미치고 있어, 저마다 광범위한 해석이 가능하다는 사실도 모두 수긍하게 되었다.

더욱이 건설산업이 안고 있던 문제를 해결하려는 과거의 수많은 시도가 의미 있는 성과가 없었던 원인을 사고의 편협함에서 찾게 되었다. 즉 건설공학 범주에서만 해결하고자 했던 생각의 빈곤함에 있었음을 인식하게 되었다. 생각의 빈곤은 상상력과 비판적 사고의 부재를 가져왔으며, 결과적으로 창조적 해법을 제시하는 환경을 만들지 못하였다. 이에 건설산업의 발전을 위해서는 사고의 힘을 키울 수 있는 인문학적 소양이 필요하다는데 모두가 동의하게 되었다.

이젠 기술자의 역량은 문제의 전반을 읽어낼 수 있는 통찰력, 다양한 시각에서 접근할 수 있는 유연성, 다름을 수용할 수 있는 포용력, 사람에 대한 이해, 상황을 주관적 시각에서 벗어나 해석할 수 있는 능력을 공학적 계산능력만큼 중요하다고 인식하고 있다.

자연과학에서도 철학, 역사, 경제, 심리학 등이 전공필수에 포함되었으며, 공학만큼 중요한 비중을 차지하게 되었다. 토목공학 학사학위를 취득하기 위해서는 인문학 분야에서 20학점을 취득해야 한다. 지금도 대학에서는 공학과 인문학의 접목을 위한 다양한 시도와 논의가 지속되고 있다.

사라진 전문가

건설업에는 수많은 전문가가 존재해 왔다. 그들은 훌륭한 공학지식과 이를 암기하고 계산하는 능력이 출중하거나, 학문적으로 칭찬할 만한 훌륭한 논문을 기고하거나 전문서적을 출간하는 등 그들만의 남다른 능력을 보여주었다. 이들은 이러한 성과를 바탕으로 자신의 위상을 공고히 했다.

그러나 기술사, 박사의 엄청난 증가, 새로운 선진시스템의 적극적인 도입에도 불구하고 건설 현장의 낮은 생산성과 일상화된 공기 지연, 줄어들지 않는 안전사고는 전문가 기준에 대한 의구심을 갖게 하였다. 더욱이 일단 전문가 집단에 들어가게 되면 충분한 보상을 받을 수 있다는 생각에 어떻게 해서든 전문가 집단에 들어가려는 숨은 노력으로 인해 현장은 더욱더 방치되는 생각지 못한 문제까지 발생하고 있었다.

다양한 학자들로 구성된 세담 컨설팅그룹[5] 의 연구 결과에서도 건설산업이 처한 어려움의 주요 원인으로 창의적 인재 부족, 조직의 폐쇄성, 현장 기술자들의 역량 부족, 설계역량 부족, 전문가 집단의 무능과 이들이 만든 엉터리 정책, 이를 바탕으로 한 현실성 없는 기준과 함께 현장 기술자들이 자격이나 학위 취득에 집중하면서 현장관리에 소홀하게 되는 문제도 심각한 원인으로 언급하고 있다.

이후 건설사업관리 전문가라든가 공정관리 전문가라는 용어는 사라지게 되었다. 기술사, 박사는 개인적 명예로 인정하지만, 기술자의 역량 판단이나 특정 직위에 필요한 절대적 조건으로 작용하지는 않는다. 계산이 필요한 부분도 컴퓨터 프로그램의 발달로 인하여 누구나 일정한 교육을 받으면 계산을 수행할 수 있어 특정 자격을 요구하지 않는다. 이젠 기술자 개개인이 보여준 실적과 업무를 처리하는 과정의 노력, 결과적으로 보이는 문제 해결 능력에 의해 기술자의 수준이 평가된다.

---

[5] 맥킨지앤컴퍼니, 더 보스턴컨설팅그룹, 베인앤드컴퍼니와 어깨를 나란히 하는 세계 최고 컨설팅 회사. 어느 것도 벤치마킹하지 않고 창조적 노력으로 그들만의 독특한 컨설팅 방법과 문화를 창조하였다.

로비가 사라진 수주 경쟁

2030년 3월 이상 건설은 설계시공 일괄수주방식(일괄수주)으로 지하철 11호선 공사를 수주하였다. 입찰 과정은 새롭게 바뀐 방식이 적용되었다. 과거에는 소수의 전문가 집단 내에서 추천된 10인 미만의 사람이 심사하여 낙찰자를 결정하였지만, 지금은 일반 시민 중 무작위로 추첨이 된 11~21인의 사람들이 참여하여, 2~5일 동안 해당 분야 전문가들의 도움을 받아 심사하고, 가장 합리적이라 판단되는 시공사를 선택하게 된다. (참고로 이때 참여하는 시민에게는 충분한 보상이 이루어지며, 숙식도 제공된다. 또한 본업에 지장이 없도록 국가에서 보장한다. 건설회사는 각자 설계의 장점과 수주 당위성을 설명하기 위해 5명의 전문가를 투입할 수 있으며, 발주처에서는 토론과정을 참여한 시민들이 이해할 수 있도록 3~4인의 해당분야 전문가를 투입하여 충분한 정보와 함께 설명토록 하고 있다.)

설계에 대한 심의가 완료되면, 시공 능력을 평가하게 된다. 이 또한 시민 평가단이 평가한다. 시공에 참여하는 핵심 기술자(현장소장, 공사·품질·안전·설계 팀장)들이 참석하여 작업계획을 발표하고, 공사 기간 단축 방안, 안전사고 저감방안, 품질확보 방안을 설명한다. 설명 후에는 회사별로 상대의 허점을 부각하기 위해 예상되는 문제점 등을 서로 질문하고 대답하는 방식으로 토론한다. 시민 평가단은 이 과정을 지켜보면서 전문가의 도움을 받아 보충 설명을 듣거나 직접 질문을 하며 검증하게 된다. 전문가들의 몫은 판단하는 데 도움을 줄 수 있는 지식을 제공할 뿐이다.

설계점수와 시공계획 발표점수의 합계(설계와 시공은 5:5의 가중치를 가진다)로 가장 많은 점수를 받은 회사가 시공사로 선정되며, 이때 발표에 참여한 기술자는 아주 특별한 사유가 없는 한 시공에 투입되어야 한다(용지보상이 완료된 뒤에 시공사를 선정하므로 곧바로 작업에 투입된다).

시공사 선정 과정에서 공사 금액은 큰 비중을 차지하지 않는다. 시민들의 불편을 최소화하면서 가장 신속하고 안전하게 공사를 수행할 수 있는 설계와 시공역량이 더욱 중요한 선택 요소다. 쉽게 설명하자면 공사 금액이 높다 하더라도 공사 기간을 단축해 시민의 불편을 최소화할 수 있다면 사회적 비용 절감에 더 높은 점수를 주게 된다.

이처럼 바뀐 제도로 과거에 만연했던 심의위원에 대한 치열한 배후 로비는 사라졌으며, 인맥이나, 학연, 개인적 친밀도에 따라 낙찰자가 결정되는 사례는 있을 수 없게 되었다. 그 결과 로비나 인맥을 찾아다니던 노력은 오롯이 합리적이고 경제적인 설계와 시공 방법을 찾기 위한 노력과 투자로 돌아서게 되었다. 시공사에 영업 부서는 없다. 이러한 변화는 결과적으로 설계기술력과 시공 능력의 비약적인 발전을 가져오게 되었다.

심의 결과 심사위원 21명 중 설계와 시공 모든 부분에서 16표를 받은 이상건설이 수주하게 되었다.

예산 문제, 용지보상으로 인한 공기 지연은 없다.

2024년 10월 지하철 건설 현장의 공기 지연에 따른 공사비용의 증가와 차량정체 등으로 야기되는 사회적 비용이 1년에 1조 5,000억원 이상 발생한다는 연구 보고서가 발표되었다. 서울시는 이에 따른 후속 조치로 공사 기간이 연장되는 사유를 종합적으로 검토하였다. 검토 결과 설계오류, 시공사의 귀책사유를 제외하면 용지보상 지연, 인허가 지연, 예산 부족 등이 주요 지연 사유로 밝혀졌다.

그 결과 2026년부터는 용지보상과 인허가 협의가 완료되고, 충분한 예산이 확보된 후 공사를 발주한다. 과거처럼 너무 적은 예산이 배정되거나, 용지보상이 어정쩡한 상태에서 시공사가 투입되어 오랜 기간 교통체증을 유발한다거나, 시공사의 과다한 관리 비용 발생으로 공사 완료 후 클레임 소송으로 연결되던 구태는 사라지게 되었다.

이러한 변화와 함께 공사 기간 단축에 대한 인센티브와 공기 지연에 대한 페널티도 예외 없이 적용하고 있다. 공사 기간을 단축하여 시민들의 불편을 최소화하고, 신속한 편익을 제공하는 현장에는 과감한 인센티브를 제공한다. 반대로 공기 지연으로 사회적 손실을 발생시킨 현장에는 엄격한 페널티가 부과된다. 지하철 현장의 경우 1개월 지연에 20억 원의 벌금이 부과된다. 그와 반대로 1개월 단축에는 20억 원의 인센티브가 주어진다. 이러한 제도의 변화에 따라 시공사는 예산배정이나 용지보상 문제로 인한 공기연장을 언급할 수 없게 되었으며, 적기에 공사를 마무리하기 위한 시공관리 능력은 시공사가 갖추어야 할 가장 중요한 핵심역량이 되었다.

유연해진 기술자 배치 기준

2024~2025년 2년간 한국 생산성 본부의 연구분석에서 같은 공종의 오랜 경험, 기술사 자격, 학위 등이 현장 성과와 의미 있는 연관성이 없다는 것이 밝혀졌다. 오히려 단일 공사만 수행한 경험은 다양성의 부족으로 창의적 문제 해결 역량을 키우지 못하게 하는 원인으로 지목되었다. 지금처럼 암기력 테스트 위주의 기술 자격시험은 실질적인 문제 해결 능력을 키울 수 없으며, 자격증을 우대하는 현상이 기술자들을 현업에 집중하지 못하게 하는 역효과를 가져온다고 분석되었다.

이처럼 특정 공사의 오랜 경험이나 자격증의 유무가 성과와 상관관계가 없다는 사실이 밝혀짐에 따라 발주처에서 요구하던 현장소장의 경력이나 자격조건은 없어졌다. 현장에 투입하는 기술자 선택은 전적으로 시공사의 몫이 되었다. 이에 따라 과거 수많은 제약으로 차선책으로 갈 수밖에 없었던 인사는 사라졌으며, 현장소장이나 팀장 후보자의 범위가 넓어졌다. 이상건설 또한 이러한 변화에 맞게 역량 평가방식과 현장소장 선발방식이 과감하게 바뀌었다.

예전과 다르게 확연히 바뀐 것은 직원들의 평가를 외부 기관의 협조를 받아 수행한다는 것이다.[6] 건설기술자 평가를 전문으로 하는 외부 기관에서는 평소에 기술자 개개인의 현

---

[6] 기존에 수행했던 내부 평가방식은 개인 간의 친분, 근거 없는 개별적 선호에 따른 평가가 많아 신뢰할 수 없었다.

장에서의 기여도, 담당했던 업무의 성과, 의사결정과정에서의 적극성 등에 관한 정보를 수집하여 평가한다.[7] 6개월에 한 번씩 평가 결과를 공유하며, 오류가 있거나 불만이 있으면 이의신청 절차를 통해 재검증할 수 있다. 이 과정에 거짓이 있거나 좋은 평가를 받기 위한 로비 의혹이 확인되면 2단계 낮은 등급으로 평가되며, 재발의 경우 퇴직 처리된다. 이젠 유능함이란 실적과 함께, 실적을 향상시키려는 다양한 과정의 노력으로 평가된다.

또 다른 변화는 과거처럼 인간관계, 조직에 대한 충성도가 평가에 영향을 미치지 않는다는 것이다. 과거 조직의 결정에 비판적인 사고로 다른 의견을 제시한다거나, 거부 의사를 표현하는 것은 조직의 단결을 저해하는 행위로 받아들여져 좋지 않게 평가되었다. 하지만 지금은 관습에서 벗어나지 못한 상투적인 의견만을 말하거나, 대안 없는 비판, 근거 없는 비판이나 낙관, 자신만의 생각이나 의견 없이 묵묵히 시키는 일만 하는 기술자들에 대한 평가는 좋지 않다. 끊임없이 회의적인 시각에서 현실을 바라보며 창조적 해법을 제시하고, 부지런히 실행하는 기술자들이 좋은 평가를 받는다. 열심히 한다는 기준이 바뀌었다.

이러한 평가는 대부분 인공지능에 의해 수행된다. 물론 인공지능이라 해도 완벽할 순 없다. 아직은 이런저런 불만이 있지만, 예전의 엉터리 인사에 비할 바가 아니다. 이젠 경험, 자격, 학위보다는 경험한 현장에서의 실적이 더욱 중요한 평가 요소다. 정성적 평가(성실하다, 유능하다, 배려심 있다, 통솔력 있다, 클라이언트가 선호한다)는 그 자체가 평

---

[7] 과거에는 경험이나 지식의 수준을 평가할 도구도 없었으며, 회사 자체 인사시스템에도 객관적으로 개인의 역량과 실적을 구체적으로 분석한 자료가 없었다. 회사에서 활용되고 있는 인사자료는 개인적 편견으로 가득 찬 상위 관리자의 의견과, 이를 바탕으로 한 측정 없는 분석 결과인 고과뿐이었다. 당시에도 인사시스템의 문제는 모두가 인지하고 있었으며, 개선이 필요하다는 데 공감하고 있었다. 그러나 인사권을 특권처럼 행사하며 조직 장악력을 확대하려는 사람들의 강한 저항에 부딪혔었다. 과거 인사에 대한 이견은 인사권자 권한에 대한 도전으로 받아들이면서 강한 불쾌감과 함께 철저히 무시하고 외면했다.

가의 기준이 될 수 없으며, 정량적 성과와 연결될 때만 장점으로 인정받게 된다.

　인사시스템의 획기적인 변화와 함께 현장소장 선발방식도 과감하게 개선되었다. 지원자 중에서 선택하는 방식과, 임의로 지정한 3~5인 중에 심사를 거쳐 선발하는 2가지 방식이 있다. 두 방식 모두 현장 경력 7년 이상이 유일한 자격 제한이다.

　현장소장 지원제도는 어려운 공사나, 특수한 공사로 적임자를 선별하기 어려운 경우, 역량과 열정을 가진 기술자들에게 기회를 제공하기 위한 제도이다. 지원자는 지원한 현장의 설계자료를 15~30일 동안 검토하여 (검토하는 과정에서 두 명의 기술자를 지원받을 수 있다) 1시간 이내 시공계획을 발표하게 한다. 심사는 회사 내 임의로 추첨된 기술자 3인과 외부 전문가 2인에 의해 진행된다. 심사점수 50%에 과거 실적점수 50%를 더하여 최종결정한다. 선발제는 회사 내 임의로 선정된 기술자 10인의 추천으로 3인을 선발하고 그 이후의 방식은 같다.

　지하철 현장의 경우 두 번째 방식으로 김민주 차장이 현장소장으로 결정되었다. 지하철 경험은 2년 정도지만 다양한 현장에서 우수한 성과를 보여줬고, 발표에서도 현장의 핵심을 정확하게 짚어내고 대책을 수립하였으며, 설계 이해 능력, 공정관리 역량이 뛰어나다는 평가를 받았다.

　현장소장 결정 후 공사팀장, 공무팀장 등 핵심 보직의 배치는 현장소장의 의견과 당사자의 결정에 따라 배치된다. 단 핵심 인력에 대한 선택 사유를 제출하고 본사는 핵심 인력에 대한 검증을 시행한다. 그 외 기술자들은 검증하지 않는다.

최저가가 아닌 최적가로 협력업체를 선정한다.

과거 협력업체 선정 방식은 단순했다. 동일한 공사를 수행한 경험이 많은 일정 규모 이상의 회사로 한정하여 입찰에 참여토록 하였으며, 이들 중 가장 낮은 금액으로 입찰한 회사가 협력업체로 선정되었다. 그러나 일단 수주하고 보자는 식의 저가 입찰은 많은 문제를 초래하였다.[8] 이러한 실태의 심각성이 확인되면서(이상건설 본사 조사 결과 조사 대상 현장 10개 중 7개가 협력업체와 공사 중 타절하였거나 적자 보전을 요구하는 협력업체의 태업으로 원도급사와 하도급사 모두에게 심각한 손실을 줬다는 사실이 밝혀졌다.) 최저가(最低價)가 아닌 최적가(最適價)의 업체를 선정하려는 노력으로 협력업체 선정 방식이 변경되었다.

협력업체 선정 과정은 공개적으로 한다. 입찰에 참여한 회사들은 이미 배포된 도면, 구조계산서, 수량 산출서 등 설계도서를 참조하여 자신들만의 시공계획서를 작성하고 발표한다. 시공계획서는 원도급사의 검토가 가능하도록 발표 1주일 전에 제출한다. 회사의 핵심기술이나 노하우를 보호하고자 한다면 이는 발표직전에 제출할 수 있다. 발표 후 현장기술자, 본사 유관부서 기술자, 초청된 외부 전문가들이 질문하고 대답하는 방식으로 1차 검증을 진행한다. 1차 검증이 마무리되면, 입찰 참여회사 간의 토론이 시작된다. 각자 자신들만의 장점과 강점을 설명하고, 다른 회사의 문제점을 지적하는 등 치열한 토론을 하며, 이 과정을 심사위원들이 지켜보고 평가한다. 필요하다면 토론은 1회 추가할 수 있다. 최종결정은 발표내용, 합리적인 입찰 금액, 시공사 실적을 4:4:2의 비중으로 계산하여

---

[8] 과거에는 협력업체 선정 시 동일한 공사의 과거 실적을 중요시했다. 이때 수행 결과는 검증하지 않았다. 게다가 저가 심의 대상만 아니라면 선정 과정에서 입찰 금액에 대한 검증도 없었다. 공사를 정상적으로 수행할 수 있는 금액인지 검토하지 않았다는 얘기다. 계약에 의한 시공이니 협력업체의 흑자와 적자는 그들의 몫이라 생각했다. 하지만 협력업체의 적자는 원하청 간의 책임 공방으로 번지는 경우가 많았으며, 원만하게 해결되지 못하고 모두에게 심각한 손해를 끼쳤다. 결과적으로 입찰 금액이나 실적만으로 결정된 업체 선정은 누구에게도 도움이 되지 않았다.

가장 높은 점수를 받은 회사가 수주하게 된다. 이때 원도급사 평가 점수 40%, 외부 전문가 점수 60% 비중으로 반영된다.

이번에 낙찰된 회사는 지하철 경험은 많지 않고 규모도 크지 않지만, 현실적인 계획과 합리적 가격을 제시한 건설사가 선정되었다.

다양한 방식의 설계검토

설계단계에서 수행되었던 설계 경제성과 안전성 검토는 설계 적합성 검토 하나로 통합되었다. 설계 적합성 검토는 기본설계 완료 후, 실시설계 진도율 40%, 100%와 같이 세 번의 검토를 시행하며, 검토과정에는 역량 있는 시공전문가가 반드시 참여한다. 이처럼 초기부터 현장감 있는 설계에 집중하면서 시공과정에서 설계 문제로 발생하였던 시간과 비용의 낭비는 50% 이상 감소하게 되었다.

이 과정에서 설계로 채택된 도면과 함께 채택되지 않은 설계 도면도 별도로 정리하여 설계도서에 포함된다. 이는 추후 현장 상황에 따라 대안으로 활용할 수 있기 때문이다.

더불어 2024년부터는 설계에 적용된 기준, 가정, 가설을 현장 시공팀들도 쉽게 이해할 수 있게 자세한 설명과 함께 기술적 근거를 별도로 정리한 '설계기준 및 가정·가설 설명서'를 설계도서에 포함하고 있다.

모든 설계도서가 시공팀에 전달되면, 현장 개설과 동시에 다시 한번 설계의 시공 적합성 검토를 수행한다. 설계 당시에 추정한 현장 상황과 실제 상황이 차이가 있을 수 있으며, 또 다른 대안이 있을 수 있어 다시 한번 검토한다. 이 과정에서는 미처 예측하지 못해 누락된 설계를 보완하는 것만큼이나, 과다한 설계를 찾아내는 것 또한 중요하다. 안전한 설계는 더하기만이 아니라 빼기도 필요하다고 인식하고 있다.

설계검토에는 설계 도면과 함께 시방서도 포함된다. 시방기준도 최종 성과물의 품질에 영향을 주지 않는다면 세부적인 내용은 바꿀 수 있다. 그만큼 최종적인 결과물의 품질에 대한 책임은 강화되고, 책임소재 또한 명확해졌다. 예를 들어 성토작업의 층 다짐 시공의 정해진 규정은 없으며, 층마다 검측하지 않아도 된다. 다만 필요한 다짐의 수준만 정해지며, 현장 상황에 맞게 필요 다짐 정도를 확인할 방법을 제시하면 받아들여진다.

현장 설계검토는 원도급사, 하도급사, 전문 작업팀, 본사, 외부 전문가[9] 들이 개별적으로 검토한 내용을 발표하는 1차 검토와 이를 참조한 재검토 결과를 발표하는 2차 검토로 마무리된다. 물론 규정된 것은 아니다. 이때 토론이나 회의에 참석하는 기술자들은 반드시 자신만의 의견을 제출해야 한다. 누구도 예외는 없다.

결정된 설계도서는 세부 내용을 포함하여 원설계사, CM 사에 전달되고 발주처에 통보된다. 설계검토 결과는 3회 내에서 분할하여 제출할 수 있어 필요하다면, 우선 시공분에 대해서 제출하면 된다. 이때 구조계산 문제 등 명백한 오류가 확인되면 반려되지만, 개인적 선호도의 문제일 경우 시공사 의사가 우선이며, 발주자나 CM 사 의견은 참조될 뿐이다.

이러한 변화로 과거 승인권자의 개인적 성향이나 편견 등 검증되지 않은 지식으로 설계변경을 통제하고 관리하던 구태가 사라지게 되었다. 더불어 안전사고, 품질 사고에 대한 발주처나 CM 사의 연대책임 또한 없어졌다. 연대책임을 지도록 한 규정이 안전사고, 품질 사고를 줄이지 못했을 뿐만 아니라, 갑질의 빌미가 되거나 본질적인 원인 규명의 걸림돌이 되고 있다는 연구 결과가 발표되면서 시공사의 자율과 책임이 커지게 되었다.

개방적이며 자율적인 환경에서 실질적인 안전과 품질이 확보될 수 있는 설계가 거침없이 수용되며, 현장 특성에 맞는 새로운 기준들이 만들어진다. 이제 설계검토는 현장 관리자

---

[9] 외부 전문가는 자격이나 학위에 기반하지 않는다. 더욱이 사회적 직위는 고려사항이 아니다. 따라서 목수, 용접사, 철근공도 전문가로 인정한다.

들에게 중요한 핵심역량으로 자리 잡았으며, 과거처럼 설계는 설계팀에서 하고, 시공팀은 주어진 도면에 따라 시공한다는 인식은 사라졌다. 설계검토 과정에서 개별적 성과는 기록되고 관리되며, 핵심역량으로 평가된다.

설계 과정에서 각자의 입장, 경험, 지식, 환경에 따른 해석 차이는 당연하게 받아들여지기 때문에 설계변경으로 누군가를 문책하는 일은 없다. 오히려 변경이 지연되는 상황을 심각한 문제로 인식한다.

이상건설이 수주한 지하철 11호선 현장도 설계검토를 수행하였다.

설계검토에는 현장기술자 외에도 초청된 외부 전문가도 포함되었다. 기술적인 검토, 기능적인 검토, 경험에 따른 검토 등 모든 부분에서 검토가 이루어지며, 모두 중요하게 받아들인다.

1,2차 검토회의 결과, 상수관과 간섭되어 상수관 이설 전 가시설 시공이 어렵다고 판단한 구간에서 창의적인 가시설 시공방안이 제안되었다. 또한 일부 보도 구간은 지장물 이설 없이 시공할 수 있도록 주형보 규격을 변경하자는 의견이 있었으며, 과다한 중앙파일은 적정한 수량으로 변경이 필요하다는 의견도 나왔다. 이러한 의견들은 시간과 비용의 낭비 없이 원활하게 후속 작업이 진행되는 방안이었다.

이와 반대로 추가적인 안전을 확보하기 위해 파일 간격을 좁히고, 버팀보를 추가하며, 띠장 보강용 스티프너를 추가하자는 의견, 지금처럼 엄중한 시기에 현장 기술자들의 완벽 시공의 의지를 보여주며, 정밀 시공의 수준을 높이기 위해 계측관리 기준치를 더욱 강화해야 한다는 의견도 있었다. 그러나 근거 없이 보강에 보강을 추가하자는 의견, 현실성 없는 기준의 강화는 받아들여지지 않았다. 과소 설계 못지않게 과다 설계의 문제점을 충분히 인식한 결과이다.

설계사에서는 다양한 의견을 신속하게 검토하여 현장 적용 여부를 결정하였다. 그 결과 과다한 용접길이 현실화, 파일 간격 변경에 따른 대안설계 확정, 중간파일 수량이 감소, 버팀보의 간격변경 등의 성과가 도출되었다. 보도부 주형보는 규격이 변경되었으며, 상수관이 간섭된 주형보는 제안한 보강방안이 채택되었다. 또한 지나치게 엄밀하게 적용된 지표침하 기준의 적합 여부를 확인하고, 현장 상황에 맞게 관리기준을 조정하였다. 이 과정에서 대안설계서, 설계기준 및 가정·가설 설명서는 신속한 검토에 큰 도움이 되고 있다.

설계변경 내용은 발주자나 CM 사에 제출되었으며, 별다른 이견 없이 수용되었다. 발주자나 CM 사는 최종목적물의 변경이 아니라면 시공과정의 설계변경에 따른 책임은 없다. 따라서 승인이라는 절차가 없다.

공정관리가 최우선이 된 건설 현장

공정관리가 공사관리의 핵심이라는데 누구도 반박하지 않는다. 적기에 안전하면서 좋은 품질을 확보하고자 발주처마다 공정관리, 특히 합리적인 공정표 작성을 위한 다양한 노력을 기울이고 있다. 그러나 공정관리에 절대적 권위가 있는 이론은 있을 수 없음을 알고 있어, 특정 시스템에 맞춰진 획일적 공정표를 요구하지 않는다. 단 공정계획의 적정성을 검토한 의견은 제시하고 있으며, 시공사는 적절한 답변을 해야 한다. 각자의 의견이 팽팽하게 맞서면 시공사의 의견을 우선 존중한다. 그렇다고 다른 의견이 사장(死藏)되지는 않는다. 추후 상황변화에 따라 적용될 수 있어서 다양한 이견 모두를 공식적인 문서로 보관한다.

시공사의 의견이 우선이지만, 준공에 심각한 문제가 발생할 수 있다고 보이면,[10] 발주자의

---

[10] ○○ 지하철 공사는 1개월 단위로 공정 진척 현황을 보고 받아 계획 대비 진척도가 70% 이하로 3개월 지속되면 외부 전문가 검토를 받는다.

직권으로 외부 전문가를 선정하여 공정관리 실태를 확인하고 의견을 제시한다. 이에 대해서는 정확하고 책임 있는 답변을 시공사가 해야 한다. 명백한 다른 원인이 아니라면 최종 준공일 뿐만 아니라 주요 마일스톤에 대한 지연도 페널티가 부과되며, 단축하면 인센티브가 지급된다.

대부분의 시공사는 공정관리를 내부 시스템에 전적으로 의존하지 않는다. 즉 다양한 관점에서 현장을 분석하고, 잘못된 판단이 걸러질 수 있도록 정기적으로 공정관리 컨설팅을 받는다.

이상건설 지하철 현장에서도 공기 내에 무리 없이 준공할 수 있도록 공정표를 작성하였다. 장비 기사, 반장이 포함된 공사 참여자들의 의견을 모으고, 외부 전문가의 도움을 받아 WBS 분류, Activity 도출, 선·후행 연결, 공기산출 근거, 자원 평준화 등 핵심 내용들을 확인하였으며, 공정관리 프로그램을 활용하여 공정표가 작성되었다.

작성된 공정표는 Activity가 300개 이내, 핵심 성과지수 10개 이내로 단순화되어 누구든 쉽게 이해하고 관리될 수 있다. 공정표는 모두가 공유하며, 의사소통의 수단으로 활용된다. 다양한 의견이 수렴될 수 있도록 외부 전문가 2인에게 정기적인 조언을 듣고, 연 2회 워크숍을 통해 직원들의 공정관리 역량향상을 위해 노력한다.

물론 공정관리 활동과 그 결과는 누구에게나 개방된다.

작성 지침과 승인이 없는 시공계획

과거 시공계획은 정해진 작성 지침에 따라 작성하고, 적정성 여부를 승인받게 되어 있었다. 따라서 정해준 지침의 준수 여부가 가장 중요한 승인 조건이었다. 또한 시공 중 시공방안이 변경되면 계획서를 변경하여 승인받게 되어 있었다. 이를 중요하게 생각하였으며, 적기에 변경된 계획의 승인 여부는 점검이나 감사에서 중요한 확인 대상이었다.

그런데 승인에 따른 책임이 따르다 보니 승인과정이 까다롭고, 가끔은 승인 지연에 따른 공사중단이 발생하기도 하였다. 이러한 문제들로 비록 경제적이며 효과적인 시공방안이 있더라도 현장에서 적용하지 못하고 이미 제출된 계획서에 따라 시공하는 예도 적지 않았다. 중대한 사고가 있었던 ○○현장의 사고조사[11] 과정에서 사고를 예방할 수 있었던 합리적 시공방안이 까다로운 승인 절차로 인해 적기에 변경하지 못한 것이 사고의 핵심 원인으로 드러나면서, 시공계획서 승인과 그 절차의 적정성에 관심을 가지게 되었다. 오랜 논의 끝에 시공계획 작성 지침은 반드시 준수해야 할 절대적 기준이 아닌 가이드로 조정되었으며, 시공계획서는 승인 대상이 아닌 제출 대상이 되었다.

새롭게 제시된 가이드에는 시공 중 시공 방법 변경이 빠르게 진행될 수 있도록 하는 프로세스 구축을 중요한 내용으로 포함하고 있다. 다양한 생각들을 모으기 위해 대부분의 건설 현장에서는 원도급사, 하도급사, 세부공종 작업팀들이 각각의 시공계획을 별도로 작성하여 발표하도록 하고 있다. 이 과정에서 형식은 없으며, 자신의 의견을 충분히 설명하면 된다. 컴퓨터 활용에 익숙하지 않다면, 손으로 작성된 몇 장의 문서로 발표해도 무방하다. 다양한 기술자들의 의견은 표현의 세련됨과 관계없이 똑같이 존중받으며, 내용 외적인 요인은 그 어느 것도 고려의 대상이 되지 않는다.

시공계획 검토회의에는 반드시 외부의 설계, 시공, 공정 전문가들이 포함되며, 소모적인 논쟁을 없애고 주관적 경험이나 편견이 의사결정과정에 개입되지 않도록 회의 진행은 외부 전문가의 도움을 받는다. 어떤 의견이든 무시되지 않도록 중립적인 외부 인사에 의해

---

[11] 사고조사는 건설 분야 전문가와 함께 건설과 관계없는 프로세스 전문가, 평가 전문가 등 다양한 분야의 전문가들이 포함되었다.

진행하게 된다.

회의 참석자 모두는 개인의 의견을 발표하며, 내용은 기록으로 남긴다. 발표와 토론과정을 거쳐 합리적이라 판단된 하나의 의견이 채택되기도 하고, 각각의 의견에 장점을 융합한 새로운 계획이 만들어져 채택되기도 한다. 그 과정은 반드시 문서화하며, 선택되지 못한 다양한 의견들도 지식으로 축적되어 추후 활용될 수 있도록 한다.

이러한 과정을 거친 시공계획은 발주처와 CM 사에 제출하여 의견을 받지만, 반드시 따라야 할 의무는 없다. 계획서는 제출로 마무리된다. 이 모든 과정은 최근에 개발된 문서관리 시스템에 입력하고, 주제별로 선별하여 문서화시킨다. 필요시 특정 주제를 입력하면 해당 문서만 별도로 볼 수 있다.

시공계획 작성에 김민주 소장이 적극적으로 관여하였다. 모든 공사관계자는 자신의 업무와 관련된 세부 계획을 작성하며, 공종이나 분야별 책임자는 세부 계획을 참조하여 시공계획을 작성하도록 하였다. 과거처럼 신입이나 경험이 적은 직원이 유사 현장 계획서를 카피하여 변형하는 수준으로 작성되던 시공계획서는 없어졌다.

작성된 계획은 시공계획 검토회의에 참석할 내외부 전문가들에게 1주일 전에 전달된다. 이들은 받아본 자료를 바탕으로 현장 확인 후 각자의 의견서를 작성하여 시공계획 검토회의에 참석한다. 처음에는 다양한 의견을 수렴하는 데 집중하며, 다른 사람의 의견에 논평하지 않는다. 다만 이해하지 못하는 부분에 대해 상세한 설명을 요구할 수 있다. 즉각적인 대답이 어려우면 추후 메일이나 서면으로 참여자 전원에게 전달하면 된다.

1차 회의에서 공사팀장은 자원투입계획, 야적과 제작에 필요한 공간, 휴게실, 샤워장, 화장실 등 근로자 편의 시설, 가설 전기 및 분전반 설치계획, 차선점용계획, 구체적인 작업 방법에 대한 의견을 발표하였다. 특히 핵심적으로 관리되어야 하는 Critical Path, 공정별 Cycle 타임은 구체적인 산출 근거와 함께 설명하였다.

품질팀장은 시공에 간섭되지 않으면서 효과적인 검측 방법을 제안하였으며, 과거에 있었던 지하철 현장의 하자 사례와 대책들을 제시하며, 시공과정에 참조가 되도록 하였다. 안전팀장은 현장 상황에 적합한 안전관리 방안을 제시하였다. 안전과 품질팀장 모두 공정계획에 대한 충분한 이해를 바탕으로 안전계획, 품질계획을 마련하였다. 안전과 품질만을 별도로 생각하는 관리 방안은 언급되지 않았다.

본사지원부에서는 지장물 조사 및 이설에 대한 본사 차원의 지원방안과 설계검토에서 미처 확인하지 못했던 파일 시공 위치에 대한 변경안을 마련하였다. 구체적인 시공 순서에 대해서도 출입구를 분리하여 시공하게 되어 있던 당초 계획을 동시 시공으로 변경하여 제안하였다. 외부 공정 전문가는 WBS를 다른 시각에서 분류하고 액티비티를 단순화하여 공정관리를 쉽게 할 수 있는 방안을 내놓았다.

모든 발표가 명확한 근거를 제시하고 있어, 개인적 편견이나 성향에 따른 오류는 최소화된다. 공사팀장은 Cycle 타임으로, 공무팀장은 설계변경 속도로, 안전팀장은 안전조치에 든 시간과 비용으로, 품질팀장은 하자보수에 투입된 비용을 핵심성과 지수로 제시하였다.

2차 회의에서는 청취한 의견을 참조하여 각자 발표 자료를 수정하여 토론을 이어갔다. 원활한 회의 진행을 위해 토론주재자가 투입되었고, 생각이 다른 부분들에 대해서는 기탄없이 반대의견을 표명하였다. 공정표의 WBS는 수정을 거쳐 단순해졌다. 반장이 제시하였던 공간확보 요청은 즉각 수용되었고, 방수공법 또한 변경되었다. 핵심 성과지수 및 측정과 분석 방법은 제시한 안으로 확정되었다. 다만 출입구 동시 시공은 현장 여건에 부합하지 않아 당초 계획대로 시공토록 하였다.

계획서 내용에 포함되지 않은 다른 의견도 폭넓은 시각에서 검증내용을 풍부하게 하는 충분한 가치가 있었다.

작성된 계획서가 감리단과 발주처에 제출되었으며, 특별한 이견은 없었다.

최종 제출된 시공계획은 모든 관계 기술자에게 배포되고, 기술자들은 이를 철저히 이해하고 시공과정에 활용하고 있다. 그렇다고 바이블은 아니다.

모두가 참여하는 Pilot 시공

2025년부터는 Pilot 시공을 통한 계획의 현장검증이 의무화되었으며, 예산에 포함된다. 해당 공종 순공사비의 1~2% 이내에서 공사 규모나 현장 상황에 따라 차등 지급된다(Pilot 시공비용은 전체 공사비의 2% 이내여야 한다). 발주자는 시공사의 이해와 실행에 도움이 될 수 있도록 Pilot 시공 목적과 핵심 관리내용을 제공한다. Pilot 시공 결과는 투입 비용과 함께 보고되며, 형식적인 요식행위[12] 로 판명이 되면 Pilot 시공 비용은 50% 삭감된다. 참고로 발주처인 A메트로 공사의 Pilot 시공의 목적과 핵심 내용은 다음과 같다.

> **목적**
>
> 계획은 예측을 기반으로 수립되며, 예측의 정확성은 프로젝트 성공의 핵심이다. 그러나 모든 환경을 예측할 수 없으며, 실행과정에서 차이가 있을 수밖에 없다. 따라서 계획의 정확성을 신속히 확인하고 개선하기 위해 현장에서 Pilot 시공을 수행하여 예측의 정확성을 확인하고 수정한다. 이처럼 Pilot 시공으로 계획을 현장 상황에 맞게 신속히 수정함으로써 더욱 높은 안전성과 좋은 품질을 확보하고, 최대한 빨리 편익을 제공하여 시민의 불편을 최소화한다.

---

[12] 대표적인 삭감 사유는 준비 부족에 따른 어설픈 Pilot 시공, 획일적 의견, 의견을 임의로 가공하거나 삭제한 경우, 계획에 참여한 핵심 기술자가 참여하지 않은 경우, 정성적 의견, 근거가 부족한 의견을 제출하는 경우다.

> **핵심 관리 내용**
>
> ❶ 계획에 관여했던 기술자들은 반드시 참석하여 시공과정을 확인한다(계획에 채택되지 않은 의견을 제시한 기술자도 참석한다).
> ❷ 확인하고자 하는 핵심 요소가 무엇인지 명확하게 정립한다.
> ❸ 구체적이며 실질적인 문제점이 파악되도록 가능한 정량적으로 표현한다.
> ❹ Pilot 시공 결과에 대한 의견은 참석자 모두가 작성하여 보고서에 포함한다. 어떠한 의견도 가공하거나 삭제하면 안 된다.
> ❺ 모든 의견 및 보고서에는 그 근거를 구체적이며 명확하게 기재한다.

이상을 참조하여 Pilot 시공을 하며, 정해진 보고서 양식은 없다.

지하철 11호선 현장도 완벽한 준비를 마치고 계획에 참여했던 본사 및 외부 전문가들이 참석하여 파일 항타 Pilot 시공을 수행하였다. 물론 현장 기술자들은 계획에 대해 충분히 이해하고 있으며, 어떤 정보를 수집하고 분석해야 하는지 정확하게 알고 있다.

크레인, 항타기, 굴삭기, 트럭, 신호수, 작업자의 준비상태는 계획과 일치하였으며, 이처럼 철저한 준비 덕분에 문제없이 수행되었다. 예전처럼 시공과정에서 지장물 미확인으로 인한 공사중단, 지상 및 지하 지장물에 따른 파일 간격 조정 변경에 따른 중단 사례는 없었다. 충분한 조사와 설계검토 당시 승인된 다양한 상황에 대비한 예비패턴 도면으로 상황에 따라 즉각 변경하며 파일 시공을 진행하였다. Pilot 시공에 따른 요식행위나 특별한 준비는 없었다.

모든 참석자는 3일 동안 차도 점용에서부터 파일 항타, 도로 복구까지 세부적인 사항들을 각각의 관점에서 계획과의 차이를 분석하고, 문제점과 변경안을 제시하였다. 시공 중에는 현장에 별도의 주문이나 지시가 없다. 즉 시공에 일절 관여하지 않으며, 단지 예의주시할 뿐이다. 3일간의 관찰 결과를 분석하여, 4일 차에 모여 각자 의견서를 제출하였다.

각자 예측 오류가 있는 부분은 변경하였으며, 토론과정에서 생산성 향상에 도움이 되는 획기적인 의견도 채택되었다.

Pilot 시공에서 나타난 문제는 두 가지였다. 첫 번째는 생각보다 차선 점용 및 복구에 많은 시간(4시간)이 소요되는 문제였다. 실작업 시간이 당초 계획 대비 40% 수준으로 작업량 또한 계획 대비 50% 이하였다. 두 번째는 도로 복구 과정에서 충분히 다질 수 없는 시간적 제약으로 도로 침하 문제가 예상되었다. 이는 심각한 교통사고로 이어질 수 있는 문제였다.

토론과정에서 차도 점용 및 복구를 매일 시행토록 협의한 내용에 문제가 있다고 판단하였으며, 파일 1개 라인 완료 후 일괄 복구하는 방안으로 경찰청과 재협의 하자는데 의견 일치를 보았다. 전체공사 기간으로 산정하면 교통체증에 의한 시민 피해가 현 시공방식에서 더 크게 나타나며, 차도 점용과 복구 과정에서 교통사고 위험이 크다는 사실을 가지고 협의하기로 하였다.

그 외에도 발전기 사용, 주말 집중 작업, 파일 천공 홀 메우기는 모래로 변경하자는 등 다양한 의견이 도출되었으며, 각각 근거를 포함한 의견서가 제출되었다.

현장소장 이하 전 직원들은 다양한 의견을 수렴하여 가장 합리적인 방안을 찾아 시공하였다. 결과적으로 하루 평균 파일 항타 작업 물량은 당초 3본/일에서 5본/일로 증가하였으며, 공사 기간은 30일 단축되었고, 복구비용 또한 절감되었다. 특히 충분한 시간을 가지고 복구할 수 있어 심각할 수 있었던 도로 침하 문제가 해결되었다.

자율과 책임이 명확한 그래서 신속하고 효과적인 현장관리

Pilot 시공으로 계획을 변경하고, 감리단과 발주처에 제출하였다. 변경에 대한 CM 사의 승인 절차는 없다. 또한 검측 방식과 시공 중 변경에 대한 승인과정도 개선되었다. 이를 간략하게 설명하면 다음과 같다.

우선 지나치게 많았던 검측 횟수는 최소화되었으며, 검측으로 인한 대기시간이나 작업 지연은 없어졌다.

세부적으로 많은 자료를 요청하던 검측이 현장기술자들을 서류 더미에 매몰시켜, 결과적으로 실질적인 현장관리를 소홀히 하게 되는 원인이 될 수 있다는 의견에 따라, 단계마다 시행되던 검측은 없어지고, 그 많던 서류는 한두 장으로 간소화되었다. 예를 들어 버팀보 설치의 공식적인 검측 서류나 검측 절차는 없다. 단지 감리단에서 자체적으로 확인한 결과를 시공사에 통보할 뿐이다. 구조적인 문제가 있다면 이는 즉각적으로 대처해야 하지만, 사소한 의견 차이는 문제가 되지 않는다.

중요한 하자나 사고를 유발할 수 있다고 판단되면, 명확한 근거를 바탕으로 공식적인 서류로 통보하며, 시공사는 대책을 수립하고 시행해야 한다. 중대 사고의 원인이 될 수 있는 품질기준에 2회 이상 미달 되면, 담당기술자의 경력에 기재된다. 부실한 시공으로 품질 사고 발생 시 정도에 따라 법적인 책임과는 별도로 일정 기간 기술자격이 정지되거나 영구 박탈된다. 모든 중대 사고의 조사 결과는 투명하게 공표되고, 당사자의 변론은 보장된다.

긴급한 경우에는 시공사 책임으로 선제적 변경 및 보강이 허용되기 때문에 시공사는 결정이 늦어져 문제가 되었다는 변명은 할 수 없다. 이러한 선제적 보강의 허용이 위급한 상황에서 섣부른 판단을 내릴 수 있다고 생각할 수 있다. 하지만 과거 복잡한 의사결정 시스템이 위기 상황에 도움이 되지 않았으며, 오히려 의사결정 지연으로 문제를 더 키우는 경우가 많았다. 그러한 이유로 위급상황에서는 현장에서 선조치할 수 있게 되었다. 이러한 변화는 현장마다 사고에 대비한 신속한 전문가 지원 시스템[13]을 구축하는 계기가 되었다. 과거에 비해 더 빠르게 대처하면서 좋은 효과를 보고 있다. 물론 어떤 시스템도 완벽하지는 않지만, 과거에 비해 개선되었음은 입증되었다. 지금은 전문가들과의 협업 능력이 중요한 관리역량이다.

현장 작업팀, 협력업체 기술자, 원도급사 기술자 모두 자율적이지만 책임감을 느끼고 업무에 투입된다. 현장에 도움이 되는 방안을 찾기 위해 최선의 노력을 다한다. 어떻게 하면 작업자가 편안하고 여유롭게 작업을 할지 고민한다. 작업자의 노동생산성은 관리자의 지식 생산성에서 나온다는 사실을 모두가 인정하고 있다. 따라서 작업자 탓으로 돌리던 생산성의 문제는 관리자의 문제로 귀결되었다. 그렇게 해서 높아진 성과는 작업자와 관리자 모두에게 여유를 준다.

현장소장은 공기, 원가, 안전, 품질의 개선을 위해 분석된 정보를 종합하여 신속히 판단하고 결정한다. 그러나 소장의 판단이 전적으로 수용되는 것은 아니며, 당연히 이의를 제기하거나 다른 의견을 말할 수 있다. 중요한 결정이 필요할 때는 현장 담당자와 팀장의 의견, 외부 전문가 의견 ➡ 현장소장 분석 및 의사결정 ➡ 현장 담당자, 외부 전문가 이견 현장소장 최종 판단 으로 의사결정 프로세스가 구축되어 있다.

모든 과정은 시스템에 입력되며, 추후 평가 자료로 활용된다. 소장도 소장의 업무를 수행하는 직책이지 직위가 아니며, 자신의 업무를 누군가에 전가해서도 안 된다. 현장소장이 직원들에 대한 인사 조치를 요구할 수 있지만, 평가 권한은 없다. 단지 시스템에 자신의 의견을 입력하면, 하나의 의견으로 참조될 뿐이다.

이처럼 간섭을 최소화하고 자율적 판단을 존중하는 환경이 자리잡게 되면서 일상이었던 공기 지연, 적자, 품질 사고는 아주 드문 일이 되었다.

---

13) 회사 내외부의 전문가들과 유기적으로 연결되어 있어 현장에서 문제가 발생하게 되면 즉각적인 대처가 가능하다. 현장 상황에 대한 정보를 항상 확인할 수 있는 권한이 있어 언제든 확인하고 지원할 수 있다.

감시와 처벌이 아닌 자율과 책임

수많은 점검과 강력한 처벌을 통해 안전사고를 줄이려는 오랜 노력이 아무런 효과가 없자 새로운 방향으로 정책이 변경되었다.

정부나 기관이 주도하던 안전 점검은 사라지고, 시공사에서 자율적으로 수행하고 있다. 시공사는 자체적으로 점검을 하거나 외부 업체에 위탁하여 점검한다. 점검 내용에도 근본적인 변화가 있다. 안전 점검에 설계와 공정 분야에서의 접근은 필수가 되었다. 따라서 점검도 다양한 분야의 전문가들이 협업하여 수행한다. 이러한 변화는 공사 전반의 흐름 속에서 현장의 문제점을 파악하고 대책을 수립할 수 있게 되었으며, 재해예방과 품질향상에 실질적인 도움이 되고 있다. 점검 결과는 분기별로 가감 없이 작성하여 보고한다. 발주처는 내용을 검토하고 의견을 줄 수 있지만 강제하지 않는다.

중대한 인명 사고가 발생하면 다양한 전문가들이 투입되어 사고조사를 하게 된다. 사고조사는 노동부, 경찰, 분야별 전문가(현장경험이 풍부한 전문가 포함)들이 시행하며, 그 과정 및 최종 판단 결과는 공개된다. 결과에 따라 회사 측 과실일 경우 회사에 책임을 묻지만, 작업자의 과실이 명확하면 회사에 책임을 묻지 않는다. 단 어느 상황이든 산재보험에 따라 근로자의 치료와 임금은 보장한다. 회사에서는 적합한 안전시설을 설치하고, 안전하게 작업할 수 있는 여건을 만드는 데 집중한다. 그러나 개별적 위반까지 일일이 감시하며 통제하지 않는다. 작업자는 안전 보호구[14]를 준비하여 현장에 투입되며. 규정을 준수하여 작업하는 것은 그들의 의무이며, 규정을 지키지 않아 발생한 사고에 대해서는 누군가에게 책임을 전가할 수 없다.

예를 들어 추락 방지 난간 시설이 설치되어 있는데도, 작업자의 돌발적 행동으로 난간

---

[14] 보호구는 일괄 지급하지 않으며, 작업자가 구매하여 사용하도록 한다. 단지 보호구 비용은 급여에 포함하여 지급한다. 보호구가 불량할 경우 작업에 투입하지 못하며, 필요하면 우선 지급하고 비용정산을 한다.

을 넘다 사고가 발생하면, 과거처럼 관리 소홀이라는 지극히 애매한 문구로 회사의 책임을 묻지 않는다. 근로자는 산재보험으로 처리하지만, 자료가 남는다. 작업자 고의 과실에 따른 사고는 심각하게 받아들이고 있어, 2회 이상 발생하게 되면 3개월간의 취업제한을 받는다. 이러한 조치 시행 후 작업자의 불안전한 행동에 의한 사고는 급격하게 줄어들었고, 산재율은 2000년 이후 30년 만에 감소하였다.

관리자의 과실이 명백한 안전사고가 2회 이상 발생하면 관리자 또한 3개월 동안 현장 근무에서 제외된다.

모든 경우 규정이 명확하여 임의적 해석에 따른 문제는 없다. 또한 다양한 상황이 있을 수 있으므로 이의를 제기하고 변론할 수 있는 권한을 보장한다.

지하철 11호선 현장도 실효성 있는 안전관리를 위해 공정표 작성과 설계검토에 많은 노력을 하였다. 그 결과 현장의 작업흐름이 단순해지고, 불필요한 군더더기 설계가 사라져 위험 요인이 최소화되었다. 작업자들은 자신들의 과실로 인한 사고는 스스로 책임져야 한다는 사실에 적극적으로 안전관리 활동에 동참한다. 안전시설 설치나 보수 또한 누군가의 일이 아니며, 작업자의 당연한 의무이다. 누군가 일일이 따라다니며 시설을 보완하지는 않는다. 곳곳에 안전시설 유지나 설치에 필요한 기본적인 공도구와 자재가 비치되어 사소한 안전시설의 미비로 인한 작업 지연 사례는 줄어들었다. 모든 시공 상황은 기록되고 공유되며, 발주처, 본사, 외부 전문가, 진단업체는 이를 언제든지 확인할 수 있다. 투명하고 개방적이다.

이처럼 권한과 책임, 자율이 당연한 상황에서 누구를 탓하거나 일방적으로 책임을 묻지 않는다. 모두 스스로 책임진다.

모두가 행복한 세상을 향한 희망, 꿈, 이상은 현실의 도피처가 아니라 지금 여기에서 우리의 부단한 노력으로 이루어야 할 가치이다.

VI
CHAPTER

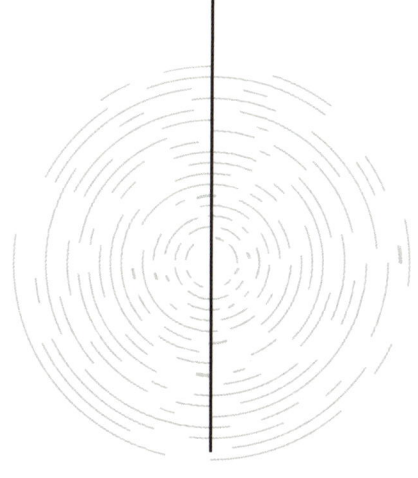

설계·공정 관리
가이드

1. 설계관리 가이드

1.1 설계와 설계검토의 문제점

예산 절감, 기능·경관 향상, 안전·품질 확보를 위한 설계 경제성 검토(Value Engineering, 건설 기술 진흥법 시행령 제75조)와 사전에 위험성을 평가하고 저감 대책을 세우는 설계 안전성 검토(건설 기술 진흥법 시행령 제75조 2)가 설계단계에서 반드시 시행토록 법으로 규정하고 있다.

설계 경제성 검토는 비용을 낮추면서 품질과 완성도를 높이려는 노력이며, 설계 안전성 검토는 시공단계에 반드시 고려해야 할 위험 요소, 위험성 및 그에 대한 저감 대책, 설계에 포함된 각종 시공법과 절차에 관한 사항, 그 밖에 시공과정의 안전성 확보를 위한 사항을 포함하는 재해예방을 위한 검토다.

올바른 설계가 올바른 시공의 기본이라는 인식에서 시공단계에 국한되던 안전, 품질, 비용의 문제를 설계단계까지 확장한 것이다.

참여한 경험에서 본다면 설계 경제성 검토는 일정 부분 성과를 보여주고 있었다.[1] 그러나 설계변경에 따른 실무자들의 업무부담, 변경을 오류로 보는 잘못된 인식, 형식적인 검토밖에 할 수 없는 예산 등의 문제로 온전히 제 역할을 하고 있다고 보기는 어렵다.

설계 안전성 검토는 건설단계의 위험 요소를 발굴하고 줄이는 활동이라 보기 어려웠다. 많은 내용이 공종별 산업 안전보건 기준을 나열하는 수준이거나, 근거 없는 추가보

---

[1] 내가 경험한 설계 경제성 검토는 검토 대상 현장의 특성에 맞게 다양한 전문가들이 투입되어 분야별로 설계의 경제성을 검토하고 협의하는 방식으로 수행되었었다. 의견 개진과 토론은 자유롭고 개방적인 분위기로 참여한 현장마다 의미 있는 성과가 있었다. 그러나 설계가 완료된 시점에서 검토하다 보니 좀 더 폭넓은 검토가 이루어지기 어려운 부분, 적은 용역비용 책정으로 일회성 검토로 마무리되는 부분은 아쉬웠다.

강을 요구하는 내용들이었다.[2] 시공성이나 현장 적합성, 불필요한 보강을 확인하는 검토는 보지 못했다. 솔직히 많은 경우가 형식적이라는 느낌이었으며, 설계 안전성 검토가 과연 필요한가 하는 회의감마저 들었다.

법적 강제성은 없지만 많은 시공사들이 자체적으로 설계검토를 실시하고 있다. 그러나 대부분의 현장에서는 설계검토가 누락이나 오류를 찾는 데에 초점을 맞추고 있어 과다한 안전율 적용, 근거 없는 관습적 설계, 가정이나 가설의 적합성 등 밀도 있는 검토가 부족한 경우가 많다.

실효성 없는 시공 전 설계검토는 필연적으로 시공 중 위험한 상황을 만들어 내거나, 결과적으로는 설계변경을 하게 된다. 이러한 과정에서 발생되는 시간과 비용의 손실, 기술자들의 피로감은 막대하며, 프로젝트 실패의 주요 원인이 되고 있다.

이처럼 설계검토가 실효성이 없는 원인은 어디에 있는가? 나의 경험으로 판단한다면 관례적 설계에 대한 무비판적 수용[3], 개인적 성향[4], 가정 및 가설의 임의적 해석과 적용, 핵심적 설계검토가 아닌 전반에 대한 형식적 검토[5], 환경변화를 수용하지 않는 설계검토(건

---

2) 설계 안전성 검토 내용들이 '용접 시 화재위험', '철근 조립 중 철근 낙하위험', '동바리 붕괴위험', '코너부 받침대 붕괴위험', '보강재 용접 부실', 저감 대책은 '용접자로부터 5m 이내 물통, 불받이 포, 건조사, 소화기를 비치하도록 도면에 명기', '철근 처짐 방지용 앵커 설치', '강관 동바리 적용 및 구조계산서 설계반영, 시공 중 동바리 변형 계측 시행', '코너부 스트러트 밀림방지 앵글 추가', '스티프너 용접두께 도면 명기 및 확인'이었다. 단편적이며 산업 안전보건 기준들의 해당 내용을 정리하는 수준이었다. 또한 코너부 보강앵글, 스티프너가 왜? 필요한지 정량적 검토 없이 보강만 강조하고 있다. 많은 내용을 검토한 게 아니라 조심스럽지만, 시공성에 대한 언급, 과다 설계에 대한 지적 등은 찾지 못하였다. 안전 확보는 작업자가 편하고 안전하게 작업할 수 있는 시공성 확보와, 불필요한 작업과 시설물을 최소화하는 노력이 우선되어야 하는데도 말이다.

3) 한번 적용된 설계는 깊이 있는 검증이나 검토 없이 카피해서 사용하는 경우가 많다. 또한 시공 중에 설계오류를 확인했다 하더라도 기시공된 부분에 대한 책임 문제로 변경하지 않으려 한다.

4) 역량이 부족하거나 책임 회피적인 성향을 보인 기술자의 경우 불필요한 보강을 강조하는 경향이 있다. 여기에는 문제가 발생하였을 경우 '나는 이렇게 까지 했다'라는 점만을 강조하면서 책임을 회피하려는 의도가 있다.

5) 현장의 특성에 따라 일정, 안전, 원가, 품질에 크게 영향을 주는 핵심적인 설계 요소들이 있지만 이를 도출하지 않고 전반적인 내용에 대해 깊이 없는 검토가 이루어진다.

설 현장은 가정이나 예측의 변화가 심하다는 사실을 인지하면서도 설계에 적용하지 않는다),[6] 설계정보(가정, 가설, 기준, 정수, 인자)[7]에 대한 검증 부족, 공사팀과 설계팀 간 의사소통 부족, 업무영역에 대한 구분, 무관심, 설계변경에 대한 문책의 두려움, 이미 시공된 설계의 오류를 중간에 인정하는 경우 생길 부조화와 무능하다는 평가, 가끔은 배려 없는 검토자로 인한 고의적 무시와 회피 등을 꼽을 수 있다.

이와 함께 기술자 개인의 편협한 경험과 지식의 범위 내에서 판단하고 이를 옳다고 믿어버리는 편견과 편향도 한몫한다. 많은 기술자가 다양한 비판과 대안을 수용하기보다는 자신의 주장을 관철하는 데 노력한다.

이러한 이유로 설계검토가 개선이 아닌 개악이 되기도 한다.

1.2 개선방안

설계검토가 그 본연의 목적에 부합하여 현장에 최적화된 설계를 확보하는 방안은 무엇인가?

우선 설계변경에 대한 부담을 줄이기 위한 인식의 변화가 필요하다. 앞서 충분히 설명했지만 완벽한 설계는 있을 수 없으며, 시간의 흐름과 관점의 변화에 따라 좀 더 좋은 대안이 나올 수 있음을 당연하게 받아들이고, 오히려 당초 설계에 변화가 없다면, 이를 심각하게 받아들여야 한다.

---

[6] 터널 공사의 경우 지질의 변화를 예측할 수 없어서 암반등급에 따른 발파 및 보강방안이 도면으로 제시되어 있다. 따라서 암반등급 판정 결과에 따라 선택적 적용을 하면 된다. 터널 현장이 아니더라도 대부분의 현장에서 예측할 수 있는 변경 요인이 있다. 예를 들면 지반 물성값 변화, 콘크리트 규격변화, 하중 변화에 따른 구조물 철근이나 두께의 변화 등 다양한 요소들이 있다. 이를 예측하고 변화에 대비한 설계 도면을 미리 작성한다면 시공 중 설계변경에 따른 낭비가 최소화된다.

[7] 지반 정수 적용 근거, 계측값의 설정 근거, 철근 간격 설정 근거, 전기용량의 근거 등 상세한 설계정보를 이해하기 쉽게 문서화한다면 검증하기 쉬우면서, 설계에 대한 이해도를 높이는 효과도 있다. 종종 시공과정에서 발생하는 심각한 문제가 이러한 근거의 오류에 기인하기도 한다.

더불어 설계변경을 소수의 이익을 위한 협잡으로 바라보는 잘못된 인식과, 그러한 관점에 집중하여 설계변경 내용을 감사하는 행태는 사라져야 한다.[8] 누구도 완벽한 설계를 할 수 없으며, 어떠한 설계변경도 의도치 않게 누군가에 이익이 갈 수 있다.

다음으로 설계검토의 범위와 방식의 변화가 필요하다. 부족한 것만 찾으려는 노력에서 벗어나 과한 것을 찾아 단순화하려는 검토, 전반적인 설계 내용을 검토하기보다는 공기, 품질, 안전, 원가에 가장 크게 영향을 미치는 핵심 설계 요소에 집중하여 깊이 있는 검토가 이루어져야 한다. 핵심적인 설계 요소를 찾았다면, 현장의 흐름을 원활하게 할 수 있는 방안을 찾아 변경해야 한다. 이는 기존 설계를 비판적인 시각에서 검증하고, 그 본질을 확인하여 최적의 방안을 찾아내려는 노력이다. 어떠한 설계도 좀 더 나은 대안은 있다. 그런 노력으로 설계를 합리적으로 변경할 수 있다면, 현장의 숨겨진 난제가 해결될 수 있을 것이다.

마지막으로 설계 도면의 범위를 확장해야 한다. 즉 예측할 수 있는 상황변화에 따른 선제적 대안설계가 포함되어야 한다. 설계검토 과정에서 나왔던 다양한 의견들이 소외되

---

8) 설계변경이 궁극적으로 공기와 안전을 확보하는 방안이었는지 보다는, 누구에게 이익이 되었는지만을 확인하는 어이없는 점검행태는 없어져야 한다.
9) 일반적으로 설계할 때 지반 물성값을 보수적으로 보는 경향이 있다. 보수적인 설계는 시공과정에서 작업자의 태만이나 부주의에 의한 부실에 대비하는 긍정적인 역할을 한다. 그러나 너무나 뻔한 상황에서도 설계변경이 승인되지 않았다는 이유만으로 현장 여건과 다른 당초 설계를 적용하여 시공하기도 한다. 내가 점검한 현장에서도 흙막이 토류판 설치를 위해 암을 깨내는 브레이커 작업을 하고 있었다. 너무 어이없지만, 종종 이런 일들이 벌어진다.
10) 암반등급이 1등급인데 소음 진동에 따른 민원이 예상된다면 비장약량을 최소화하기 위해 굴착장은 5등급 암반의 기준을 적용하고, 보강은 1등급 암반의 규정을 적용하는 패턴을 예비적으로 설계할 수 있다.
11) 예를 들어 설계 과정에서 공사 금액을 최소화하기 위해 가장 저렴한 공법을 채택하거나 자재비용을 줄이는 설계를 하는 경우가 있다. 이런 경우 증가하는 비용을 부담할 수 있다면 쉽게 대안설계를 찾을 수 있다.

지 않게 설계도서에 포함된다면 상황에 따른 대처에 유용하게 쓰일 수 있다. 현장의 상황은 어떻게 바뀔지 모른다. 충분한 대안설계는 필요하며 유용하다.

지금부터는 언급한 개선방안 중 상황변화에 신속히 대처할 수 있는 대안과 예비패턴 설계 가이드, 공기, 원가, 안전에 영향을 미칠 수 있는 핵심 설계 요소를 도출하여 현장 상황에 적합하게 변경하는 핵심 설계 요소 검증 가이드를 제시한다.

1.3 대안 및 예비패턴 설계 가이드

표 VI-1 대안 및 예비패턴 설계 가이드

항목
1. 예측되는 상황변화나 변경 요소들을 문서로 만들었는가?
2. 구체적인 설계기준, 가정, 가설 등이 알기 쉽게 정리되어 있으며, 검증하였는가?
3. 상황변화에 따른 다양한 대안들이 도출되었는가?
4. 도출된 대안은 설계적인 요소와 함께 전체 흐름에 미치는 영향이 검토되었는가?
5. 채택되지 않았더라도 검토되었던 도면은 설계도서에 포함되어 있는가?
6. 독립적인 외부 전문가와 함께 진행하였는가?

1. 지반 물성값의 변경[9], 콘크리트 규격 변경, 추가적인 굴착 패턴[10] 등 충분한 경험이 있는 기술자라면 완벽하진 않더라도, 시공 중 어떠한 변화가 있을 것인지 예측을 할 수 있다. 따라서 예측되는 상황변화를 구체적으로 작성하고, 공유하여 설계에 반영할 수 있도록 한다.

2. 설계 근거들을 확인하다 보면, 쉽게 변경이 가능한 설계, 현장 상황에 맞지 않는 잘못 적용된 설계들이 확인된다. 이렇게 확인하다 보면 대안설계나 예비패턴 설계를 쉽게 할 수 있다.[11]

3. 예측 가능한 상황변화에 따른 다양한 대안이 설계도서에 포함되어 있어야 한다. 효과적인 대안설계는 종종 엉뚱한 발상에서 나오며, 그런 발상을 자유롭게 표현하고 수용되어 설계에 반영될 수 있어야 한다.

4. 대안설계도 반드시 현장 전체와 조화를 이룰 수 있는지 확인해야 한다. 부분적인 효율화가 전체 흐름에 방해가 된다면 이는 잘못 선정된 대안설계다.[12]

5. 선택되지 못한 대안설계라 하더라도 시간의 흐름에 따른 상황변화, 검토 기술자에 따라 재검토되고 채택될 수 있다. 따라서 채택되지 못한 대안설계라 할지라도 설계도서에 포함되어 있어야 한다.

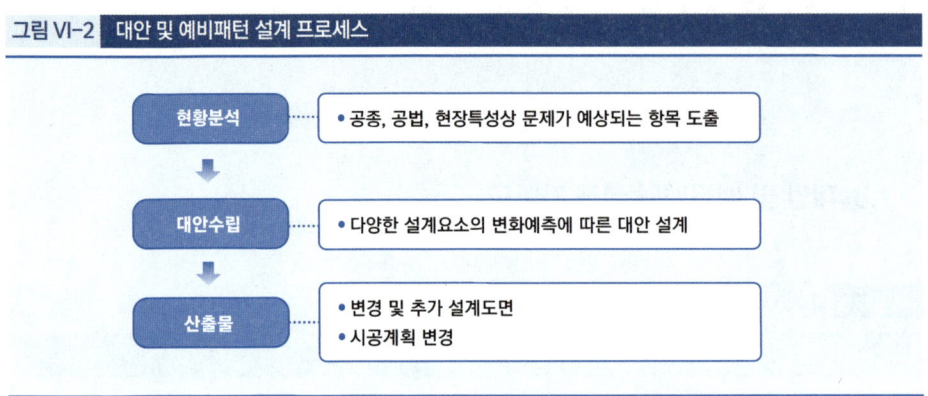

그림 VI-2 대안 및 예비패턴 설계 프로세스

[12] 예를 들어 합판 거푸집으로 설계되었는데 필요시 신속한 시공을 위해 갱폼시공이 가능하도록 대안을 수립하였다면 갱폼시공에 필요한 대형 크레인이 타 작업을 방해하는지 검토되어야 한다.
[13] 지표침하 관리기준이 현실성이 없는데 기준의 산정 자체도 임의적인 경우가 있다.

1.4 설계 적정성 검증(핵심 설계 요소 검증) 가이드

표 VI-2 설계 적정성 검증(핵심 설계 요소 검증) 가이드

항목
1. 공정, 원가, 안전, 품질에 영향을 미칠 수 있는 핵심적인 설계 요소는 도출하였는가?
2. 도출된 핵심 설계 요소의 설계기준/가설/가정의 구체적 근거는 검증하였는가?
3. 계측관리기준의 구체적 근거 및 현장 적용 현황은 문서로 만들었는가?
4. 계측관리기준의 적정성은 검증하였는가?
5. 과소 설계, 과다 설계 모두를 확인하였는가?
6. 과다, 과소 설계의 변경은 진행되었는가?
7. 작업순서나 현장 환경에 맞게 설계되었는가?
8. 작업순서나 현장 환경에 맞게 설계는 변경되었는가?
9. 부대설비(진입로, 배처플랜트, 오폐수처리시설, 가설 전기등)에 대한 적정성은 시공계획과 연계되어 검토되었는가?
10. 독립적인 외부 전문가와 함께 진행하였는가?

1. 현장 특성에 따라 공기에 절대적 영향을 미치는 설계 요소, 원가에 막대한 영향을 미치는 설계 요소, 품질에 심각한 문제를 일으킬 수 있는 설계 요소들이 반드시 있다. 버팀보 간격, 용접길이, 콘크리트 규격, 강재 이음 위치, 환경설비, 전기설비 등 그 범위는 넓고 다양하다.

2. 현장에서 설계 내용을 확인하다 보면 설계기준, 가정, 가설의 구체적인 근거가 의외로 허술한 때도 있다. 따라서 설계 배경에 대한 상세한 설명들이 설계도서에 포함되어 쉽게 확인할 수 있어야 한다. 이러한 노력은 과다 설계, 과소 설계, 불필요한 보강 등을 걸러내려는 검토자에게 많은 도움이 될 뿐만 아니라, 설계자 또한 작성 과정에서 스스로 오류를 검증하는 효과가 있다.

3. 4. 주요 시설물에 인접하여 공사를 하는 경우 인접 시설물의 안전을 확인하는 방안으로 계측을 시행하게 된다. 이는 시공된 구조물의 안전과 인접 시설물의 안전을 정량적으로 확인할 수 있는 숫자이기 때문에 가장 중요하게 다루어진다. 그러나 가끔 현장 여건이나 상황, 공법의 특성을 고려하지 않고, 비현실적인 획일적 계측 기준값을 적용하여[13] 시공과정에서 불필요한 논란과 이로 인한 낭비가 발생하기도 한다. 따라서 계측관리 기준을 설정하게 된 자세한 설명이 포함된 명확한 근거를 문서로 만들어서 충분한 검증을 거치도록 해야 한다.

5. 6. 중요한 설계오류를 찾아 기술사고를 예방하는 것이 설계검토의 가장 중요한 목적이다. 이러한 취지

를 잘못 인식하여 과다하게 안전성을 높이는 데 치중하는 경향이 있다. 시공상의 어려움이 있더라도, 안전을 확보하기 위해서는 그 정도는 감수해야 한다는 인식이 일반적이라 문제 삼지 않는다. 더욱이 그 설계가 현장 상황에 맞지 않을 뿐더러, 안전에 실질적인 도움이 되지 않는다는 것을 시공 중에 충분히 이해하더라도, 혹시나 문제가 발생하면 어쩌나 하는 막연한 두려움에 변경하려 하지 않는다.[14] 나날이 처벌만 강화되고 있는 현실에서 과하니 줄이자는 제안은 꺼내기조차 어렵다. 그러나 이처럼 안전을 위한다는 명목하에 묵인되고 있는 과다 설계가 종종 현장을 위험하게 만들기도 한다.[15] 앞에서 여러 차례 강조했지만, 현장의 문제는 과소 설계보다 현실성 없는 과다 설계에서 오는 경우가 많다. 따라서 과다 설계를 찾아내려는 노력이 설계검토의 중요한 목적 중 하나가 되어야 한다.

7. 8. 구조물 시공 이음은 레미콘 수급, 자재 전용, 균열 감소 등을 이유로 위치 및 개소의 변동이 있을 수 있다. 경사진 슬래브에서 붕괴위험을 줄이고자 슬래브를 2번에 나누어 칠 수도 있다. 지하철 개착(開鑿) 가시설 시공 시 주형보 설치 전 1단 버팀보를 먼저 설치할 수 있다. 이처럼 시공과정에서 현장 상황에 따라 불가피하게 발생되는 변경 내용에 대한 설계검토가 선제적으로 이루어지게 되면 원활한 시공 흐름을 유지할 수 있다.

9. 현장의 공기 지연은 오·폐수 처리 용량 부족, 전기용량 부족, 진입로 협소, 사토장 확보 지연, 세륜기 대수 부족 등 부대시설이나 사토장이 원인인 경우가 종종 있으며, 생각보다 심각한 영향을 미친다. 따라서 설계검토 단계에서 이런 부분이 간과되지 않도록 해야 한다.

10. 다른 관점에서 검토는 다른 생각이 있을 때 가능하다. 따라서 다른 관점에서 자유롭게 의사를 개진할 수 있는 제삼자가 설계검토에 참여하는 것은 설계검토의 질을 높이기 위한 필수조건이라고 본다.

---

[14] 이처럼 소극적이고 보신주의가 앞서는 현장은 대부분 많은 어려움에 부닥친다. 그런데 이런 문제의 발생을 기술자 탓만으로 돌리기에는 국내 건설 환경이나 문화의 문제가 더 크다. 사고가 발생하면 차분히 원인을 파악하고 분석하며 함께 해결하려는 노력보다는 누군가를 희생시켜 빨리 덮어버리려 한다. 그러다 보니 의사결정과정에서 책임부터 벗어나려는 행태가 건설산업 내부에 만연하고 있다.

[15] 과다 설계는 종종 가설재의 용접길이, 보걸이 등과 같이 언뜻 보면 사소해 보이는 것들이지만 시공과정에서 작업의 흐름을 방해하는 중요한 요인으로 공기 지연의 일등 공신으로 자리매김하는 경우가 많다. 가끔은 안전사고를 유발하기도 한다.

그림 VI-3 설계의 적정성 검토

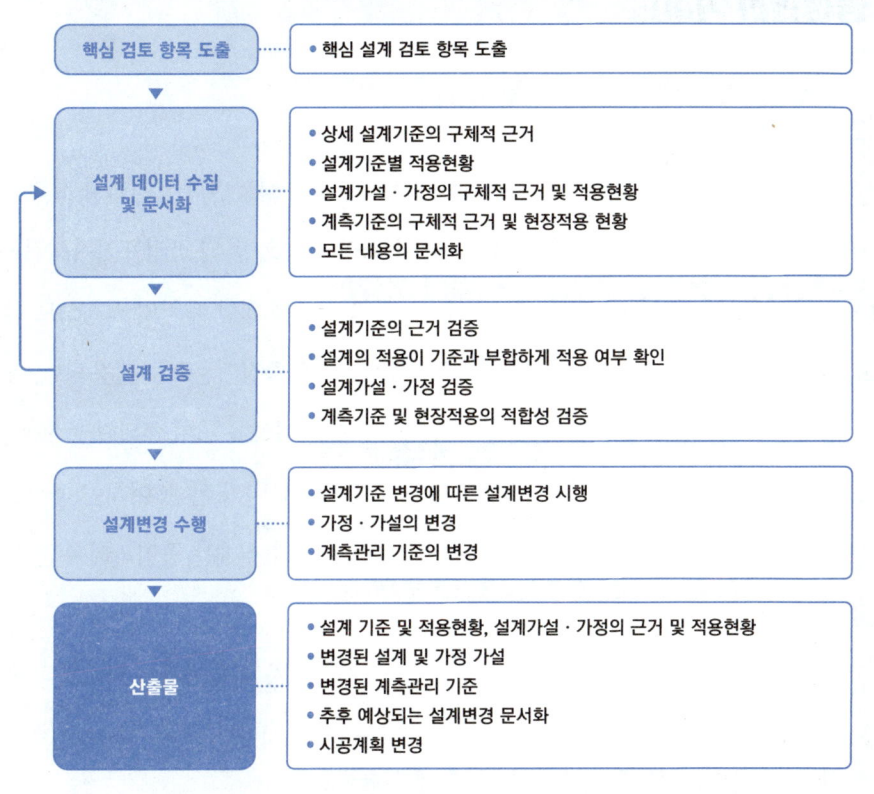

2. 공정관리 가이드

2.1 공정관리 문제점

건설프로젝트의 성공은 예측의 정확성과 예측하지 못한 상황변화에 얼마나 신속하게 효과적으로 대처하는가에 달려있다. 예측을 표현하여 시각화한 게 공정표이며, 이를 통해 예측의 정확성을 확인하고 변화를 감지한다. 또한 변화에 대한 대처의 적정성도 공정표로 확인된다. 공정표는 공사관리의 이정표 역할과 함께 측정기준으로 활용되며, 공정표 작성 수준은 원가, 공기, 품질, 안전등 공사관리에 많은 영향을 미치게 된다.[16] 또한 잘 작성되고 관리된 공정표는 공사 완료 후 클레임의 핵심 자료[17]가 된다. 이처럼 공정표는 공사관리의 처음이자 끝이라 할 수 있으며, 프로젝트 성공과 실패는 공정관리 수준에 의해 결정된다고 할 수 있다.

그러나 앞서 언급한 것처럼 아직도 많은 현장의 공정표가 계획이라는 의미가 무색할 정도로 예측 정확성이 떨어지며,[18] 마찬가지로 시공과정에서 변화를 감지하여 신속하게

---

[16] 공정표는 작업공간을 분할하고 시공 순서와 이에 따른 자원투입을 계획하고 배치하는데 활용된다. 만약에 작업공간의 분할과 작업순서에 오류가 있게 되면 여러 작업의 혼재로 효율성이 저하되며, 이에 따라 공기와 원가의 손실 뿐만이 아니라 안전사고가 일어날 확률도 높아진다. 또한 자원투입계획이나 작업 일수 산정의 오류로 자원투입이 변경되면 변경 과정에서 비용과 시간의 손실이 크다. 이처럼 엉성한 공정표는 프로젝트 실패의 핵심 요인이다.

[17] 최근 공사 중이나 공사 완료 후 공기 지연에 따른 손실 비용을 청구하는 경우가 많다. 현장 적자는 다양한 원인이 있지만 저가 입찰을 제외하면 생산성 저하와 공기 지연이 원인의 대부분이라 볼 수 있다. 특히 공기 지연은 생산성 저하를 포함하고 있어서 가장 큰 원인이 공기 지연이라 할 수 있다. 설계변경 지연, 인허가 지연, 공법의 변경, 추가공사, 자원투입의 지연 등 수많은 원인으로 발생한 공기 지연이 공정표상에서 분석되고 분석된 결과를 토대로 책임소재가 확인되어야 한다. 그러나 최초 공정계획의 엉성함, 과정에서 부실한 관리로 공정표 그 역할을 다하지 못하고 있다. 이러한 이유로 불공정 거래나 계약 문구의 해석에 대한 다툼만이 주요 이슈로 작용하고 있다.

[18] 많은 연구(구본상(2008), 김자연 외(2010), 김용표(2017))에서 건설 현장의 문제점으로 공정 지연을 말하고 있다(공정계획 준수율이 30% 이하). 나의 5년 동안 현장 지원 경험에서도 대부분의 현장이 심각하게 공기가 지연되고 있었다. 오히려 계획한 공기를 준수하는 사례가 드물었다.

대응하는 도구로 활용되지 못하고 있다.

공정관리가 제 몫을 하지 못하고 있는 원인은 다양하다. 인식 부족, 숙련된 전문가 부족, TOP-DOWN 방식의 관리, 공정관리 역량 평가방식의 부재, 개방적 협업의 부족, 의지와 열정의 부족, 현장 적용력이 떨어지는 복잡한 공정관리, 현장 실무용 가이드의 부실, 공정표 검증과 점검의 부재(不在) 등 총체적인 문제를 안고 있다.

언급된 다양한 원인은 공정관리 중요성에 대한 인식 부족, 기술 역량 부족, 부실한 검증과 점검으로 대별 할 수 있으며 이를 이해하기 쉽게 구체적으로 설명하면 다음과 같다.

● **인식 부족의 문제**

내가 현장점검에서 가장 크게 느꼈던 공정관리 문제는 현장 기술자들 사이에 은연중에 자리 잡은 '공정표는 맞지 않는 게 당연하다.'라는 인식이었다.[19] 이러한 인식은 공정표 작성을 대충 해도 누구도 문제 삼지 않는다.[20] 밀도 있는 검증의 노력은 더더욱 없다. 그러다 보니 공정표 작성 과정에서 객관성과 신뢰성을 확보하려는 노력은 없으며,[21] 결과적으로 엉터리 공정표가 작성된다. 엉터리 공정표는 작업순서, 예측 생산성, 자원투입계획의 오류로 연결되며, 원가 손실, 공기 지연, 안전사고의 근본적인 원인이었다.

---

[19] 현장에 문제가 발생하였을 경우 부실한 공정관리를 원인으로 지목하는 현장은 보지 못했다. 주로 자원(장비, 인원, 자재) 투입 부족이나 작업시간 부족을 지적하였지, 계획단계에서의 예측 생산성의 문제, 비현실적인 자원투입계획 등 엉터리 공정표를 문제 삼지 않는다.

[20] 저자의 석사학위 논문에서 공정관리 부실의 주요 원인으로 설문 조사되었던 내용이 '현재 행하고 있는 공정관리 방식에 대한 문제 제기가 없고 특별히 요구하지 않는다' '공정표를 작성해도 자원투입의 변화, 잦은 공정순서 변경으로 계획에 의미가 없다.' '공정관리 전담자와 실사용자가 이원화되어 있어 효용성이 없다.' '공정표를 초급기술자들이 작성하고 있어 신뢰성이 없다.'였다.

[21] 어차피 맞지도 않는 공정표 작성에 걸리는 시간은 낭비라고 생각한다.

- **기술적 역량 부족(단순화 역량의 부족)**

공정관리에 대한 인식 부족은 공정관리에 대한 지식을 습득하고 역량을 키우려는 최소한의 노력도 하지 않는 현실로 나타나고 있다. 대부분의 공정표는 WBS 분류에서부터 현장 상황을 고려하지 못한, 획일적 분류기준을 따른다.[22] Activity 도출 또한 마찬가지다.[23] 가끔은 자원 수급을 고려하지 않는 공정표(자원 평준화의 개념 자체를 이해하지 못하는 경우도 많았다)가 작성되기도 한다. 더욱 심각한 것은 공정관리에 대한 이해 부족으로 공정관리 프로그램을 다루는 교육으로 공정관리 역량을 키울 수 있다고 착각하기까지 한다.

그런데도 이러한 현실을 올바르게 인식하지 못하고, 여전히 공정관리를 평가절하하거나, 만연한 공기 지연을 정당화하는데 더 많은 노력을 한다.

- **부실한 검증과 점검**

공정표는 시공계획서에 포함되어 승인받고 있다. 시공계획서에 공정관리가 차지하는 비중은 미미하며, 계약 공기 내에 공사가 완료되도록 작성되어 있는지 확인하는 정도다. 내용에 대한 구체적인 검증을 하는 경우는 보지 못했다. 또한 시공 중 공정관리에 대한 현장점검은 계획 대비 실적을 확인하거나, 만회 대책을 요구하는 낮은 수준의 점검이 이루어지지만, 이조차도 안전이나 품질점검에 비해 현저히 낮은 비중으로 다루어지고 있다.

2.2 개선방안

공정관리 실패의 원인으로 인식과 기술 역량의 부족, 검증과 점검의 문제를 지적하였다.

그러나 인식을 바꾸는 것은 쉽지 않다. 공정관리가 중요하지 않다고 생각하는 기술자의 생각을 바꾸려는 노력보다는 공정관리에 대한 검증 프로세스를 강화하는 게 현실적이다. 설계검토를 강화하기 위해 제도화하고 있는 설계 경제성, 안전성 검토, 안전사

---

[22] 건설프로젝트의 특성은 유일성이며 따라서 WBS도 유일하다(김종립 2015). 그런데 WBS 분류체계를 획일적으로 적용하도록 하는 경우가 있다.

[23] Activity는 내역서를 나열하는 게 아니라 현장의 작업 상황에 맞게 Activity를 생성해야 한다. 또한 Activity는 순 작업 이외에 준비작업, 승인, 인허가, 구매 등 공사에 영향을 미치는 모든 활동을 포함하여야 한다.

고 저감을 위해 도입한 유해 위험 방지계획서 승인과 이를 지속적으로 확인하는 프로세스처럼, 공정관리 프로세스를 구축해야 한다. 시공 전 공정계획에 대한 적합성 검증, 시공 중 공정계획의 신뢰성 검증, 이후의 지속적인 검증과 개선이라는 공정관리 프로세스에 도입하고, 구체적인 실천 방안을 가이드로 제시해서 현장 기술자들에게 공정관리에 관심을 가지고 올바른 역량을 키우려 노력할 수밖에 없는 상황을 만드는 게 우선되어야 한다.

그런데 여기서 가장 중요한 것은 검증 프로세스가 단순해야 한다는 것이다. 즉 단순해서 누구나 쉽게 측정하고 분석하고 검증할 수 있어야 한다. 다행히 토목공사 대부분은 단순 작업의 반복으로 완성된다. 구조물 공사는 거푸집 설치-철근 조립-콘크리트 타설-거푸집 철거의 반복이며, 토공사도 굴착-집토-상차-운반의 반복이다. 터널 공사, TBM, 대규모 구조물 공사 등 어느 것도 반복 작업의 범주를 벗어나지 않는다. 따라서 반복 작업 내용들을 Activity로 도출하게 되면 공정표가 단순해지고, 이에 따라 정보수집 또한 단순해진다.

이처럼 핵심 관리 요소를 단순화하면, 어떤 정보를 수집하고 어떻게 측정해야 하는지 쉽게 이해할 수 있으며, 실행 또한 쉽다. 단순화 이후에는 측정기준을 어떻게 선정하느냐의 문제가 대두된다. 과거의 실적이나 개인적 경험을 기준으로 하는 것은 객관성을 담보하지 못할 뿐만 아니라 제각각이라 보편화하기 어렵다. 나는 이러한 문제를 해결하는 방안으로 Lean Cycle Time[24] 이라는 이상적인 작업시간을 측정기준으로 제시한다.

---

[24] Lean은 Lean 건설이 의미하는 군더더기 없는 상태를 말한다. Lean Cycle Time은 최적의 상황에서 수행할 수 있는 장비 효율 및 노동생산성을 말한다. 이는 기존의 자료를 통한 정보, 장비 기사, 작업자 경험, 현장에서 Pilot 시공을 통해 확인된 정보, 경험 등을 종합하여 산정한다. 가장 중요한 가정은 누구의 간섭도 없고, 제약도 없이 가장 효율적으로 작업할 때의 작업시간을 산정하는 것이다. Lean Cycle Time을 핵심 측정 기준으로 정하는 것이 너무 이상적이지 않으냐는 반론이 나올 수도 있지만, 목표는 넘어서는 것이 아니라 도달하는 개념으로 이해하면 된다. 린 건설의 원리 중 하나가 완벽성의 추구다.

측정은 단순하다. 실 작업시간을 Lean Cycle Time과 비교하면 된다. 그리고 어떤 사유로 Lean Time에 도달하지 못하였는지 원인을 밝힌다. 목표를 100% 넘어섰다는 것은 있을 수 없다. 이처럼 단순화되면 개인적 변명이 개입될 소지가 적다. 측정항목과 방법이 단순화되면 프로세스 또한 간단해진다.

공정관리는 측정항목의 단순화, 이에 따른 정보수집의 단순화, 측정 방법의 단순화, 분석 방법의 단순화와 이를 통합하는 프로세스의 단순화에서 시작된다.

표 VI-3 공정관리 단순화 항목 및 주요 내용

항목	주요 내용
관리 핵심의 도출	전체 흐름에 영향을 주는 핵심 요소 도출
측정 항목의 단순화	Cycle Time Activity
측정 방법의 단순화	Cycle Time 관리 테이블 작성
측정 기준의 단순화	Cycle Time(Lean Time)
분석의 단순화	Cycle Time 낭비 요소 분석
프로세스 단순화	실시간 피드백 가능

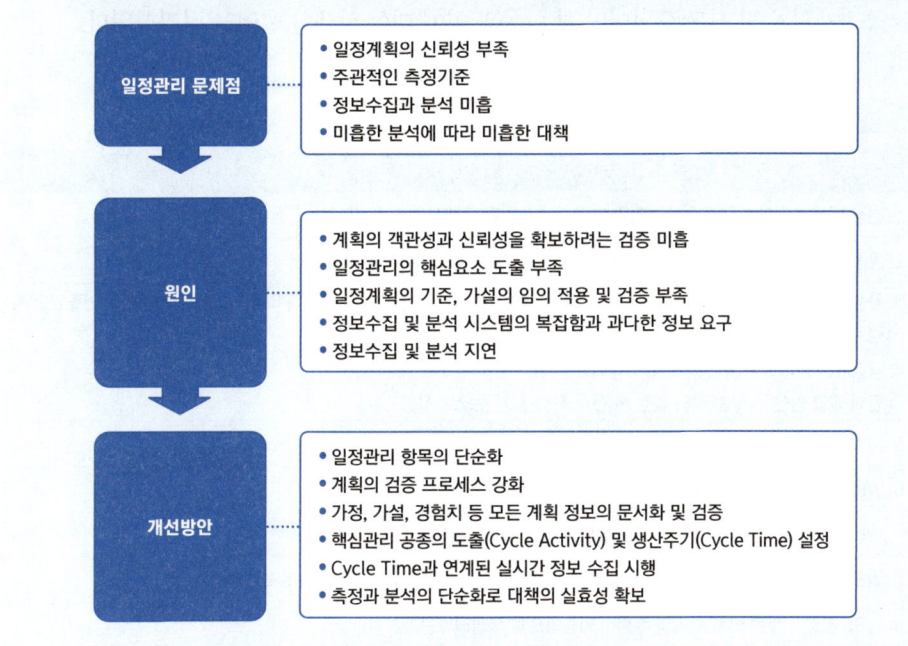

그림 VI-4 공정관리 문제점 및 개선방안

지금부터 현장의 성과를 측정하고 분석하는 도구로 활용할 수 있는 공정표 작성에 대해 나름의 경험을 바탕으로 가이드를 제시하고자 한다. 제시하는 가이드는 시공 전 공정표가 적정하게 작성되었는지 확인하는 적정성 검증 가이드와 시공 초기 공정표의 현장 적합성을 확인하고, 현장 상황에 맞게 변경하는 적합성 검증 가이드, 이후 지속적으로 변화를 확인하며 계획을 변경하는 지속적 검증과 개선 가이드로 분류하여 제시한다.

제시하는 가이드는 나의 견해와 함께, 공정관리 문헌, 다양한 전문가들의 의견을 참조하여 정리하였지만, 개인의 편견과 편향이 포함될 수 있음을 시인한다. 공정관리 가이드를 제시하는 처음이라는데 의미를 둔다. 따라서 반드시 잊지 말아야 할 것은 제시되는 가이드는 확정된 공정관리 기준이나 지침이 아니라는 것이다.

2.3 공정계획의 적정성 검증 가이드

공정계획 수립 시 검토되어야 할 항목과 이에 대한 상세한 설명을 정리하였다.

표 VI-4 공정계획 적정성 검증 항목

항목
1. 현장 특성에 적합한 공정관리 계획과 관리 프로세스가 구체적으로 수립되었는가?
2. 공정표는 공사 전반의 흐름을 이해하는 역량 있는 기술자에 의해 작성되었는가?
3. 공정표 작성에 실무반장, 장비 기사 등 실작업에 투입되는 기술자들과 전문가들의 의견이 정리되어 문서로 만들었으며, 검토되고 반영되었는가?
4. 공정표는 Bottom-Up 방식으로 작성되었는가? 단위 작업 일정 → 부분 작업 일정 → 전체 작업 일정 순으로 작성
5. Milestone은 인지하고 있으며, 명시되어 있는가?
6. WBS 개념을 이해하고 있는가?
7. WBS 분류가 자원, 일정 관리가 가능하도록 적정하게 분할되었는가?
8. WBS 분류가 내·외부 의사소통에 활용할 수 있으며, 위험 식별이 가능한 단위로 구분되었는가?
9. WBS 분류가 짧은 반복 주기의 수행이 가능하도록 분할되었는가?
10. Activity는 일정 관리가 가능하게 분류되었는가?
11. Activity 속성(자원요구, 선·후행, 공기 및 산출 근거, 작업 수량, 제약 사항, 가정)은 문서(Activity 체크리스트)로 만들었는가?
12. Activity 속성은 검증하였는가?
13. 계약, 인허가, 승인 등의 관리 요소도 Activity에 포함되어 있는가?
14. Activity의 누락은 없는가?
15. Work Package, Activity의 Cycle Time은 도출하였으며 검증하였는가?
16. Work Package 내에 Activity의 조합은 반복 측정이 가능한가?
17. Cycle Time은 이상적인 목표(Lean Cycle Time)를 기준으로 도출되었는가?
18. 공기에 영향을 미칠 수 있는 활동은 빠짐없이 Activity로 표기되어 있는가?
19. 복합적인 조합으로 자원투입이 이루어질 경우, 자원투입 계획의 근거는 검증할 수 있는 수준이며, 합리적인가?
20. 자원투입 계획이 현실적으로 가능한 수준인가?
21. 인원 투입계획은 운용할 수 있게 평준화되어 있는가?
22. 자재나 장비 전용 계획은 수립되어 있으며 적정한가?
23. 캘린더는 현실적으로 적용되었는가?
24. 주변 여건 및 제약조건은 문서로 만들었는가?

25. 핵심 관리 Activity(critical path)는 도출되었으며 적정한가?
26. Critical Path Activity를 공정표 상에서 알 수 있으며 통제될 수 있도록 작성되었는가?
27. 작성된 공정표는 전체 흐름을 쉽게 이해할 수 있도록 단순하게 작성되어 있는가?
28. 일정 변동이 실시간으로 확인되도록 공정표가 작성되었는가?
29. 시공과정에서 수집되는 정보는 Cycle Time을 기반으로 하고 있는가?
30. 공정계획의 신뢰성 확보를 위한 회의, 협의, 검토 등의 노력이 있었으며, 기록되어 있는가?
31. Activity 당 수량과 단가가 도출된 Activity 내역서가 작성되었는가?
32. 공정·공사비 통합관리를 위한 내역은 단순한가?
33. 공정계획은 모든 공사 참여자가 공유하고 공감하며, 의사소통 도구로 활용되고 있는가?
34. 계획의 신뢰성을 높이고, 다양한 시각에서 검증하려는 노력의 일환으로 객관적인 입장에서 자유롭게 의견을 제시할 수 있는 외부 전문가를 활용하고 있는가?
35. 공정관리 계획이 비전문가라 해도 내용을 충분히 이해할 수 있을 정도로 쉽고 명료한가?

1. 공정관리 계획서에는 공정표, 자원투입계획, 공기산출 근거뿐만이 아니라 공정별 담당자, 총괄 담당자, 공정표 작성 수준 및 기준, 검증방안, 성과 확인 방안, 관리 프로세스 등이 포함되어 있어야 한다.

2. 공정관리의 실패는 공정관리 역량이 부족한 기술자가 공정표를 작성하는 데서 시작되며, 현장소장의 무관심으로 완성된다. 이런 현장은 대부분이 심각한 공기 지연, 원가 손실, 빈번한 안전사고가 발생하며, 심각한 적자로 협력업체 타절(打切)까지 가는 경우가 많다. 이와 반대로 현장소장이 공정표의 중요성을 인식하고, 공정표 작성에 많은 노력을 기울인 현장은 프로젝트를 성공적으로 완수할 확률이 높다. 그러나 아쉽게도 내가 확인했던 11개 현장 중에 1개 현장만이 올바른 공정관리를 하고 있었다.[25]

3. 공정표 작성 시 경험 많은 반장, 장비 기사들의 조언은 많은 도움이 된다. 내가 기사 시절 처음 접한 지하철 현장에서 공정표를 작성하고 관리 할 수 있었던 것은 선배 기술자나 소장의 지도와 조언이 아니라, 현장 반장님들의 도움이었다. 마찬가지로 처음 접한 정수장 공사에서도 목수 반장님의 도움으로 필요 인원과 자재를 추정하고 계획하여 직영공사를 수행할 수 있었다. 그렇다고 반장, 장비 기사의 경험을 전적으로 신뢰하라는 의미는 아니다. 그들의 경험도 오류가 있다. 따라서 비판적인 시각에서 철저히 검증하려는 노력이 있을 때 그들의 경험이 도움이 된다.

---

[25] '토목건설 현장의 공정관리 실태 분석을 통한 효용성 있는 공정관리 방안 연구' 2017 김용표 충남대학교 석사학위 논문.

4. 세부 활동의 작업시간을 바탕으로 Activity Cycle 타임을 정하고, Activity의 집합인 Work Package 일정을 산정한 후, Work Package의 집합인 구역이나 단위 공정의 일정을 산정한다. 이처럼 공정표는 가장 세부적인 작업의 작업시간 산정에서부터 시작한다.

5. 공정표에는 계약 일정을 준수하기 위해 일정 시점에 반드시 완료되어야 할 작업과 일정을 표기한다. 여기에는 인허가, 자재반입 등 관리 활동도 포함된다.

6. 7. 9. WBS(Work Breakdown Structure)는 프로젝트 목표를 달성하는데 필요한 인도물을 중심으로 분할된 계층구조체계로 일종의 작업분류체계다. 또한 공정표의 기본 골격이다. 따라서 WBS는 구체적인 작업량과 작업시간을 정량적으로 도출하고, 짧은 반복 주기의 확인이 가능하도록 분할되어야 한다.

8. WBS는 공사관계자들과 공통으로 사용하는 소통의 수단이 되어야 한다. 그러기 위해서는 현장 여건이나 상황에 따라 다양하게 분류되어야 하며, 일관된 기준을 고집하는 것은 효용성 있는 공정관리를 할 수 없게 만든다.

WBS 분류 예시) 현장 상황에 맞는 WBS 분류 사례를 예시해본다. 제시한 사례는 가상교량(갑을교)의 기초파일과 피어 시공을 다양한 공사 여건에서 WBS 분류가 어떻게 바뀌는지를 보여준다.[26]

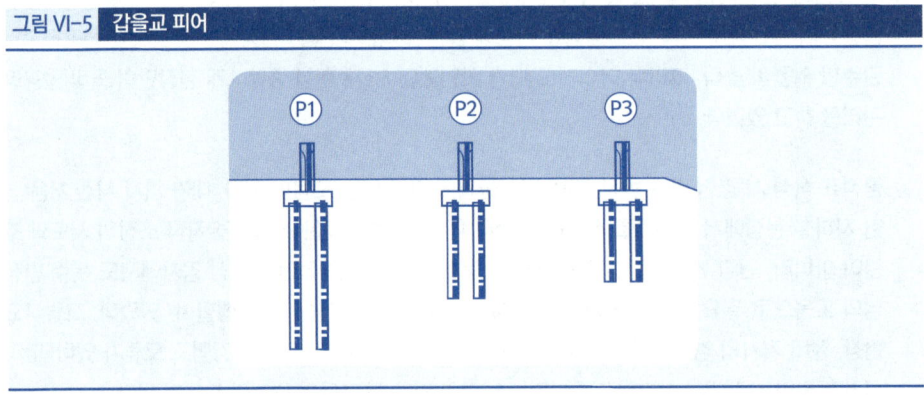

그림 VI-5 갑을교 피어

26) 'Work package 개념을 활용한 현장의 공정관리와 공사비 통합관리 효율화 방안' 2017 김용표, 건설관리학회 논문집 제18권 제5호 인용

Case 1.

외부 제약이 없는 경우, 가장 효율적인 공사수행이 가능한 경우의 WBS 분류다.
(가장 일반적으로 작성되는 형태)

그림 VI-6 Case 1 WBS

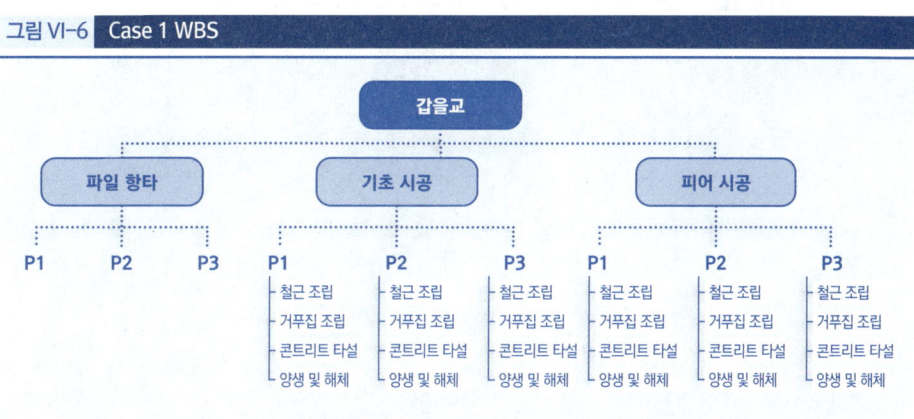

그림 VI-7 Case 1 공정표

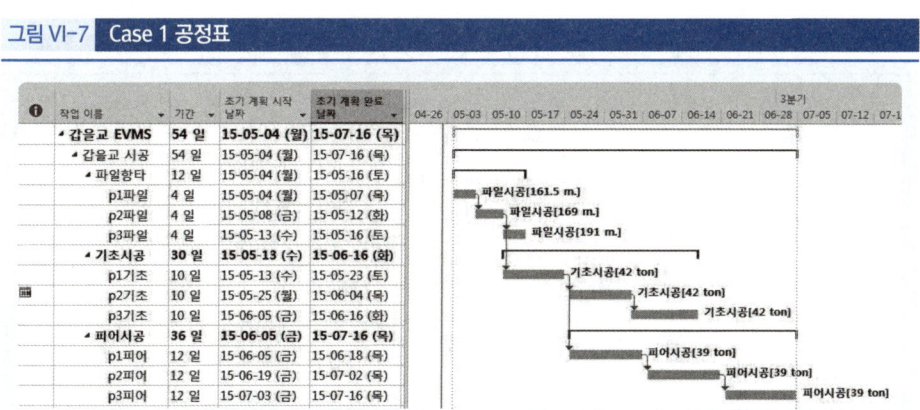

Case 2.

현장 여건상 부득이하게 P1, P2, P3를 순차적으로 시공하는 경우의 WBS 분류다.

그림 VI-8 Case 2 WBS

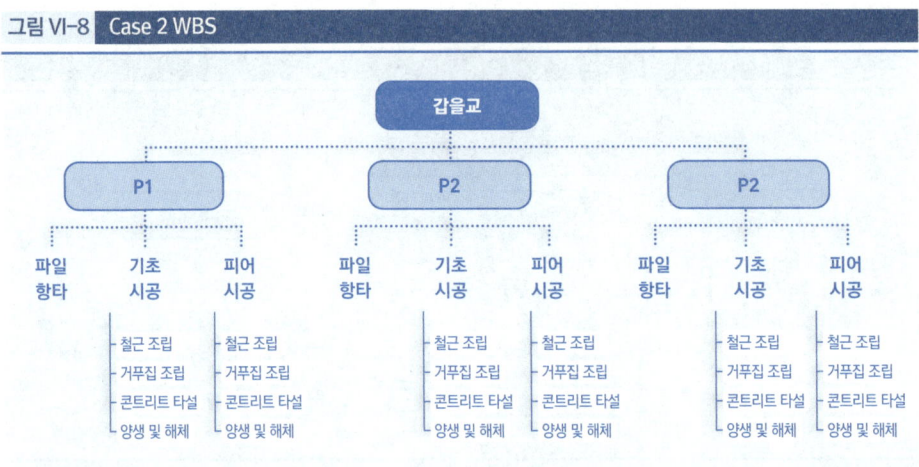

그림 VI-9 Case 2 공정표

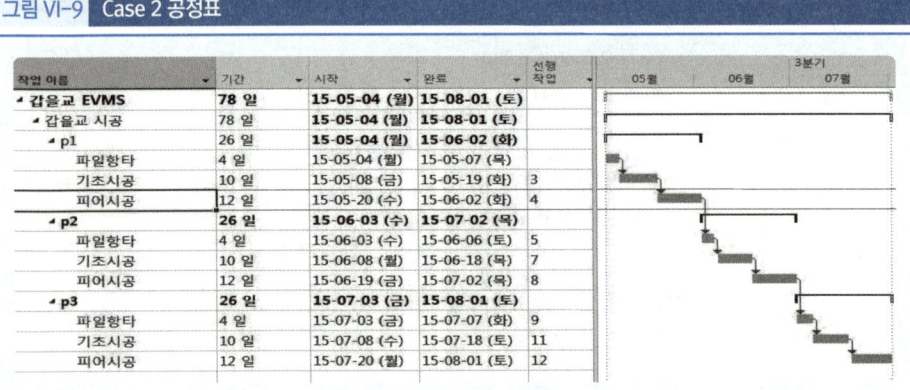

Case 3.

공간적 제약으로 파일 항타 완료 전 구조물 작업이 불가한 경우다. 또한 P1 완료 후 되메우기가 완료되어야 P2가 가능하며, 마찬가지로 P2 되메우기가 완료되어야 P3 구조물 시공이 가능한 경우의 WBS 분류다.

그림 VI-10 | Case 3 WBS

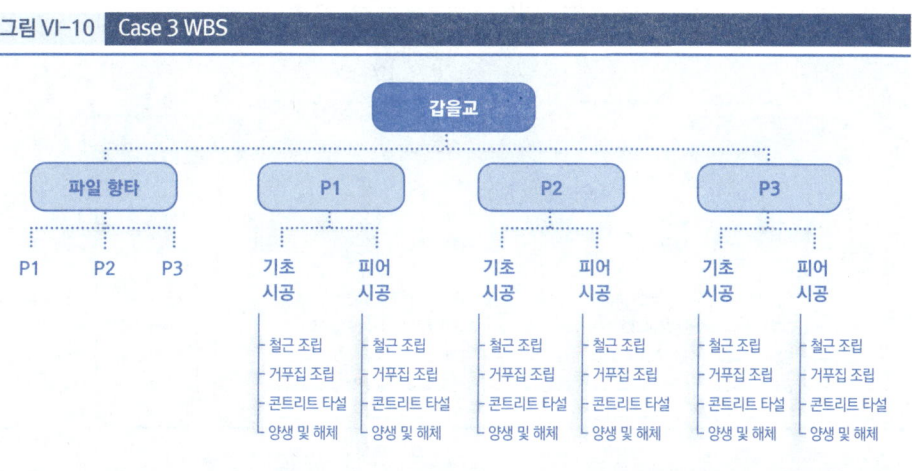

그림 VI-11 | Case 3 공정표

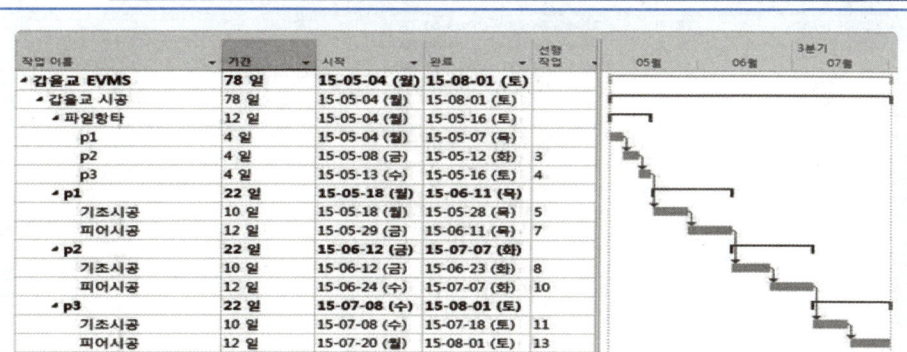

Case 4.

P1, P2의 작업공간이 확보되어 있으나 예산 소진을 위해 P1, P2 기초만 선시공 하고 피어 시공은 일정상의 여유가 있어 P3 기초 시공 후 연속 시공이 가능한 시점에 시공하는 경우이다.

그림 VI-12 Case 4 WBS

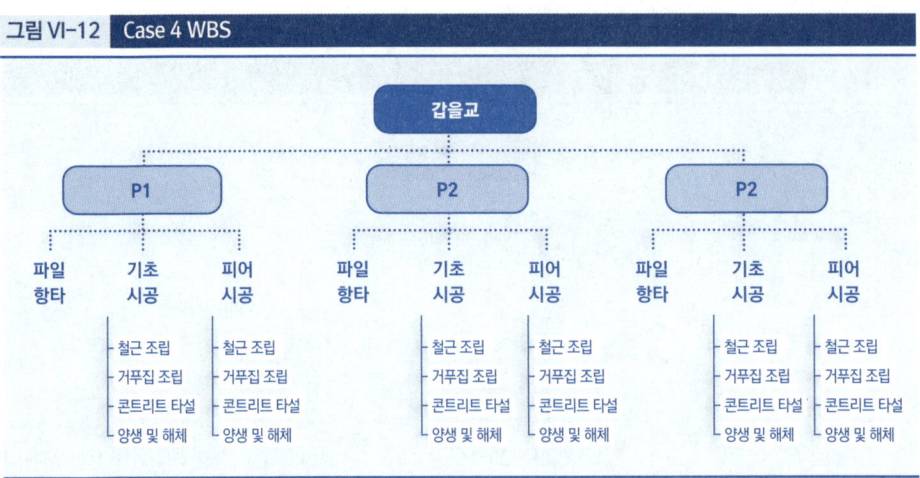

그림 VI-13 Case 4 공정표

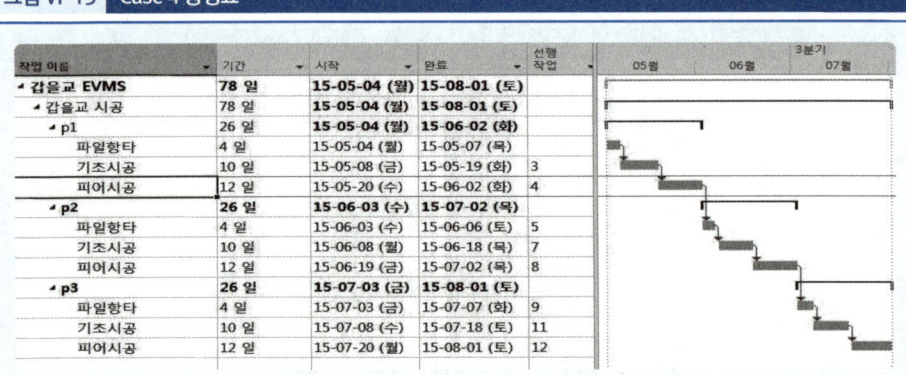

Case 5.

현장 상황을 고려하지 않고 내역 위주로 분류한 경우이다. 공정표상의 흐름이 왼쪽 위에서 오른쪽 아래로 순차적으로 내려가지 않고 있다. Activity 개수가 많으면 공정표의 흐름을 한눈에 읽을 수 없을뿐더러, 공정표 작성 시 선·후행 연결의 복잡함으로 많은 혼란을 가져오게 된다.

그림 VI-14 　Case5. 잘못된 WBS 및 공정표

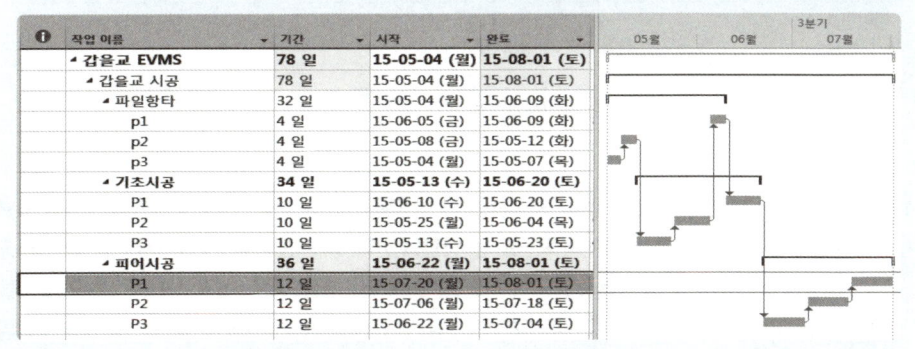

표 VI-5 　참조: 상황별 WBS 분류체계

CASE	LEV1	LEV2	LEV3
Case 1	시설물	공종	부위
Case 2	시설물	부위	공종
Case 3	시설물	공종, 부위	부위, 공종
Case 4	시설물	공간	부위별 공종
국토해양부 분류체계	시설물	공간　　　부위	공종

10. Activity는 공사 기간과 작업 물량이 적당한 크기로 분할되어 실질적인 관리가 가능해야 한다. 또한 상황에 따라 효율적인 공정관리를 위해 다양한 형식의 Activity가 만들어질 수 있다. 예를 들면 구역과 블록을 지정하여 1블록 12구역 토사굴착 및 흙막이판 설치를 혼합하여 '1-12 토공'이라는 Activity로 지정할 수 있다.

11. 12. Activity 속성은 산출 근거뿐만이 아니라 제약, 가정, 가설, 예측까지 그 범위를 확대하여 검증을 강화하여야 한다. 이는 관습적 활용와 주관적 편견을 검증하는데 필요한 핵심 요소다.

표 VI-6 Activity 속성(작업수량, 자원투입, Cycle Time 및 산출근거)

Activity	작업수량	Cycle Time	주요자원	산출근거	제약
철근조립	12ton	3일	4인 1조 작업 크레인 50톤	1ton/인	철근조립자 투입 전 철근 이동 완료. 크레인 공간 확보.
거푸집 설치 (스틸폼)	90m²	2일	4인 1조 작업 크레인 50톤	12m²/인	
콘크리트 타설	100m³	1일 (4hr)	4인 1조 작업 Pump Car 32m	30m³/hr	펌프카 및 믹서트럭 공간확보. 동절기 16:00이전 타설 완료.
양생		1일	1일	10Mp 강도 발현	(일평균기온 20°이상시 24시간)
레이턴스 제거 및 정소	280m²	1일 (양생기간 중복)	압 살수기 2대 2인 1조 작업		
거푸집 철거	90m²	1일	4인 1조 작업 크레인 50톤	20m²/인	거푸집 청소포함

13. 공기 지연은 다양한 원인이 복합적으로 작용하여 발생한다. 자원 부족, 민원, 비효율적인 작업 조율 등 수많은 원인이 있지만, 업무처리 지연도 큰 역할을 한다. 즉 시공상세도 승인, 사토장 확보 및 승인, 지장물 이설 협의 등이 늦어져 공기가 지연된다. 따라서 공정표에는 이러한 시공 외적인 활동들이 포함되고 중요하게 관리되어야 공기 지연의 정확한 문제를 파악하고 실효성 있는 대책을 수립할 수 있다.

14. 공사 흐름의 세세한 부분을 정확하게 알지 못해 포함되어야 할 Activity를 빠뜨리는 경우가 있다. 이러한 누락은 일정 계산이나 자원투입계획의 오류로 이어지며 공사 지연의 원인이 된다. 따라서 공정표를 작성할 때는 Activity가 빠지지 않도록 세세한 부분까지 확인하여 작성되고 검토되어야 한다.

15. 16. 공정표의 현장 활용성과 효율성을 높이기 위해서는 정보수집과 측정이 쉽고 신속하게 수행될 수 있도록 수집되는 정보가 단순해야 한다. 이는 Work Package를 단순한 반복 작업(cycle activity)과 반복 시간(cycle time)[27] 으로 표현할 수 있을 때 가능하다.

예를 들어 1블록 기초 시공이 Work Package라면 이에 따른 Activity는 버림 타설 – 방수 – 방수보호 몰탈 – 철근 조립 – 거푸집 조립 – 콘크리트 타설 – 양생 – 거푸집 철거다. 이러한 내용이 2블록, 3블록 … N블록에 반복적으로 적용된다. 비슷한 일정에 비슷한 물량으로 나눌 수 있다면 공정관리를 쉽게 할 수 있다.

17. 공정표는 작성자의 편향, 편견, 경험의 오류에서 벗어날 수 없다. 따라서 똑같은 작업이라 할지라도 작성자에 따라 공기가 다르게 산출되며, 편차 또한 심하다. 그러나 검증하기 어려운 나름의 논리가 있어

---

[27] 반복 작업과 반복 시간은 Activity와 Activity의 작업시간으로 일 단위나 시간 단위의 짧은 주기를 가진다.

공정표의 적정성을 가리는 논의가 쉽지 않다. 특히나 '여유' 있는 공정계획은 안전 품질에 긍정적인 영향을 줄 것이라는 근거 없는 이유를 느슨한 계획의 정당한 사유로 주장하게 되면 더욱 난감해진다. '여유'라는 기준이 너무 모호하기 때문이다. 어느 정도의 여유가 있어야 적정한지 산정하기가 어려울 뿐만 아니라 개인적 역량에 따라 정도 차이가 있을 수밖에 없다. 이러한 이유로 '여유'가 우선은 편하고 보자는 식의 안일함을 감추는 수단으로 오용되어 현장에서 발생하는 문제의 근본 원인이 되기도 한다. 예를 들어 나름대로 필요한 여유를 두고 공기를 선정했는데, 그 일정으로는 공사 기간 내에 준공할 수 없다는 결론이 나왔다고 가정해 보자. 그러면 산정된 공기를 검증하려 하기보다는 후속 공종의 투입 시기를 당기려 노력하게 된다. 그러나 여러 공종이 동시에 투입하게 되면, 상호간섭 등 복잡함과 관리의 어려움으로 생산성이 저하되고, 안전사고 발생 확률은 높아지며, 품질관리 또한 어려워진다. 이처럼 '여유'가 자칫 잘못 이용되면, 오히려 초조함과 불안감을 불러온다. 소프트뱅크사의 미키 다케노부는 프로젝트 실패의 주요 6가지 원인[28] 중 하나로 느슨하게 수립된 목표를 언급하고 있는데 나도 전적으로 공감한다. 따라서 느슨함이나 나태함이 '여유'로 표현되지 않도록 반박하기 어려운 일정 산정 기준과 방법이 있어야 한다. 나는 이러한 방법으로 '이상적인 작업시간'을 산정하고 이를 바탕으로 각각의 공정표를 작성하는 방안을 제시하고자 한다. 즉 현장의 다양하고 복잡한 환경들을 고려하지 말고, 최적의 상황, 즉 간섭이나 제약이 없다고 가정한 상태에서의 작업효율을 산정하고 이를 바탕으로 기준이 되는 cycle time을 작성하는 것이다. (나는 이를 낭비 없는 Cycle Time이라 정하며, 이를 Lean Cycle Time이라 하겠다.) 예를 들어 굴삭기(버켓 용량이 $1m^3$)를 이용하여 토사를 굴착하고 덤프트럭(적재 용량 $10m^3$)에 싣는 작업이 아무런 제약이 없는 최적의 상황에서 10분이 소요 되었다면, 토사 $10m^3$ 굴착 및 상차 작업의 Lean Cycle Time은 10분이다. 이러한 기준에서는 목표를 120% 초과 달성했다는 자랑은 있을 수 없다. 단지 기준에 도달하는 게 최고의 성과다. 작업을 진행하는 과정에서 목표에 도달하기 위해 주변 환경과 여건을 개선하고, 불필요한 낭비 요소들을 제거하면서 이상적인 순 작업시간을 달성하는 노력에 집중한다. 물론 목표 자체는 12분이 될 수도 20분이 될 수도 있지만, 이상적인 작업환경에 비해 어떤 간섭이 있어 추가시간이 필요한지 확인하다 보면 낭비 요소가 분명해진다. 비록 다소 무리가 있어 보이는 기준이지만, 임의대로 공기를 산정하여 발생하는 폐해에 비하면 시도할 가치는 충분하다.

---

[28] 미키 다케노부(2018) '초고속 성장의 조건 PDCA' 김정환 옮김. 청림출판.
  좋은 성과가 나오지 않는 6가지 원인
    첫째, 계획에 완벽함에 집착한 나머지 성과를 내는 단계까지 이르지 못한다.
    둘째, 어떤 일을 할 때 그것을 해결하는 방법을 하나씩 차례차례 시험해 보면서 엄청난 시간을 들인다.
    셋째, 기한을 느슨하게 설정한다. 여기에는 목표를 느슨하게 잡는 것과, 검증 주기의 느슨함 두 가지를 언급하고 있다.
    넷째, 수치로 설정하지 않는 모호한 목표. 즉 업무가 가시화되어 있지 않다.
    다섯째, 어중간한 검증.
    여섯째, 자기 힘으로 해야 한다는 생각.

18. 세부적인 관점에서 Cycle Time을 연장해야 할 요소를 말한다. 예를 들어, 구조물 시공과정에서 철근이나 거푸집의 소운반 지연으로 작업자가 대기하는 문제가 예상된다면, 자재 이동이 Activity에 포함되어야 한다.

19. 20. 자원 조달 계획이 현실성이 없다면 일정 차질은 당연하다. 그러나 이처럼 상식적인 문제가 현장에서는 빈번하게 발생하고 있다. 다음으로 장비, 자재, 작업자 간 균형이 맞지 않아서 발생하는 손실 또한 크다.[29] 따라서 자원투입 계획은 계산 근거와 함께 공정계획에 포함되어 철저히 검증되어야 한다.

21. 자원 투입계획이 일별로 변동이 심하다면 현실적으로 관리할 수 없다. 이런 현실성 없는 계획은 당연히 작업에 차질을 가져오고, 공정 지연과 원가 손실의 원인이 된다. 따라서 자원의 변동 폭을 최소화하는 자원 평준화는 반드시 확인되어야 한다. 일부 공정관리 전문가들은 공정관리를 자원관리와 동일시한다.

22. 구조물 돌관작업 현장에 가보면, 자재 부족을 우려하며 충분한 검토 없이 많은 자재를 반입하는 경우가 종종 있다. 공간이 충분하다면 있을 수 있는 자재 부족의 문제를 해결하는 장점으로 작용할 수 있겠지만, 공간이 충분하지 않은 현장에서는 많은 자재는 공사추진에 걸림돌이 된다. 공간이 충분하지 않은 현장에 많은 자재가 반입되면 적재된 자재로 인하여 실작업 공간이 줄어들게 되고, 자재와 장비의 간섭 등으로 현장이 산만하고 무질서해지며 작업효율이 저하된다. 또한 이러한 복잡함으로 안전 점검 시 많은 지적을 받게 된다. 결과적으로 보면 오히려 일정 단축에 방해가 되기도 한다. 돌관작업일수록 최소한의 자재로 공사가 진행될 수 있도록 자재 전용 계획을 치밀하게 세워야 한다. 신속함은 가벼울 때 가능하다.

23. 장마철에 토사 성토작업의 가능 일수를 건기와 같게 산정해서는 안 된다. 평균 강수일수에 지반 건조시간을 고려하여 작업 가능 일수를 산정해야 한다.

24. 예를 들어 도로 점용 작업의 경우, 차량 혼잡을 최소화하기 위해 9시~17시까지 작업허가를 받았다면, 준비시간과 마무리 시간을 제외하고 실 작업시간을 일정계획에 반영해야 한다.

25. Critical Path 상의 활동은 현장 작업에만 국한되지 않는다. 지장물 이설 협의, 사토장 확보, 진입로, 도면 승인 등과 같은 다양한 내용들도 포함될 수 있다.

26. 공정표에서 Critical Path는 한눈에 알아볼 수 있어야 하며, 일정 변동에 따른 Critical Path의 변동 또한 실시간으로 확인될 수 있어야 한다.

27. 28. 경험상 잘 작성된 공정표는 계단식으로 왼쪽 위에서 오른쪽 아래로 Work Package 단위로 작성한다. 이렇게 작성된 공정표는 변동에 따른 영향도 쉽게 판단할 수 있다.

29. 정확한 정보가 수집되지 않는다면 검증은 무의미하다. 따라서 어떤 정보를 왜? 수집하는지 이해하고, 언제 어떻게 수집할지 방법이 제시되어야 한다. 또한 정보는 구체적이면서도 쉽게 수집할 수 있어야 정확도를 높일 수 있다. 세부 공종들의 Cycle Time을 측정기준으로 정하고 정보를 수집한다면 단순하면서도 가치 있는 정보수집이 가능하다.

30. 공정표 작성 시 다양한 의견들이 수렴되어 작성되어야 한다. 따라서 공사 참여자들이 모여서 같이 토론하며 공정표가 작성되어야 신뢰할 만한 공정표가 작성된다. 특히 협력업체 간 공간사용이 중첩될 때는 반드시 토론과 협의가 필요하며, 전체공사의 원활한 흐름을 위한 조율 또한 중요하다. 예를 들어 굴착작업과 구조물 작업이 별개의 회사에 의해 시행되고 있는데, 타 작업에 대한 배려 없이 개별 공사의 이익만 생각한다면, 모두에게 도움이 되지 않는다. 협의가 이뤄지고 조율된 내용은 기록으로 남겨 책임 있는 시공이 되도록 해야 한다.

31. 현장 상황에 맞는 Activity가 도출되면, 비용과 일정이 통합관리 될 수 있도록 Activity에 맞는 내역서가 새롭게 작성되어야 공정공사비 통합관리가 가능하다. 그러나 단순해야 한다.

그림 VI-15 Activity대표내역 수량 및 단가 도출 예시 철근 조립을 예시로 들어 설명해보면, 철근 조립과 관계된 내역은 철근 자재비, 가공조립비, 이음 연결구 비용, 고재 처리비가 있을 것이다. 이를 모두 하나로 통합하고 단가와 수량을 산출한다(그림 VI-15 예시 참조). 여기서 철근의 규격, 이음 방법, 시공의 난이도에 따른 구분은 하지 않는다. 너무 복잡하기 때문이다. 아래의 예시처럼 철근 조립 수량은 704ton이며, 단가는 1,168,295원/ton으로 정하게 된다. 경험상 이 정도 수준으로 관리되어도 공정관리에 문제가 되지 않았다.

32. 전문가답게 보이려는 욕심, 한 치의 오차도 없는 정확성보다는 약간의 오차를 허용하더라도 단순화하는 게 중요하다.

33. 공정표, WBS, Activity, 핵심 관리 요소, 일정 산출 근거 등 공정계획의 전반적인 내용은 프로젝트 참여자 모두가 이해하고 공감하며, 의사소통 수단으로 활용되어야 한다. 원활한 의사소통은 최적의 시공 속도를 유지할 수 있는 바탕이며, 결과적으로 공기, 안전, 원가, 품질 사고를 줄일 수 있다.

34. 나는 5년 동안 점검업무를 수행하였지만, 생각한 문제점(물론 다 옳은 것은 아니었지만)을 느낀 그대로 보고서에 담지 못하였다. 그러한 주저함이 내가 틀릴 수도 있다는 겸손한 마음이 아니었다. 회사 내에 적을 만들 필요가 있나 라는 생각이 앞섰기 때문이다. 이해관계가 조금이라도 있다면 누구나 이런 갈등은 있으며, 사회생활을 하는 인간은 이를 피하기 어렵다. 따라서 이해관계가 없는 제삼자의 객관적인 의견을 수렴할 수 있는 제도가 마련되어 점검이나 검토의 실효성을 높여야 한다.

적정성 검증 프로세스

그림 VI-16 일정계획의 적정성 검토 프로세스

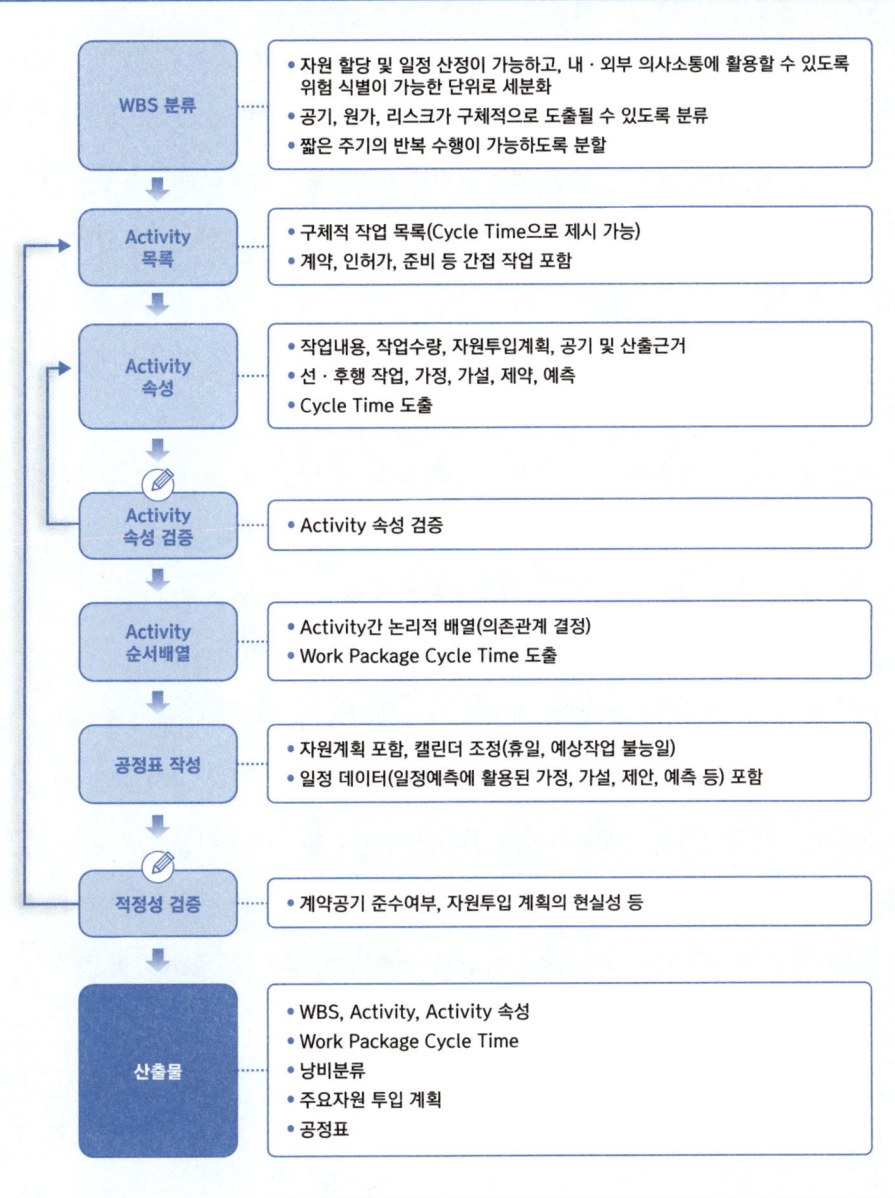

2.4 공정계획의 신뢰성 검증

건설 현장의 공기에 영향을 미치는 요소는 다양할 뿐만이 아니라, 그만큼의 우연[30] 도 포함된다. 더욱이 이러한 요소들이 서로간에 예측하기 어려운 영향을 주고 있어 아무리 뛰어난 전문가나 기술자의 검토를 걸쳐 작성된 공정계획일지라도 불완전할 수밖에 없다.

따라서 수립된 계획은 시행과정에서 지속해서 개선해 나가려는 끈질긴 노력이 있어야 한다. 이러한 노력은 Pilot 시공을 통한 계획의 신뢰성을 확인하는 초기 노력과 지속적인 개선의 노력으로 구분할 수 있다. 이번 장에서는 Pilot 시공을 통한 초기 검증방안 가이드를 제시한다.

Pilot 시공을 통한 검증의 노력이 신뢰성을 확보하기 위해서는 몇 가지 선제조건을 만족해야 한다.

첫 번째, 시공을 위한 준비가 철저해야 한다. 계획 당시 가정한 조건을 맞추지 못한 상태에서의(예를 들어 지장물 간섭, 부분적 용지 미보상, 작업자, 자재, 장비 등 자원투입 부족, 부분적 인허가 미승인 등) Pilot 시공은 정확한 정보를 주지 못할 뿐만 아니라, 부족한 부분을 상상력과 임의적 해석으로 채워놓게 되면서 엉터리 검증이 될 수 있다.

두 번째, 우리가 성취하려는 목표[31]가 무엇인지 명확하게 정량화되어 있어야 한다. 토공 작업을 예로 든다면, 일 순 작업시간 8시간 작업에 1,200m^3 굴착, 굴착 Cycle 타임 10분과 같이 구체적인 수치로 제시되어야 한다. 명확한 수치는 Pilot 시공의 결과를 예측된 계획과 대비시켜, 계획의 신뢰성을 확인할 수 있게 해준다. 또한 목표를 달성하기 위해 단축되어야 할 숫자들이 구체적으로 나타난다. 예측된 계획의 신뢰성, 필요한 변화 이 모

---

30) 뛰어난 작업팀을 만나는 행운, 역량 있고 열정적인 감독을 만나는 행운, 훌륭한 장비 기사를 만나는 행운, 지독한 민원인을 만나는 불운 등 수많은 우연이 현장에 많은 영향을 미친다. 더욱이 이러한 우연은 시도 때도 없이 불쑥 들어온다.

31) 목표는 숫자로 명확하게 표시되어야 하며, 최적의 조건을 기준으로 설정해야 한다. 목표를 120% 달성했다고 하는 자랑은 목표가 엉성하다는 의미로 해석되어야 한다.

든 것은 반드시 정량화된 숫자로 표기되고 검증되어야 한다.[32] 세 번째, 계획에 참여했던 관계자들이 반드시 Pilot 시공에도 참여해서 함께 검증해야 한다. 자체적인 Pilot 시공은 계획자의 의도를 충분히 이해하지 못해 검증과정에 오류가 있을 수 있고, 현장관리 부족이 계획 부족으로 오판될 소지가 있으며, 반대로 계획의 오류도 가정과 상황을 다르게 해석하며 변명거리를 만들 수 있다(이랬으면 문제가 없었을 텐데 하는 변명).

---

32) 프로젝트가 성공하기 위해서는 명확하게 수치화된 목표와 숫자로 검증하는 게 중요하다.
　　-초고속 성장의 조건 PDCA, 미키 다케노부-

공정계획의 신뢰성 검토 항목

표 VI-7 공정계획의 신뢰성 검토 항목

항목
1. 현장 관리자들의 공정계획에 대한 충분한 지식과 이해를 바탕으로 실행하고 있는가?
2. Pilot 시공의 준비상태는 계획 당시의 조건을 충족하고 있는가?
3. 정보수집에 필요한 양식지는 적정하며, 활용되고 있는가?
4. 검증의 신뢰성 확보를 위해 계획에 참여했던 전문가들이 참여하고 있는가?
5. WBS 분류가 현장 상황에 적합한가?
6. Work Package는 적정하게 구분되었는가?
7. 누락된 Activity는 없는가 (소프트 Activity 포함)?
8. Activity는 현장 상황을 반영하여 도출되었는가?
9. 예측했던 Activity 속성은 신뢰할 수 있는가?
10. 예측한 Cycle Time은 적정한가?
11. 자원 수급에 차질을 주는 예측 밖의 요인은 없는가?
12. 자원이동 계획은 적정한가?
13. 제약조건은 적정하게 예측되었는가?
14. 예측했던 낭비 요소와 현장에서의 낭비 요소의 차이점은 무엇이며 원인은 무엇인가?
15. 핵심 관리 Activity는 적정한가?
16. 실시간 정보수집 및 분석이 수행되고 있는가?
17. 현장소장이 공정관리에 대한 충분한 지식과 열정이 있으며 현장에서 의지를 보여주고 있는가?
18. 반장, 장비 기사, 전문업체의 의견은 신뢰할 수준인가?
19. 공정계획 수립자는 충분한 역량을 가지고 있는가?
20. 공사관리 프로세스는 현장의 성과향상에 도움이 되고 있는가?

1. 관리의 핵심 요소를 이해하지 못한 기술자에 의해 수행되는 Pilot 시공은 헛수고가 될 수 있다. 토공작업 관리자에게 '굴착 및 운반 작업이 계획 대비 적정한가?'라고 물었을 때, '1,000m³가 계획된 작업량인데 작업 시작 지연으로 900m³ 시공으로 100만 원 정도 적자입니다.'라는 정량적인 대답이 가능하도록 공정계획을 충분히 이해하고 있어야 한다.

2. 예를 들어 철근 조립 작업에 소운반이 고려되어 있지 않았다면 시공 준비과정에서 소운반이 완료되어 있어야 한다. 터파기 작업에 지하수 영향이 고려되어 있지 않았다면 양수 작업이 원활한 상황에서 터파기 굴착작업이 수행되어야 한다. 이처럼 잘 준비된 상태에서 작업이 수행되어야 한다. 그럴 상황이 아니면 시험시공은 단지 수많은 경우의 수 중 하나를 확인하는 수준이 된다. Pilot 시공의 준비상태를 보면 현장의 미래를 어느 정도 예측할 수 있다. 초기라서 부족하다는 변명이 많은 현장일수록 절정기에도 변함없이 준비가 부족한 채 작업을 수행할 확률이 높다. 더욱이 엉성한 준비상태에서의 Pilot 시공은 왜곡된 결과와 엉뚱한 해법이 제시되며, 이에 따라 현장의 어려움이 가중될 수 있다. Pilot 시공의 준비상태는 관리자들의 역량을 가늠할 수 있는 척도라 생각한다.

3. 개별적 역량이나 이해정도에 따라 수집되는 정보의 질에 차이가 없도록 정보수집 양식지가 만들어지고 배포되어야 한다. 양식지는 단순하게 기록되지만, 핵심적인 내용이 포함될 수 있도록 고안(考案)되어야 한다.

4. Pilot 시공에서는 계획과 시행 간의 차이에 대한 정확한 분석이 가장 중요하다. 따라서 공정계획에 참여한 내외부 전문가들이 반드시 참여하여, 그들이 예측한 계획의 적정성을 직접 확인해야 한다. 글로 표현하지 않은 그 사람만이 생각을 다른 사람이 알기는 쉽지 않다.

5. WBS 분류가 공종별로 되어 있는데, 공간별로 공사가 진행된다면 공정표는 활용 가치가 없게 된다.

6. 지하 터파기 작업에서 굴착1 – 토류판 설치1 – 띠장 및 버팀보 설치1로 Work Package를 구성하였는데 현장 실작업이 굴착 완료 후 (굴착 1 – 굴착 2 – 굴착 3) 토류판을 설치하고 (토류판 설치 1 – 토류판 설치 2 – 토류판 설치 3) 가시설을 마무리하는 방식으로(띠장 및 버팀보 설치 1 – 띠장 및 버팀보 설치 2 – 띠장 및 버팀보 설치 3) 시공된다면 Work Package를 시공상황에 맞게 변경해야 한다.

7. 중요성을 간과하고 계획단계에서 빠뜨리는 Activity가 있을 수 있다. 예를 들면 흙막이 버팀보 시공에서 띠장 설치와 버팀보 설치만 고려했는데, 생각지도 않던 보걸이 설치에 많은 인원과 시간을 소비하는 경우가 종종 있다. 그럴 경우 보걸이 설치를 고려하지 않아 인원 투입계획에 오류가 발생한다.

8. 9. 계획단계에서 도출한 Activity, Activity 속성이 현장 상황에 맞지 않을 수 있다. 예를 들어 토사굴착에 운반을 포함하여 Activity를 도출하였지만, 사토장 문제로 굴착 후 일정 시간 뒤에 별도로 운반하게 되었다면, 굴착과 운반을 별도의 Activity로 구분해야 한다. 마찬가지로 작업시간, 작업량 등

Activity 속성 또한 변경되어야 한다.

10. 예측한 Cycle Time이 실제 작업시간과 차이가 있다면 변경하여 공정표에 반영한다. Cycle Time의 변경은 공정계획 변경에 가장 핵심적인 내용이다.

11. 자재공급 부족, 거래처 문제, 파업 등 예측 밖의 원인으로 자원투입 지연이 발생할 수 있다. 가끔은 준비 부족이 자원투입 차질의 주요 원인이 되기도 한다. 예를 들어 50명의 목수와 3대의 크레인을 투입하기로 계획되었다고 보자. 50명을 작업장에 투입하기 위해서는 그들을 수용할 수 있는 숙소, 식당, 휴게시설 등이 준비되어 있어야 한다. 또한 충분한 작업공간이 확보되어 연속 작업이 가능하도록 치밀하게 계획되어 있어야 한다. 그러나 이를 충분히 통제하고 효율적으로 관리할 수 있는 능력이 없다면, 자기 능력 범위 내로 자원투입을 한정할 것이며, 다양한 핑계를 만들어 합리화하려 노력할 것이다. 본인의 처지에서는 올바른 선택일 수도 있지만, 전체 프로젝트를 바라보는 관점에서는 충분히 문제가 된다. 이처럼 현장의 문제는 숨겨진 요인이 원인인 경우도 많다.

12. 자원이동 관리는 현장의 생산성, 작업환경 등에 많은 영향을 미치는 주요한 관리 요소다. 따라서 계획단계에 수립되었던 자원이동과 현장 상황과의 일치 여부는 중요한 검증 요소다.

13. 예를 들어 발파 허가 시간을 일출 후 일몰 전으로 가정하였지만, 시공 중 민원에 의해 변경된다면 새롭게 일정이 검토되어야 한다.

14. 계획단계에서 낭비 요소로 포함하지 않았던, 수시로 행해지는 안전 점검이 공사의 흐름을 방해할 수도 있고, 자재 이동 지연에 따른 준비시간이 심각한 낭비 요인이 될 수 있다. 그러나 그 원인을 깊이 관찰하고 검토한다면 안전관리자의 과다한 통제, 반장의 게으른 습성이 예측하지 못했던 낭비 요인일 수 있다. 이런 경우 낭비 시간을 새롭게 반영하기보다는 본질적인 문제를 해결하는 방향으로 검토되어야 한다.

15. 누락된 Activity, 예상 밖의 낭비 요소들, 관리자의 역량 차이, 부정확한 예측 등으로 당초 계획된 Critical Path Activity가 변경될 수 있다. 예를 들면 어스앙카 시공에서 천공작업이 공기에 영향을 미칠 줄 알았는데, 띠장과 보걸이 용접이 공기에 가장 많은 영향을 미친다면, 용접작업이 집중관리 Activity가 된다.

16. 정보수집과 분석이 실시간으로 수행되고 있어야 한다. 시간이 흐른 뒤 경험한 내용을 기억하는 방식으로 정보가 수집된다면, 오류가 포함될 가능성이 높다. 인간의 기억은 그렇게 신뢰할 만한 수준이 아니다.

17. 현장소장이 공정계획을 중요하게 다루고 관리하려는 의지가 없다면, 다른 모든 노력이 무의미해진다. 따라서 현장소장이 공정계획을 어떻게 활용하고 개선해 나가는지 살펴야 한다.

18. 한 개인의 경험은 비록 오랜 기간이라 할지라도 신뢰할 수 없는 경우가 많다. 따라서 계획단계에서 오랜 경험으로 제시한 의견이라 할지라도 반드시 정량적으로 확인하여 그들의 경험을 검증해야 한다.

19. 프리마벨라 사의 P6 공정관리 프로그램으로 공정표를 작성하고, BIM을 활용한 시뮬레이션 공정표를 작성하였다 하더라도, 현장을 통찰할 능력이 없는 기술자에 의해 작성되었다면 공정표 본연의 역할을 하기 어렵다. 자칫 그 화려함에 도취 되면 멋지게 공정표를 작성하는 게 목적이 되고 만다. 아무리 그 과정이 엉터리라 하더라도 일단 수립된 공정계획은 은연중에 기준으로 작용하게 되며, 영향력을 행사한다. 따라서 공정표 작성이 경험 없는 초임자나 역량 없는 기술자, 화려함으로 무장한 엉터리들로부터 시작되지 않도록 유념해야 한다.

20. 효과 없는 점검과 교육이 현장을 더욱 어렵게 만들고 있는 것은 아닌지, 일일 공정회의가 일방적 통보나 지시를 위한 수단으로 활용되고 있는 것은 아닌지, 초기에 정확하게 진단하고 개선해야 한다. 지속적인 개선을 통한 성과향상은 프로세스가 올바르게 정착되어야 가능하다.

공정계획의 신뢰성 검증 프로세스

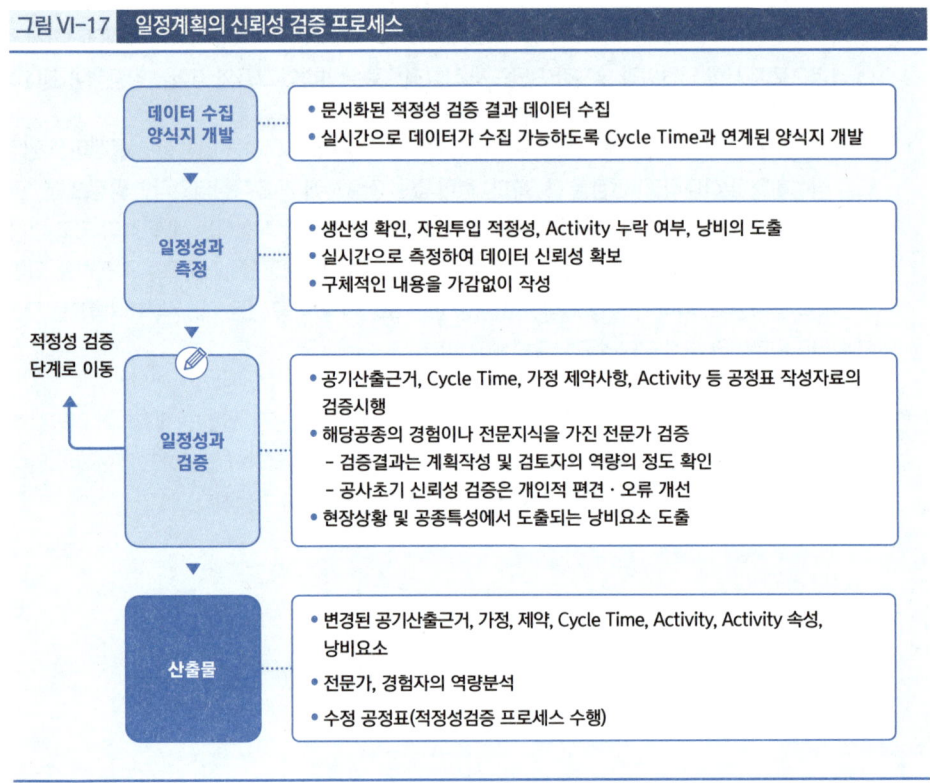

그림 VI-17 일정계획의 신뢰성 검증 프로세스

2.5 지속적 검증과 개선

Pilot 시공으로 공정계획이 현장에 부합되게 변경되었다 하더라도 이 또한 시공과정에서 크고 작은 변화의 영향에서 벗어날 수 없다. 작업팀이 변경되기도 하고 민원이 발생하기도 하며, 다양한 원인에 의해 설계가 변경되거나 현장소장 등 관리자가 변경되기도 한다. 이처럼 다양한 변화 요소는 공사 흐름 전반에 부정적이든 긍정적이든 많은 영향을 미친다. 때에 따라서는 초기의 노력이 물거품이 되거나 반대로 엉망이었던 현장이 개선되기도 한다.

따라서 현장이 성공적으로 마무리되기 위해서는, 수많은 변화 요인이 현장의 성과에 어떠한 영향이 미치고 있는지 실시간으로 확인하고 개선될 수 있도록 측정, 분석의 노력이 지속되어야 한다.

일상적인 노력은 항상 비판적인 관점에서 수행되어야 한다. 그러나 비판적인 관점으로 관찰하는 게 쉽지 않다. 나 자신도 힘들지만 계속해서 변화해야 하는 현장 작업자들의 불만도 만만치 않기 때문이다. 따라서 우리는 비판적인 시각을 가지고 끊임없이 변화하며, 성과를 향상하려는 노력에 큰 갈채를 보내야 한다.

지속적인 검증과 개선 검토 항목

표 VI-8 지속적인 검증과 개선 검토 항목

항목
1. 개선되고 있는가?
2. 개선이 관리의 결과인가?
3. 공정관리 프로세스는 유지되며, 상황변화에 맞게 변화하고 있는가?
4. 처음에 수립된 목표는 유지하고 있는가, 바뀌었다면 합당한 이유인가?
5. 수집되고 있는 정보의 질(質)이 높아지고 있는가?
6. 점검, 지도지원, 평가가 현장에 미치는 영향이 정량적으로 확인되고 있는가?
7. 개선의 결과가 직원들의 평가와 연계되고 있는가?
8. 주기적인 외부 전문가 점검은 시행하고 있으며, 효과적인가?
9. 효율적인 공정관리를 위한 지식이 축적되고 있는가?

1. 공정관리의 지속적인 노력이 올바른 방향인지 의심하며, 이정표를 확인한다. 핵심 성과지수가 개선되지 않았다면, 우리가 해오던 노력을 비판적인 시각으로 바라보며 과연 올바른가? 라는 의심을 가지고 다양한 시각에서 다시 검증해야 한다. 방법이나 방향이 올바르다고 단정하며, "열심히 따라 하지 않아서 생긴 문제"라는 인식은 위험하다.

2. 같은 작업을 오래 하다 보면 특별히 노력하지 않아도 숙달되어 속도가 빨라지고 생산성이 향상된다. 우리는 종종 이것을 관리의 효과인 것처럼 포장한다.

3. 카오루 이시카와[33]는 "6개월 동안 똑같은 프로세스를 활용하고 있다면 그 프로세스는 관리되지 않았다"라며, 지속적인 프로세스 혁신을 강조하였다. 공정관리 프로세스 또한 마찬가지다. 변화가 없다면 요식행위가 되었다고 보아도 크게 틀리지 않다.

4. 현장을 점검하다 보면 연초에 작성한 공정표와 몇 개월 흐른 뒤 공정표의 일정에 차이가 있는 경우가 많다. 대부분 일정 지연이 원인이었다. 그런데 지연 사유를 분석하고 대책을 수립하기보다는 은근슬쩍 계획 자체를 변경시켜 마치 최초의 계획처럼 관리하기도 한다. 일정이 계속 지연되고 있는데 정확한 원인을 모른다는 것은 공기 지연 그 자체보다 더 심각한 문제다.

5. 공기, 원가 측면에서 어느 정도 수준을 달성하게 되면, 만족하고 그 상태를 유지하려는 경향이 있다. 그런데 현재 상태에 만족하고 개선의 노력을 게을리한다면 현상 유지도 어려워진다. 개선을 위한 노력은 수집되는 정보의 질(質)에 달려있다. 정보의 질은 공사가 진척되어감에 따라 단순하면서도, 상호연관성과 의존적인 부분까지 통찰하는 정보가 수집되어야 한다. 예를 들어 거푸집 작업의 Cycle Time을 6시간으로 계획하고 있었는데, 2시간이 증가한 8시간만에 완료되었으며, 지연 요인이 크레인 고장으로 확인되었다고 가정하자. 이때 낭비 요인을 단순한 크레인의 고장으로 결론짓게 되면, 여분의 크레인을 두고 작업할 상황이 아니라면 예방점검을 강화하고 여분의 부속을 비치하는 것으로 대책을 결정하게 된다. 그러나 만약에 고압적인 태도로 현장을 관리하는 관리자에 대한 반감(장비 기사가 충분히 예견하고 조치할 수 있는 문제인데도 관리자에 대한 반감으로 고장 나도록 내버려 두었다면)이 문제의 본질이었다면 낭비 요인은 관리자이며, 대책 또한 바뀌게 된다.

6. 현장에서 수행되고 있는 모든 점검과 이에 따른 피드백이 실질적인 효과가 있었는지 확인하는 피드백의 피드백이 반드시 있어야 한다. 이런 문화가 건설 현장에 정착되도록 시스템과 프로세스가 변화되어야 한다.

---

33) Kaoru Ishikawa (1915~1989) 일본 조직 이론가 이자 도쿄 대학의 공학 교수. 문제의 근본 원인을 파악하는 데 사용되는 이시카와 다이어그램 개발자.

7. 현장의 초기 환경은 운에 따른 것이지 누군가의 노력의 결과가 아니다. 따라서 조건이나 환경에 의해 결정된 결과는 평가 대상이 아니다. 현장 기술자들의 평가는 단순 실적보다는 점진적으로 개선되고 있는가로 판단해야 한다. 계획단계에서 검증된 목표에 도달하려는 노력과 그 성과가 기록되고, 정량적(핵심성과 지수)으로 확인된 결과로 평가해야 한다.

8. 다양한 관점을 가진 외부 전문가의 정기적인 현장 분석은 관성적인 사고로 인한 개선의 한계를 극복하는 데 도움이 된다.

9. 공정계획이 현장 특성에 맞게 수립된 경우라도 특정한 가정, 가설, 조건 등이 있다. 그러나 사실상 많은 프로젝트가 수시로 변화하는 상황에서 특정한 가정, 가설, 조건이 지속될 수 없으며, 관찰과 분석을 통해 변화를 감지하고 신속하게 대응해야 한다. 이러한 지속적인 노력이 축적되어 지식이 된다.

지속적인 검증과 개선 프로세스

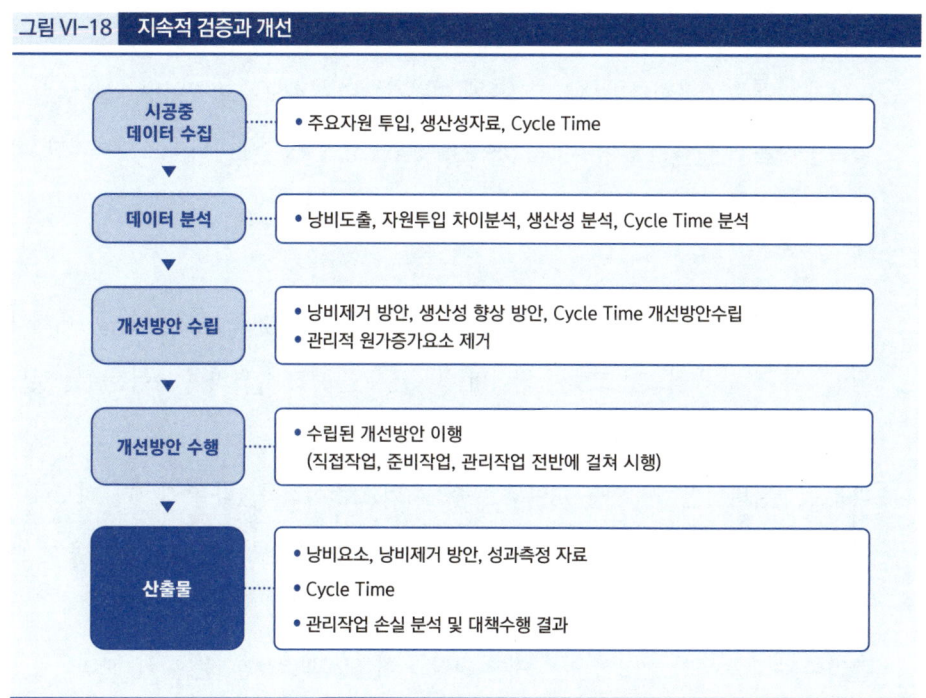

그림 VI-18 지속적 검증과 개선

에필로그

　　　　　학교 다닐 때 글짓기 장려상 한번 받아보지 못한 글쓰기 재능으로 글을 쓰겠다고 덤볐다가 잦은 중단으로 3년 만에 겨우 마무리 짓게 되었다.

눈치 없이 직설적으로 내 하고 싶은 말을 토해 내듯이 썼다. 하고 싶은 말이 너무 많다 보니 장황하게 보일 수도 있다. 게다가 투박하고 거칠다. 하고 싶은 말은 해야 직성이 풀리는 성격이라 감추어지지 않는다. 그러나 수많은 다름이 존재하는 게 당연하며, 이를 수용할 수 있는 집단이어야 생존할 수 있다고 믿는다. 그래서 거리낌 없다.
누군가 다름을 수용한다면서 왜? 그렇게 비판적으로 바라보냐고 못마땅해한다. 비판을 수용하는 게 다름을 받아들이는 것이지, 다름을 긍정하는 게 아니라고 말하지만, 비판받은 입장에서 기분 나쁜 것은 인지상정(人之常情)이다.

글을 정리하는 3년 동안 나에게는 많은 변화가 있었다. 가장 큰 변화라면 할아버지가 되었다는 것이다. 어느덧 그렇게 되어버렸다. 손주를 보고 있노라면 늙어간다는 것도 그리 나쁜 것만은 아닌 거 같다.
다음으로는 다니던 대기업을 그만두고 중소기업으로 이직하였다는 것이다. 하도급업체에서 현장관리, 설계검토, 수주 등 다양한 업무를 수행하면서 대기업에 있었을 때 보지 못했던 또 다른 현실을 보고 있다.
그러나 수주를 위한 현실성 없는 저가 입찰과 이를 묵과(默過)하는 현실, 관리역량을 향상하기보다는 영업력을 키우려는 노력은 어디나 똑같다. 반드시 바꾸어야 할 우리의 모습이다.

치열한 경쟁으로 겨우 적자를 면할 정도의 수주도 쉽지 않은 상황이며, 마른 수건에서 물을 짜내야 살아남을 수 있는 현실에서 버티고 있는 하도급업체, 이런 하도급 업체 생존의 몸부림에 고래 등 터지고 있는 원도급업체, 그 속에서 민원, 점검, 사고에 마음졸이며 하루하루를 버티고 있는 모든 기술자에게 경의를 표하며 이 글이 조금이라도 위안이 되길 바란다.

막내딸이 토목과를 졸업하고 건설회사에 다니고 있다. 아직 햇병아리이지만 최선을 다하는 모습이 아버지로서 뿌듯하다. 그러나 가끔 그 열정이 생각이나 방식이 다른 누군가와 부딪히고 힘들어지지 않을까 걱정이다. 이 책이 병아리 기술자들이 부딪힌 건설의 현실을 이해하고, 품고 있는 수많은 생각들을 정리하고 성장하는 데 도움이 되었으면 한다.
더불어 발주기관이나 건설 관련 정책을 수립하고 집행하는 기술자들에게 새로운 관점을 제공할 수 있다면 더 이상 바랄 게 없다.

기존의 모든것을 비판적인 시각에서 분석하고 평가하다 보니, 선배, 동료, 후배 기술자들의 엄청난 성과와 노력을 폄훼하는 불손함으로 보이지 않을까 걱정이다. 넓은 아량으로 오해 없이 봐주시길 바랄 뿐이다.

정신이 멀쩡하실 때,
책 한 권 써보라고 권하시던 내 아버지 김학수 선생님에게 이 책을 바친다.

철학으로 터널 뚫기

인 쇄	2024년 04월 03일 1판 1쇄
발 행	2024년 04월 03일 1판 1쇄
지은이	김용표
디자인	김미소
펴낸이	박예원
펴낸곳	도서출판 세담북스
주 소	34127 대전광역시 유성구 유성대로 875, 406호
메 일	sedambooks@daum.net
등 록	2023년 2월 7일	제 2023-000006호

ISBN 979-11-987311-0-4
값 20,000원

ⓒ도서출판 세담북스, 박예원 2024, Printed in Korea.
저작권법에 의하여 한국 내에서 보호를 받는 저작물이므로 무단 전재와 복제를 금합니다.

* 잘못되거나 파손된 책은 구입하신 서점에서 교환해 드립니다.